教育部高等农林院校理科基础课程教学指导委员会
推荐示范教材

高等农林教育"十三五"规划教材

普通化学学习指导

Learning Guide of General Chemistry

第 2 版

杜慧玲　阿　娟　主编

中国农业大学出版社
·北京·

内 容 提 要

本书是教育部高等农林院校理科基础课程教学指导委员会推荐示范教材《普通化学》的配套教学参考书。该书章节顺序与主教材一致，每章含内容要点、典型例题、单元测试、参考答案 4 个部分。书末附有 5 套普通化学期末考试模拟试卷及参考答案。

本书适合于高等农林院校农、林、牧、水产类、生命科学类及相关专业开设普通化学课程使用，也可作为高等农林院校师生教学参考书及硕士研究生入学考试复习用书。

图书在版编目(CIP)数据

普通化学学习指导/杜慧玲，阿娟主编. —2 版. —北京：中国农业大学出版社，2017.7(2022.7 重印)

ISBN 978-7-5655-1841-6

Ⅰ.①普… Ⅱ.①杜… ②阿… Ⅲ.①普通化学-高等学校-教学参考资料 Ⅳ.①O6

中国版本图书馆 CIP 数据核字(2017)第 135942 号

书　名　普通化学学习指导(第 2 版)
作　者　杜慧玲　阿　娟　主编

策划编辑　梁爱荣　潘晓丽　　责任编辑　洪重光　郑万萍
封面设计　郑　川　　责任校对　王晓凤
出版发行　中国农业大学出版社
社　址　北京市海淀区圆明园西路 2 号　　邮政编码　100193
电　话　发行部 010-62818525,8625　　读者服务部 010-62732336
编辑部 010-62732617,2618　　出　版　部 010-62733440
网　址　http://www.cau.edu.cn/caup　　e-mail：cbsszs @ cau.edu.cn
经　销　新华书店
印　刷　北京虎彩文化传播有限公司
版　次　2017 年 8 月第 2 版　2022 年 7 月第 3 次印刷
规　格　787×1 092　16 开本　10 印张　250 千字
定　价　32.00 元

第2版编审委员会

主　　编　杜慧玲　阿　娟

副 主 编　（按姓氏拼音排序）

敖特根　陈媛梅　冯志彪　郭继虎

韩春平　胡晓娟　刘青山　宋祖伟

编写人员　（按姓氏拼音排序）

阿　娟（内蒙古农业大学）

敖特根（内蒙古农业大学）

陈媛梅（北京林业大学）

杜慧玲（山西农业大学）

丁立军（内蒙古农业大学）

冯志彪（东北农业大学）

郭继虎（山西农业大学）

胡晓娟（河南农业大学）

韩春平（内蒙古民族大学）

刘青山（沈阳农业大学）

梁爱琴（青岛农业大学）

宋祖伟（青岛农业大学）

杨　帆（东北农业大学）

张天宝（山西农业大学）

郑其格（沈阳农业大学）

主　　审　赵士铎（中国农业大学）

第1版编写委员会

主　　编　孙　英　卜平宇

副 主 编　（按姓氏拼音排序）

敖特根　陈媛梅　杜慧玲　冯志彪　韩春平　胡晓娟
李子荣　曲宝涵　张　莉　赵海香　赵茂俊

编写人员　（按姓氏拼音排序）

阿　娟　敖特根　卜平宇　陈媛梅　程年寿　丁立军
杜慧玲　杜士杰　付　颖　肖振平　郭继虎　韩春平
胡晓娟　惠　妮　李子荣　孟　磊　曲宝涵　孙　英
张　莉　赵海香　赵茂俊　郑其格

出版说明

在教育部高教司农林医药处的关怀指导下，由教育部高等农林院校理科基础课程教学指导委员会（以下简称“基础课教指委”）推荐的本科农林类专业数学、物理、化学基础课程系列示范性教材现在与广大师生见面了。这是近些年全国高等农林院校为贯彻落实“质量工程”有关精神，广大一线教师深化改革，积极探索加强基础、注重应用、提高能力、培养高素质本科人才的立项研究成果，是具体体现“基础课教指委”组织编制的相关课程教学基本要求的物化成果。其目的在于引导深化高等农林教育教学改革，推动各农林院校紧密联系教学实际和培养人才需求，创建具有特色的数理化精品课程和精品教材，大力提高教学质量。

课程教学基本要求是高等学校制定相应课程教学计划和教学大纲的基本依据，也是规范教学和检查教学质量的依据，同时还是编写课程教材的依据。“基础课教指委”在教育部高教司农林医药处的统一部署下，经过批准立项，于2007年底开始组织农林院校有关数学、物理、化学基础课程专家成立专题研究组，研究编制农林类专业相关基础课程的教学基本要求，经过多次研讨和广泛征求全国农林院校一线教师意见，于2009年4月完成教学基本要求的编制工作，由“基础课教指委”审定并报教育部农林医药处审批。

为了配合农林类专业数理化基础课程教学基本要求的试行，“基础课教指委”统一规划了名为“教育部高等农林院校理科基础课程教学指导委员会推荐示范教材”（以下简称“推荐示范教材”）。“推荐示范教材”由“基础课教指委”统一组织编写出版，不仅确保教材的高质量，同时也使其具有比较鲜明的特色。

一、“推荐示范教材”与教学基本要求并行 教育部专门立项研究制定农林类专业理科基础课程教学基本要求，旨在总结农林类专业理科基础课程教育教学改革经验，规范农林类专业理科基础课程教学工作，全面提高教育教学质量。此次农林类专业数理化基础课程教学基本要求的研制，是迄今为止参与院校和教师最多、研讨最为深入、时间最长的一次教学研讨过程，使教学基本要求的制定具有扎实的基础，使其具有很强的针对性和指导性。通过“推荐示范教材”的使用推动教学基本要求的试行，既体现了“基础课教指委”对推行教学基本要求的决心，又体现了对“推荐示范教材”的重视。

二、规范课程教学与突出农林特色兼备 长期以来各高等农林院校数理化基础课程在教学计划安排和教学内容上存在着较大的趋同性和盲目性，课程定位不准，教学不够规范，必须科学地制定课程教学基本要求。同时由于农林学科的特点和专业培养目标、培养规格的不同，对相关数理化基础课程要求必须突出农林类专业特色。这次编制的相关课程教学基本要求最大限度地体现了各校在此方面的探索成果，"推荐示范教材"比较充分反映了农林类专业教学改革的新成果。

三、教材内容拓展与考研统一要求接轨 2008年教育部实行了农学门类硕士研究生统一入学考试制度。这一制度的实行，促使农林类专业理科基础课程教学要求作必要的调整。"推荐示范教材"充分考虑了这一点，各门相关课程教材在内容上和深度上都密切配合这一考试制度的实行。

四、多种辅助教材与课程基本教材相配 为便于导教导学导考，我们以提供整体解决方案的模式，不仅提供课程主教材，还将逐步提供教学辅导书和教学课件等辅助教材，以丰富的教学资源充分满足教师和学生的需求，提高教学效果。

趁着即将编制国家级"十二五"规划教材建设项目之机，"基础课教指委"计划将"推荐示范教材"整体运行，以教材的高质量和新型高效的运行模式，力推本套教材列入"十二五"国家级规划教材项目。

"推荐示范教材"的编写和出版是一种尝试，赢得了许多院校和老师的参与和支持。在此，我们衷心地感谢积极参与的广大教师，同时真诚地希望有更多的读者参与到"推荐示范教材"的进一步建设中，为推进农林类专业理科基础课程教学改革，培养适应经济社会发展需要的基础扎实、能力强、素质高的专门人才做出更大贡献。

中国农业大学出版社
2009年8月

第 2 版前言

本书是在保持第 1 版特色的基础上进行修订的。我们将长期教授普通化学的经验整理成为学习指导书，立意是概念简明，重点突出，典型例题尽量给出完整的思路和详细的解题步骤，使学生进一步准确地把握普通化学的基本概念，更深刻地理解普通化学的基本原理和基本知识及其应用。

若要真正理解化学概念和原理，还必须演算若干计算题和解释若干化学现象。本书与教育部高等农林院校理科基础课程教学指导委员会推荐示范教材《普通化学》的教学内容相呼应，希望学生在复习课堂讲授的基本知识和原理的基础上，完成一定量的习题，自己检验对所学知识的掌握情况。

本书紧紧围绕农林院校硕士研究生入学农学类化学考试出题思路，针对研究生入学考试中的普遍性和典型性问题，除每章配有自测题及答案，还配有 5 套模拟试卷及答案，让学生熟悉普通化学期末考试及硕士研究生入学考试试题的题型、题量、难度等。

本书在编写过程中参考了许多相关的普通化学方面的习题集、学习指导等参考书，在此对这些参考书的作者表示感谢。

本书修订的具体分工为：北京林业大学陈媛梅（第 2 章），东北农业大学冯志彪、杨帆（第 4 章），河南农业大学胡晓娟（第 8 章），内蒙古农业大学敖特根、阿娟、丁立军（第 3 章），内蒙古民族大学韩春平（第 6、7 章），青岛农业大学宋祖伟、梁爱琴（第 1 章、模拟试卷 5 套），山西农业大学郭继虎（第 10 章）、张天宝（第 5 章），沈阳农业大学刘青山、郑其格（第 9 章）。

全书由杜慧玲、郭继虎修改、统稿完成。中国农业大学的赵士铎教授担任主审。赵老师对书稿进行把关、审定，为本书的出版付出了很多精力，编者在此对赵老师给予的悉心指导和帮助表示衷心感谢。同时感谢在本书修订过程中各参编院校、中国农业大学出版社和山西农业大学教务处给予的大力支持。

由于编者水平所限，错误之处恳请广大读者和同行们指出，以期改正。

编　者

2017 年 3 月

第 1 版前言

普通化学是高等农、林、牧、水院校本科生的一门重要基础课，是招收生物类、生产类等专业硕士研究生时必考的基础课程。为了使学生在有限的准备时间内准确地把握课程的基本概念，更深刻地理解普通化学的基本原理及其简单应用，我们组织了一批长期从事普通化学一线教学、教学经验丰富的骨干教师编写此书。本书是为配合中国农业大学出版社出版的示范教材《普通化学》而编写的一本配套教学参考书。

本书涵盖了高等农、林、牧、水院校普通化学课程的全部基本内容，并针对近几年硕士研究生入学考试考查的主要内容做了重点分析。本书不仅可供高等农、林、牧、水产类各专业学生学习普通化学课程时参考使用，也可作为高等农林院校教师的教学参考书及硕士研究生入学考前复习用书。

在编写过程中，我们力求使本书具有以下特点：

1. 紧扣高等农林院校普通化学的课程内容与教学基本要求，结合教学和教材的内容，简明阐述各章的内容要点，对其中的重点、难点和易混淆之处做了进一步分析。

2. 紧密与示范教材《普通化学》的教学内容相呼应，所选例题主要以示范教材《普通化学》的各章习题为素材，通过对典型例题的解析，帮助学生正确理解基本概念、掌握解题的思路和技巧，加深对普通化学基本原理的理解。

3. 紧跟研究生入学考试出题思路，针对研究生入学考试中带有普遍性、典型性的问题，各章精选了部分自测题并配有答案。自测题的内容涵盖了研究生入学考试题所必需的知识点。学生通过做自测题，可自我测试复习的效果，查缺补漏，做到精益求精。

另外，为了让学生熟悉普通化学期末考试及研究生入学考试试题的难度、题量、各章节内容的分布，本书还配有 4 套模拟试卷。学生在对全课程进行充分复习之后，可利用模拟试卷进一步检查自身对知识的理解和掌握、做题的速度、时间分配等方面的情况。

本书在编写过程中参考了许多相关的普通化学方面的习题集、习题解答、学习指导等参考书，在此对这些参考书的作者表示感谢。

参加本书编写工作的有：安徽科技学院李子荣、程年寿，北京林业大学陈媛梅，河北北方学院赵海香、杜士杰，河南农业大学胡晓娟、孟磊，东北农业大学冯志彪、肖振平，青岛农业大学曲宝涵、惠妮，山西农业大学杜慧玲、郭继虎，沈阳农业大学卜平宇、郑其格，内蒙古农业大学敖特根、阿娟、丁立军，内蒙古民族大学韩春平，四川农业大学赵茂俊，中国农业大学孙英、张莉，全书由主编修改、统稿。中国农业大学出版社为本书的顺利出版给予了大力的支持，在此一并表示衷心的感谢！

由于编写目的和篇幅所限，本书内容不是很全面。同时，由于编者的水平所限，难免会有疏漏之处，还请同行专家和使用此书的同学指正，以待改进。

编　者

2010 年 7 月

目录 CONTENTS

Chapter 1 第 1 章

气体、溶液和胶体

Gas，Solution and Collide

内容要点

1. 理想气体状态方程和道尔顿分压定律

分子本身没有体积，分子间没有相互作用力的气体称为理想气体。理想气体是一种理想化的模型，严格遵守理想气体状态方程：

$$pV = nRT$$

实际气体只有在低压、高温时才近似遵守理想气体状态方程。

混合理想气体的总压等于各组分气体的分压之和，分压力指在相同温度条件下，混合气体中各种气体单独占有混合气体的容积时所产生的压力，称之为道尔顿分压定律。

$$p = \sum_i p_i = \sum_i n_i \frac{RT}{V} = n\frac{RT}{V}$$

2. 溶液的基本性质

一定温度下，液体与其蒸气平衡时蒸气的压力称为该温度下液体的饱和蒸气压，简称蒸气压，用符号 p^* 表示。蒸气压是液体的重要性质，它与液体的本质和温度有关。各种液体的蒸气压均随温度的升高而增大。对于某一确定物质而言，蒸气压仅与温度有关。

通常情况下，液体的沸点是指其蒸气压等于 101.325 kPa 时的温度，称为正常沸点，简称为沸点，用符号 T_b 表示。沸点与外界压力有关，所以记录沸点时往往注明外界压力。

在压力为 101.325 kPa 的空气中，固态物质与液态物质达到平衡状态时的温度称为液体的凝固点，也称为液体的冰点或固体的熔点，用符号 T_f 表示。

蒸气压、沸点和凝固点是液体纯物质的基本特性，当将两种或多种液体纯物质混合成溶液时，这些性质也将随溶液的组成不同而发生变化。

3. 溶液组成标度

溶液组成标度常用的表示方法有质量分数、物质的量浓度、质量摩尔浓度、物质的量分数、质量浓度等。

(1)B 的质量分数　B 的质量与混合物的质量之比，称为 B 的质量分数。B 的质量分数

用 w_B 表示：

$$w_B = \frac{m_B}{\sum_A m_A}$$

式中：m_B 为 B 的质量，SI 单位为 kg；$\sum_A m_A$ 为溶液的质量，SI 单位为 kg；质量分数 w_B 的 SI 单位为 1。

（2）B 的物质的量浓度　B 的物质的量除以混合物的体积，称为 B 的物质的量浓度。在不可能混淆时，可简称为浓度。B 的物质的量浓度用符号 c_B 表示：

$$c_B = \frac{n_B}{V}$$

式中：n_B 为 B 的物质的量，SI 单位为 mol；V 为溶液的体积，SI 单位为 m^3；物质的量浓度的常用单位为 $mol \cdot L^{-1}$。在使用物质的量浓度时必须注明物质的基本单元。

（3）B 的质量摩尔浓度　溶液中溶质 B 的物质的量除以溶剂的质量，称为溶质 B 的质量摩尔浓度。用符号 b_B 表示：

$$b_B = \frac{n_B}{m_A}$$

式中：n_B 为溶质 B 的物质的量；m_A 为溶剂的质量；质量摩尔浓度的 SI 单位为 $mol \cdot kg^{-1}$。在使用质量摩尔浓度时必须注明物质的基本单元。

（4）B 的物质的量分数　B 的物质的量与混合物的物质的量之比，称为溶质 B 的物质的量分数，又称为 B 的摩尔分数。用符号 x_B 表示：

$$x_B = \frac{n_B}{\sum_A n_A}$$

式中：n_B 为溶质 B 的物质的量；$\sum_A n_A$ 为溶液的物质的量；摩尔分数的单位为 1。

对于一个两组分的溶液系统来说，溶质的摩尔分数 x_B 与溶剂的摩尔分数 x_A 分别为：

$$x_B = \frac{n_B}{n_A + n_B}, x_A = \frac{n_A}{n_A + n_B}$$

所以 $x_A + x_B = 1$。

若将这个关系推广到任何一个多组分系统中，则有：$\sum x_i = 1$。

（5）B 的质量浓度　B 的质量与混合物的体积之比称为溶质 B 的质量浓度。用 ρ_B 表示：

$$\rho_B = \frac{m_B}{V}$$

式中：m_B 为溶质 B 的质量；V 为溶液的体积；质量浓度的常用单位为 $g \cdot L^{-1}$。

（6）几种溶液组成标度之间的关系

①物质的量浓度与质量分数　若溶质 B 的质量分数为 w_B 的溶液，密度为 ρ，则该溶液

的物质的量浓度与质量分数的关系为：

$$c_B = \frac{n_B}{V} = \frac{m_B}{M_B V} = \frac{m_B}{M_B m/\rho} = \frac{\rho m_B/m}{M_B} = \frac{w_B \rho}{M_B}$$

式中：m 为溶液的质量。

②物质的量浓度与质量摩尔浓度　若已知溶液的密度 ρ 和溶液的质量 m，则有：

$$c_B = \frac{n_B}{V} = \frac{n_B}{m/\rho} = \frac{n_B \rho}{m}$$

若该系统是一个两组分系统，且 B 组分的含量较少，则溶液的质量 m 近似等于溶剂质量 m_A，上式可近似为：

$$c_B = \frac{n_B \rho}{m} \approx \frac{n_B \rho}{m_A} = b_B \rho$$

若该溶液是稀的水溶液，则：

$$c_B/(\text{mol} \cdot \text{L}^{-1}) \approx b_B/(\text{mol} \cdot \text{kg}^{-1})$$

4. 稀溶液的通性

稀溶液是指溶质对溶剂的作用力可忽略的溶液，是一种理想的溶液模型。稀溶液中溶剂的性质与纯溶剂的差别，仅在于其摩尔分数降低。所以，虽然各种溶液各有其特性，但有几种性质是一般稀溶液所共有的，这类性质只与溶质的粒子数目有关，与溶质本性无关，并且测定了一种性质还能推算其他几种性质。这类性质称为稀溶液的通性或依数性，包括蒸气压下降、沸点升高、凝固点降低和渗透压。

(1)稀溶液的蒸气压下降——拉乌尔(Roult)定律　在一定温度下，难挥发非电解质稀溶液的蒸气压等于纯溶剂的饱和蒸气压与溶剂摩尔分数的乘积。其数学表达式为：

$$p = p^* x_A$$

式中：p 为溶液的蒸气压；p^* 为溶剂的饱和蒸气压，SI 单位均为 Pa；x_A 为溶剂的摩尔分数。

对于一个两组分系统来说，由于 $x_A + x_B = 1$，即 $x_A = 1 - x_B$，所以：

$$p = p^*(1 - x_B) = p^* - p^* x_B$$
$$\Delta p = p^* - p = p^* x_B$$

式中：Δp 为溶液蒸气压的下降；x_B 为溶质的摩尔分数。

因此，拉乌尔定律又可表述为：在一定温度下，难挥发非电解质稀溶液的蒸气压下降与溶质的摩尔分数成正比。在稀溶液中，溶质 B 的摩尔分数

$$x_B = \frac{n_B}{n_A + n_B} \approx \frac{n_B}{n_A} = \frac{n_B \times M_A}{n_A \times M_A} = b_B M_A$$

即溶质 B 的摩尔分数与 B 的质量摩尔浓度成正比，故：

$$\Delta p = p^* x_B = p^* b_B M_A = k b_B$$

所以，拉乌尔定律还可表述为：在一定温度下，难挥发非电解质稀溶液的蒸气压下降与溶质

的质量摩尔浓度成正比。

(2)稀溶液的沸点升高　难挥发非电解质稀溶液沸点升高和溶质的质量摩尔浓度成正比，即

$$\Delta T_b = K_b b_B$$

式中：ΔT_b 为难挥发非电解质稀溶液的沸点升高，SI 单位为 K；K_b 为溶剂沸点升高常数，SI 单位为 $K \cdot kg \cdot mol^{-1}$。

沸点升高常数 K_b 只与溶剂的性质有关，而与溶质的性质以及浓度无关。常见溶剂的 K_b 可以从相关的数据表中查得。若已知溶剂的 K_b，就可以根据沸点升高 ΔT_b 求算溶质的摩尔质量 M。

(3)凝固点降低　非电解质稀溶液凝固点降低与溶质的质量摩尔浓度成正比，即：

$$\Delta T_f = K_f b_B$$

式中：ΔT_f 为溶液凝固点降低，SI 单位为 K；K_f 为溶剂凝固点降低常数，SI 单位为 $K \cdot kg \cdot mol^{-1}$。

凝固点降低常数 K_f 只与溶剂的性质有关，而与溶质的性质以及浓度无关。凝固点下降公式不仅适用于难挥发非电解质稀溶液，也适用于易挥发的非电解质稀溶液。同种溶剂的凝固点降低常数总是大于沸点升高常数，所以常利用凝固点降低来测定物质的摩尔质量。

(4)渗透压　在一定温度下，非电解质稀溶液的渗透压与溶质的物质的量浓度符合范特荷夫(J H Van't Hoff)公式：

$$\Pi = c_B RT$$

式中：Π 为渗透压，SI 单位为 Pa；R 为摩尔气体常数，SI 单位为 $J \cdot mol^{-1} \cdot K^{-1}$；$T$ 为热力学温度；c_B 为 B 的物质的量浓度。

通过对溶液渗透压的测定，也能估算出溶质的摩尔质量。常常利用渗透压来测定大分子，如蛋白质、高分子聚合物的摩尔质量。

(5)电解质溶液的依数性　电解质溶液也存在蒸气压下降、沸点升高、凝固点降低和渗透压等性质，其大小可在稀溶液的依数性定律公式中引入校正系数进行估算。

5. 胶体和高分子溶液

按分散质粒子的大小，分散系分为分子离子分散系、胶体分散系、粗分散系三种。溶胶和高分子溶液都属于胶体分散系，但溶胶是多相的热力学不稳定体系，高分子溶液是单相的热力学稳定体系。

(1)溶胶的性质　溶胶粒子的大小在 1～100 nm 之间，具有光学丁达尔效应和动力学的布朗运动，溶胶在形成过程中的巨大表面能使其吸附微粒而具有电泳和电渗的电学性质，电泳、电渗现象说明溶胶粒子带电荷情况。

(2)胶团结构　$Fe(OH)_3$溶胶的胶团结构式为

$$\{[Fe(OH)_3]_m \cdot \overbrace{nFeO^+ \cdot (n-x)Cl^-}^{\text{吸附层}}\}^{x+} \cdot \overbrace{xCl^-}^{\text{扩散层}}$$

胶核　电位离子　束缚反离子　自由反离子

胶粒

胶团

(3)溶胶的聚沉　溶胶具有一定的稳定性，是由于胶粒带电和溶剂化作用。但是溶胶是多相的热力学不稳定体系，浓度、温度、电解质及相反电荷的胶体混合都可能引起溶胶聚沉。电解质对溶胶的聚沉作用明显，主要是反离子起作用，可用聚沉值来比较各种电解质对溶胶的聚沉能力的大小，聚沉值越小，其聚沉能力越大。

(4)高分子溶液　动物胶、植物胶、蛋白质、淀粉等高分子化合物溶于水，分为溶胀和分散两个阶段。由于高度的溶剂化作用，高分子溶液很稳定。高分子化合物对溶胶有保护、敏化和絮凝作用。

高分子溶液的盐析是指在高分子(水)溶液中加入无机盐类而使某种高分子物质溶解度降低而析出的过程。盐析过程是可逆的，盐析一般需要大量无机盐。

典型例题

例 1-1　解释下列现象：

(1)海水鱼和淡水鱼互换生存环境会死亡。

答：由于淡水鱼和海水鱼细胞液的渗透压不同。当淡水鱼放入海水中时，由于其细胞液盐浓度较低，渗透压较小，在海水中就会因细胞大量失水而死亡；当海水鱼放入淡水中时，由于其细胞液盐浓度较高，渗透压较大，在淡水中就会发生渗透吸水，使细胞膨胀而死亡。

(2)盐碱地上种植作物难以生长。

答：由于盐碱地中盐浓度较大，植物细胞的细胞液浓度较小，植物细胞易脱水而死亡。

(3)下雪天在道路上撒盐。

答：将食盐撒在雪上，食盐溶于雪表面的水中，形成了溶液，使溶液的凝固点降低，致使雪不断融化，进而防止路面结冰。

(4)海水较河水难结冰。

答：海水中盐的浓度较河水大，使海水表面的蒸气压较河水低，凝固点降低，故海水较河水难结冰。

(5)溶液蒸发过程中沸点不断变化。

答：在溶液蒸发过程中，由于溶剂的不断蒸发，溶液的浓度不断增大，溶液的蒸气压不断降低，所以与纯液体溶剂不同，溶液在沸腾时沸点不能保持恒定，而是不断升高直至溶液达到饱和。

例 1-2 在17℃、99.3 kPa的气压下，用排水法收集氮气150 mL。求在标准状况下该气体经干燥后的体积。已知17℃时水的饱和蒸气压为1.93 kPa。

解：已知17℃时水的饱和蒸气压为1.93 kPa，所以

$$p(N_2) = (99.3 - 1.93)\text{kPa} = 97.4\ \text{kPa}$$

对 N_2 而言 $\dfrac{p_1V_1}{T_1} = \dfrac{p_2V_2}{T_2}$

$$V_2 = \frac{p_1V_1T_2}{p_2T_1} = \frac{97.4\ \text{kPa} \times 150\ \text{mL} \times 273\ \text{K}}{101.325\ \text{kPa} \times 290\ \text{K}} = 136\ \text{mL}$$

例 1-3 丁烷(C_4H_{10})是一种易液化的气体燃料。计算在23℃、90.6 kPa下，丁烷气体的密度。

解：已知 $T=296$ K，$p=90.6$ kPa，C_4H_{10} 的摩尔质量 $M=58.0\ \text{g} \cdot \text{mol}^{-1}$，根据理想气体状态方程 $pV=nRT$，可得：

$$pV = \frac{m}{M}RT,\ \rho = \frac{pM}{RT}$$

所以丁烷的密度为：

$$\rho = \frac{pM}{RT} = \frac{90.6\ \text{kPa} \times 58.0\ \text{g} \cdot \text{mol}^{-1}}{8.314\ \text{kPa} \cdot \text{L} \cdot \text{mol}^{-1} \cdot \text{K}^{-1} \times 296\ \text{K}} = 2.14\ \text{g} \cdot \text{L}^{-1}$$

例 1-4 某气体在293 K、99.7 kPa时占有体积 1.9×10^{-1} L，其质量为0.132 g。试求这种气体的摩尔质量。它可能是何种气体？

解：质量为0.132 g的气体其所对应的物质的量为：

$$pV = nRT$$

$$n = \frac{pV}{RT} = \frac{99.7\ \text{kPa} \times 1.9 \times 10^{-1}\ \text{L}}{8.314\ \text{kPa} \cdot \text{L} \cdot \text{mol}^{-1} \cdot \text{K}^{-1} \times 293\ \text{K}} = 0.007\,776\ \text{mol}$$

因此该气体的摩尔质量为：

$$M = \frac{m}{n} = \frac{0.132\ \text{g}}{0.007\,776\ \text{mol}} = 16.97\ \text{g} \cdot \text{mol}^{-1}$$

该气体可能为 NH_3。

例 1-5 在273 K时，将同一初压的4.0 L N_2 和1.0 L O_2 压缩到一个容积为2.0 L的真空容器中，混合气体的总压为 3.26×10^5 Pa。试求：

(1)两种气体的初压；

(2)混合气体中各组分气体的分压；

(3)各气体的物质的量。

解：(1)由于 N_2 和 O_2 两气体间不发生化学反应，压缩前后物质的量不变，则：

$$\frac{p_1V_1}{T_1} = \frac{p_2V_2}{T_2}$$

因为 $T_1=T_2$，所以

$$p_1=\frac{p_2V_2}{V_1}=\frac{3.26\times10^5\ \text{Pa}\times2.0\ \text{L}}{(4.0+1.0)\text{L}}=1.30\times10^5\ \text{Pa}$$

即 N_2 和 O_2 的初压为 1.30×10^5 Pa。

(2)根据
$$p_i=x_ip=\frac{V_i}{V}p$$

$$p(N_2)=\frac{4.0\ \text{L}}{(4.0+1.0)\text{L}}\times3.26\times10^5\ \text{Pa}=2.61\times10^5\ \text{Pa}$$

$$p(O_2)=p_{总}-p(N_2)=3.26\times10^5\ \text{Pa}-2.61\times10^5\ \text{Pa}=6.50\times10^4\ \text{Pa}$$

(3)由 $pV=nRT$ 得：

$$n(N_2)=\frac{2.61\times10^5\ \text{Pa}\times2.0\ \text{L}}{8.314\ \text{kPa}\cdot\text{L}\cdot\text{mol}^{-1}\cdot\text{K}^{-1}\times273\ \text{K}}=0.230\ \text{mol}$$

$$n(O_2)=\frac{6.50\times10^4\ \text{Pa}\times2.0\ \text{L}}{8.314\ \text{kPa}\cdot\text{L}\cdot\text{mol}^{-1}\cdot\text{K}^{-1}\times273\ \text{K}}=0.057\ \text{mol}$$

例 1-6 将 7.00 g 草酸($H_2C_2O_4\cdot2H_2O$)溶于 93.0 g 水，所得溶液的密度为 1.025 g·mL^{-1}，求该溶液的：(1)质量分数 $w(H_2C_2O_4)$；(2)质量浓度；(3)物质的量浓度 $c(H_2C_2O_4)$；(4)质量摩尔浓度 $b(H_2C_2O_4)$；(5)摩尔分数 $x(H_2C_2O_4)$。

解：已知 $\rho=1.025\ \text{g}\cdot\text{mL}^{-1}$，$M(H_2C_2O_4\cdot2H_2O)=126.07\ \text{g}\cdot\text{mol}^{-1}$，$M(H_2C_2O_4)=90.04\ \text{g}\cdot\text{mol}^{-1}$，则：

$$m(H_2C_2O_4)=\frac{7.00\ \text{g}}{126.07\ \text{g}\cdot\text{mol}^{-1}}\times90.04\ \text{g}\cdot\text{mol}^{-1}=5.00\ \text{g}$$

$$(1)\ w(H_2C_2O_4)=\frac{m(H_2C_2O_4)}{m}=\frac{5.00\ \text{g}}{(7.00+93.0)\ \text{g}}=0.050\ 0$$

$$(2)\ V=\frac{m}{\rho}=\frac{(7.00+93.0)\text{g}}{1.025\ \text{g}\cdot\text{mL}^{-1}}=97.6\ \text{mL}$$

$$\rho(H_2C_2O_4)=\frac{m(H_2C_2O_4)}{V}=\frac{5.00\ \text{g}}{97.6\ \text{mL}}=0.051\ 2\ \text{g}\cdot\text{mL}^{-1}$$

$$(3)\ n(H_2C_2O_4)=\frac{m(H_2C_2O_4)}{M(H_2C_2O_4)}=\frac{5.00\ \text{g}}{90.04\ \text{g}\cdot\text{mol}^{-1}}=0.055\ 5\ \text{mol}$$

$$c(H_2C_2O_4)=\frac{n(H_2C_2O_4)}{V}=\frac{0.055\ 5\ \text{mol}}{97.6\times10^{-3}\ \text{L}}=0.569\ \text{mol}\cdot\text{L}^{-1}$$

$$(4)\ b(H_2C_2O_4)=\frac{n(H_2C_2O_4)}{m(H_2O)}=\frac{0.055\ 5\ \text{mol}}{(93.0+7.00-5.00)\times10^{-3}\ \text{kg}}=0.584\ \text{mol}\cdot\text{kg}^{-1}$$

$$(5)\ n(H_2O)=\frac{m(H_2O)}{M(H_2O)}=\frac{(93.0+7.00-5.00)\text{g}}{18.0\ \text{g}\cdot\text{mol}^{-1}}=5.28\ \text{mol}$$

$$x(H_2C_2O_4)=\frac{n(H_2C_2O_4)}{n(H_2O)+n(H_2C_2O_4)}=\frac{0.055\ 5\ \text{mol}}{(5.28+0.055\ 5)\ \text{mol}}=0.010\ 4$$

例 1-7 今有葡萄糖($C_6H_{12}O_6$)、蔗糖($C_{12}H_{22}O_{11}$)和氯化钠三种溶液，它们的质量分数都是1%，试比较三者沸点、渗透压的大小。

解：根据题意，三种溶液的溶剂都是水，即沸点上升常数 K_b 相同。质量分数都是1%，计算可知溶液溶质的质量摩尔浓度大小顺序为 $b(NaCl)>b(C_6H_{12}O_6)>b(C_{12}H_{22}O_{11})$，其中氯化钠属于强电解质溶液，因此，有

沸点高低顺序：$T_b(NaCl)>T_b(C_6H_{12}O_6)>T_b(C_{12}H_{22}O_{11})$

渗透压高低顺序：$\Pi(NaCl)>\Pi(C_6H_{12}O_6)>\Pi(C_{12}H_{22}O_{11})$

例 1-8 在 26.6 g 氯仿中溶解 0.402 g 萘($C_{10}H_8$)，其沸点比氯仿的沸点高 0.455 K，求氯仿的沸点升高常数。

解：难挥发非电解质萘稀溶液沸点升高和溶质萘的质量摩尔浓度成正比，即

$$\Delta T_b = K_b b_B$$

则有：
$$0.455\ \mathrm{K} = K_b \frac{0.402\ \mathrm{g}/128\ \mathrm{g\cdot mol^{-1}}}{26.6\ \mathrm{g}/1\ 000\ \mathrm{g\cdot kg^{-1}}}$$

解得：
$$K_b = 3.856\ \mathrm{K\cdot kg\cdot mol^{-1}}$$

例 1-9 与人体血液具有相等渗透压的葡萄糖溶液，其凝固点降低为 0.543 K，求此葡萄糖溶液的质量分数和血液的渗透压(设人的体温 310 K，葡萄糖摩尔质量 180 $\mathrm{g\cdot mol^{-1}}$)。

解：设葡萄糖的质量为 m_B，溶剂水的质量为 1 kg，查表得水的凝固点降低常数 K_f 为 1.86 $\mathrm{K\cdot kg\cdot mol^{-1}}$。根据题意，得

$$\Delta T_f = K_f b_B = K_f \frac{m_B}{M_B \times m_A}$$

$$0.543\ \mathrm{K} = 1.86\ \mathrm{K\cdot kg\cdot mol^{-1}} \times \frac{m_B}{180\ \mathrm{g\cdot mol^{-1}} \times 1\ \mathrm{kg}}$$

则有 m_B=52.55 g，故：

$$w = \frac{m_B}{m} = \frac{52.55\ \mathrm{g}}{1\ 000\ \mathrm{g} + 52.55\ \mathrm{g}} = 4.99\%$$

$$b_B = \frac{0.543\ \mathrm{K}}{1.86\ \mathrm{K\cdot kg\cdot mol^{-1}}} = 0.292\ \mathrm{mol\cdot kg^{-1}}$$

已知 $\Pi = c_B RT$，以水为溶剂，溶液很稀，$c_B \approx 0.292\ \mathrm{mol\cdot L^{-1}}$，所以

$$\Pi \approx c_B RT = 0.292\ \mathrm{mol\cdot L^{-1}} \times 8.314\ \mathrm{kPa\cdot L\cdot mol^{-1}\cdot K^{-1}} \times 310\ \mathrm{K} = 752\ \mathrm{kPa}$$

例 1-10 今有两种溶液，一种为 1.5 g 尿素溶于 200 g 水中，另一种为 42.8 g 未知物溶于1 000 g 水中，这两种溶液在同一温度结冰，求此未知物的摩尔质量。

解：设未知物的摩尔质量为 M_B。根据题意，两溶液凝固点下降 ΔT_f 相同，且溶剂都是水，凝固点下降常数 K_f 相同，故：

$$\frac{m[(NH_2)_2CO]/M[(NH_2)_2CO]}{0.2\ \mathrm{kg}} = \frac{m_B/M_B}{1\ \mathrm{kg}}$$

$$M_B = 342.4\ \mathrm{g\cdot mol^{-1}}$$

例 1-11 将下列水溶液按其凝固点由高到低的顺序排列(浓度均为 1 $mol \cdot kg^{-1}$):$C_6H_{12}O_6$、NaCl、Na_3PO_4、K_2SO_4、HAc。

解:拉乌尔定律只适用于难挥发非电解质稀溶液,但对于电解质溶液可通过引入校正系数做定性比较。凝固点下降程度与单位体积内微粒数目有关,而微粒数与溶液浓度和溶质的解离情况有关。所以

溶液凝固点降低由大到小顺序:Na_3PO_4、K_2SO_4、NaCl、HAc、$C_6H_{12}O_6$;

凝固点由高到低的顺序:$C_6H_{12}O_6$、HAc、NaCl、K_2SO_4、Na_3PO_4。

例 1-12 $AgNO_3$溶液与 KI 溶液反应制备 AgI 溶胶,试写出胶团结构式。

解:KI 溶液过量:$[(AgI)_m \cdot nI^- \cdot (n-x)K^+]^{x-} \cdot xK^+$

$AgNO_3$溶液过量:$[(AgI)_m \cdot nAg^+ \cdot (n-x)NO_3^-]^{x+} \cdot xNO_3^-$

例 1-13 某种胶体在电泳时,它的胶粒向阴极移动。这种胶体中分别加入下列哪种物质,不会发生聚沉?(①蔗糖溶液;②硫酸镁溶液;③硅酸胶体;④氢氧化铁胶体)

A. ①③　　B. ①④　　C. ②③　　D. ③④

解:胶粒是带电荷的,在电泳实验中胶粒向阴极移动,说明该胶粒带正电荷。要使胶体不发生聚沉,可加入非电解质溶液如蔗糖溶液,或加入带正电荷的胶体如氢氧化铁胶体。答案 B 正确。

单元测试

(一)选择题

1. 溶质 B 的质量摩尔浓度的 SI 单位为(　　)。

A. $mol \cdot kg^{-1}$　　B. 1　　C. $mol \cdot L^{-1}$　　D. $K \cdot kg \cdot mol^{-1}$

2. 在 $c\left(\frac{1}{5}KMnO_4\right) = 0.10\ mol \cdot L^{-1}$ 的高锰酸钾溶液 1 L 中含有高锰酸钾的质量是(　　)。$[M(KMnO_4) = 158.0\ g \cdot mol^{-1}]$

A. 15.8 g　　B. 3.16 g　　C. 6.32 g　　D. 79 g

3. 盐碱地的农作物长势不良,甚至枯萎;施了高浓度肥料的植物也会被“烧死”,能用来说明原因的是(　　)。

A. 渗透压　　B. 蒸气压　　C. 沸点　　D. 凝固点

4. 下列关于稀溶液的沸点叙述正确的是(　　)。

A. 稀溶液的沸点一定比纯溶剂高

B. 稀溶液的沸点一般比纯溶剂低

C. 对于溶质不挥发或溶质的挥发性比纯溶剂低的稀溶液,其沸点一定比纯溶剂高

D. 对于溶质的挥发性比纯溶剂高的稀溶液,其沸点一定比纯溶剂高

5. 我国北方进入冬季后,随着气温逐渐降低,土壤溶液(　　)。

A. 浓度不变,凝固点逐渐下降　　B. 浓度逐渐增大,凝固点逐渐下降

C. 浓度和凝固点均不变　　D. 浓度减小,凝固点下降

6. 与拉乌尔定律有关的稀溶液的性质是(　　)。

A. 凝固点降低　　B. 沸点升高

C. 蒸气压下降　　D. 以上三点都有

7. 欲配制 pH＝13.00 的溶液 10.0 L，所需 NaOH 固体的质量是(　　)。[M(NaOH)＝40 g·mol^{-1}]

A. 40 g　　B. 4.0 g　　C. 4.0×10^{-11} g　　D. 4.0×10^{-12} g

8. 取下列物质各 10 g，分别溶于 1 000 g 苯。溶液的凝固点最低的是(　　)。

A. CH_2Cl_2　　B. CCl_4　　C. $CHCl_3$　　D. CH_3Cl

9. 有一半透膜，将两浓度不同的蔗糖水溶液隔开，其结果是(　　)。

A. 蔗糖从浓溶液向稀溶液渗透　　B. 蔗糖从稀溶液向浓溶液渗透

C. 水从浓溶液向稀溶液渗透　　D. 水从稀溶液向浓溶液渗透

10. 每升含甘油(摩尔质量 92.0 g·mol^{-1})46.0 g 的水溶液，在 27℃时的渗透压为(　　)。

A. 112 kPa　　B. 1.13×10^3 kPa　　C. 1.25×10^3 kPa　　D. 2.49×10^3 kPa

11. 下列关于胶体的说法中正确的是(　　)。

A. 胶体外观不均匀　　B. 胶体微粒直径在 1～100 nm 之间

C. 胶粒不能通过滤纸　　D. 胶体不稳定，静置后容易产生沉淀

12. 某学生在做 $Fe(OH)_3$ 胶体聚沉实验时，用①加硅酸胶体；②加 $Al(OH)_3$ 胶体；③加 $Al_2(SO_4)_3$ 溶液；④加 As_2S_3 胶体；⑤加蒸馏水五种方法，能观察到聚沉现象的是(　　)。

A. ①②③　　B. ①③④　　C. ②④⑤　　D. ③④⑤

13. 下列各项操作中，不发生"先沉淀后溶解"现象的为(　　)。

①向饱和 Na_2CO_3 溶液中通入过量的 CO_2；②向 $Fe(OH)_3$ 胶体中逐滴滴入过量的稀 H_2SO_4；③向 AgI 胶体中逐滴加入过量的稀盐酸；④向石灰水中通入过量的 CO_2；⑤向硅酸钠溶液中逐滴加入过量的盐酸。

A. ①②③　　B. ②③⑤　　C. ①②③⑤　　D. ①③⑤

14. 有关动物胶、植物胶、蛋白质、淀粉等高分子溶液，下列说法正确的是(　　)。

A. 属于粗分散系　　B. 属于胶体分散系

C. 不是溶液　　D. 不均匀、不稳定

15. 溶胶能稳定存在的一个重要因素是(　　)。

A. 胶粒带有相同电荷　　B. 胶粒大小相同

C. 胶粒光学性质相同　　D. 胶团结构相同

16. 对硅酸溶胶聚沉值最小的是(　　)。

A. Mg^{2+}　　B. Al^{3+}　　C. SO_4^{2-}　　D. PO_4^{3-}

17. 以 20 mL 0.01 mol·L^{-1}的 KBr 溶液和 10 mL 0.01 mol·L^{-1} $AgNO_3$溶液混合制备溶胶。其胶粒的电泳走向是(　　)。

A. 向正极移动　　B. 向负极移动

C. 因温度而异　　D. 因电压不同而异

18. 将带正电的 $Al(OH)_3$的溶胶与带负电的 Sb_2S_3溶胶混合，结果是(　　)。

A. 聚沉　　B. 不聚沉

C. 聚沉与否取决于搅拌速度

D. 聚沉与否取决于正负电量是否接近相等

19. 胶体溶液中，决定溶胶电性的物质是(　　)。

A. 胶团　B. 电位离子　C. 反离子　D. 胶粒

20. 混合 $AgNO_3$ 和 KI 溶液来制备 AgI 负溶胶时，$AgNO_3$ 和 KI 间的关系应是(　　)。

A. $c(AgNO_3) > c(KI)$　B. $n(AgNO_3) < n(KI)$

C. $n(AgNO_3) > n(KI)$　D. $n(AgNO_3) = n(KI)$

(二)填空题

1. 所谓稀溶液，是指______的溶液，是一种理想的溶液模型。稀溶液的依数性与______有关，与______无关。

2. 将 0.845 g NaCl(摩尔质量为 58.5 $g \cdot mol^{-1}$)溶于 435 g 水中，溶液的质量摩尔浓度 $b(NaCl)$ 等于______。

3. 尿素水溶液的凝固点是 −0.372℃，则此溶液的质量摩尔浓度 $b[(NH_2)_2CO]$ 等于______(水的 $K_f = 1.86\ K \cdot kg \cdot mol^{-1}$)。

4. 往 H_3AsO_3 溶液中通入过量的 H_2S，制得 As_2S_3 溶胶，它的胶团结构式为______。若用 NaCl、$MgCl_2$、$AlCl_3$ 进行聚沉，其中聚沉能力最小的是______。

5. 高分子化合物的溶解过程分为______和______两个阶段。

6. 盐析是指在高分子(水)溶液中加入______而使某种高分子物质溶解度降低而析出的过程，盐析过程是______，盐析一般需要______。

7. 沸点为 100.104℃ 的蔗糖水溶液，其凝固点为______，25℃ 时该蔗糖水溶液渗透压为______。相同质量摩尔浓度的 NaCl 水溶液沸点、凝固点、25℃ 时的渗透压分别为______。(水的 $K_f = 1.86\ K \cdot kg \cdot mol^{-1}$，$K_b = 0.86\ K \cdot kg \cdot mol^{-1}$)

8. 某理想气体混合物，含 A、B、C、D 四种气体各 1 mol。在保持温度、体积不变条件下，向其中充入 0.1 mol 气体 A，则气体 A 分压______，气体 B、C、D 分压______。在保持温度、压力不变条件下，向其中充入 0.1 mol 气体 A，则气体 A 分压______，气体 B、C、D 分压______。(填升高、降低或不变)

9. 以 20 mL 0.01 $mol \cdot L^{-1}$ 的 KCl 溶液和 20 mL 0.02 $mol \cdot L^{-1}$ $AgNO_3$ 溶液混合制备溶胶，电位离子是______，反离子是______，电泳时胶粒向______极移动，电渗时分散剂向______极移动。

10. 明矾净水主要是因为明矾 $KAl(SO_4) \cdot 12H_2O$ 在水中水解生成 $Al(OH)_3$______溶胶与水中悬浮粒子(一般带负电荷)发生相互______作用而沉淀，再加上 $Al(OH)_3$ 絮状物的吸附作用，可使污物被吸附沉淀，达到净化目的。

(三)计算题

1. 1.00 g HAc 分别溶于 100 g 水和 100 g 苯中，测得它们的凝固点分别为 −0.314℃ 和 4.972℃，已知纯水和纯苯的凝固点分别为 0.0℃ 和 5.4℃，它们的凝固点下降常数 K_f 分别为 1.86 $K \cdot kg \cdot mol^{-1}$ 和 5.12 $K \cdot kg \cdot mol^{-1}$，计算这两种溶液中 HAc 的质量摩尔浓度，并解释它们之间的差别。

2. 3.24 g 硫溶于 40.0 g 苯中，苯的沸点升高了 0.810℃，求溶解在苯中的硫的分子式[苯的

K_b=2.53 K·kg·mol^{-1},M(S)=32 g·mol^{-1}]。

3.测得人体血液的凝固点下降 ΔT_f 为 0.560℃,近似计算在体温 37℃时血液的渗透压(水的 K_f=1.86 K·kg·mol^{-1})。

4.在 298.15 K 时,质量分数 $w(H_2SO_4)$=9.47%的硫酸溶液,密度 ρ=1.060 3 g·cm^{-3}。试求:

(1)H_2SO_4 的物质的量浓度 $c(H_2SO_4)$;

(2)H_2SO_4 的质量摩尔浓度 $b(H_2SO_4)$;

(3)H_2SO_4 的摩尔分数 $x(H_2SO_4)$。

5.现需 2.2 L c(HCl)=2.0 mol·L^{-1}的盐酸,试问:

(1)应该取多少毫升 w(HCl)=20%、ρ=1.10 g·mL^{-1}的盐酸来配制?

(2)现有 550 mL c(HCl)=1.0 mol·L^{-1}的盐酸,应该加入多少毫升 w(HCl)=20%、ρ=1.10 g·mL^{-1}的浓盐酸以后再稀释?

6.已知 20℃时水的饱和蒸汽压为 2.33 kPa。将 17.1 g 蔗糖($C_{12}H_{22}O_{11}$)与 3.00 g 尿素[$CO(NH_2)_2$]分别溶于 100 g 水,计算形成的溶液的沸点、凝固点。(水的 K_f=1.86 K·kg·mol^{-1},K_b=0.86 K·kg·mol^{-1})

7.有一蛋白质的饱和水溶液,每升含蛋白质 5.18 g,已知在 293.15 K 时,溶液的渗透压为 0.413 kPa。求此蛋白质的摩尔质量。

(四)简答题

1.为什么海水不易结冰?

2.为什么在海水中生活的鱼类不能在淡水中生存?

3.北方冬天吃冻梨前,先将冻梨放入凉水中浸泡一段时间,发现冻梨表面结了一层薄冰,而梨的里边已解冻了,这是什么道理?

4.简述融雪剂使积雪融化的原理。

5.简述高分子对溶胶的保护作用、敏化作用和絮凝作用。

6.将 $AgNO_3$溶液和 KI 溶液混合制得 AgI 溶胶,测得该溶胶在一定时间内的聚沉值为:Na_2SO_4,140 mmol·L^{-1};$Mg(NO_3)_2$,6.0 mmol·L^{-1}。写出该溶胶的胶团结构式,并指出各部分名称。

7.已知某动物肌肉细胞内液的浓度为 250 mmol·L^{-1},若把该细胞分别置于质量浓度为 10.01 g·L^{-1},7.31 g·L^{-1},3.05 g·L^{-1}的 NaCl 溶液中,将会发生什么现象?已知 M(NaCl)=58.5 g·mol^{-1}。

8.写出 20 mL 0.01 mol·L^{-1}$AgNO_3$溶液与 30 mL 0.01 mol·L^{-1}KBr 溶液混合形成的 AgBr 溶胶的胶团结构并标出有关组成名称。若用 Na_3PO_4、$MgSO_4$、$AlCl_3$ 三种电解质使该溶胶聚沉,聚沉能力最强的是哪种电解质,为什么?

参考答案

(一)选择题

1.A 2.B 3.A 4.C 5.B 6.D 7.A 8.D 9.D 10.C 11.B 12.B 13.D 14.B 15.A 16.B 17.A 18.D 19.B 20.B

(二)填空题

1.溶液中溶质对溶剂的作用力可以忽略;溶质的粒子数目;溶质本性。

2.0.04 $mol \cdot kg^{-1}$。

3.0.200 $mol \cdot kg^{-1}$。

4.$[(As_2S_3)_m \cdot nHS^- \cdot (n-x)H^+]^{x-} \cdot xH^+$,NaCl。

5.溶胀,分散。

6.无机盐类,可逆的,大量无机盐。

7.−0.38℃,495.52 kPa,100.208℃、−0.76℃,991.04 kPa。

8.升高,不变,升高,降低。

9.Ag^+,NO_3^-,负,正。

10.正,聚沉。

(三)计算题

1.水溶液中为0.169 $mol \cdot kg^{-1}$;苯溶液中为0.083 6 $mol \cdot kg^{-1}$。HAc在水中是单体,在苯中是二聚体。

2.S_8。

3.776 kPa。

4.(1)1.024 $mol \cdot L^{-1}$;(2)1.067 $mol \cdot kg^{-1}$;(3)0.018 9。

5.(1)730 mL;(2)639 mL。

6.解:两种溶质的摩尔质量分别是 $M_1 = 342\ g \cdot mol^{-1}$ 和 $M_2 = 60.0\ g \cdot mol^{-1}$,则

$$b_1 = \frac{17.1\ g}{342\ g \cdot mol^{-1} \times 0.1\ kg} = 0.500\ mol \cdot kg^{-1}$$

$$b_2 = \frac{3.00\ g}{60.0\ g \cdot mol^{-1} \times 0.1\ kg} = 0.500\ mol \cdot kg^{-1}$$

两种溶液的质量摩尔浓度相同,水的摩尔分数也相同

$$x(H_2O) = \frac{55.5}{55.5 + 0.5} = 0.991$$

所以,两种溶液的沸点、凝固点都相同,根据

$$\Delta T_b = K_b \cdot b_B = 0.52\ K \cdot kg \cdot mol^{-1} \times 0.5\ mol \cdot kg^{-1} = 0.26\ K$$

$$\Delta T_b = T_b - T_b^*$$

所以 $T_b = \Delta T_b + T_b^* = 0.26\ K + 373.15\ K = 373.41\ K$,即两种溶液的沸点均为100.26℃;

根据 $\Delta T_f = K_f \cdot b_B = 1.86\ K \cdot kg \cdot mol^{-1} \times 0.5\ mol \cdot kg^{-1} = 0.93\ K$

$$\Delta T_f = T_f^* - T_f$$

所以 $T_f = T_f^* - \Delta T_f = 273.15\ K - 0.93\ K = 272.22\ K$,即两种溶液的凝固点均为 −0.93℃

7.解:根据题意可知 $\rho = 5.18\ g \cdot L^{-1}$,又根据 $\Pi = cRT$

所以有 $\Pi = \frac{nRT}{V}, n = m/M$

$$M=\frac{mRT}{\Pi V}=5.18\ g\cdot L^{-1}\times\frac{8.314\ J\cdot K^{-1}\cdot mol^{-1}\times 293.15\ K}{0.413\ kPa}=30\ 568\ g\cdot mol^{-1}$$

(四)简答题

1.海水中含有 NaCl 等电解质构成溶液,溶液凝固点下降。

2.海鱼组织液渗透压高于淡水的渗透压。

3.冻梨从凉水中吸热,浸泡一段时间,最终冻梨表面结了一层薄冰,形成冰、水共存状态,温度为 0℃。梨内有糖水溶液,凝固点低于 0℃,梨里边解冻。

4.融雪剂撒到雪中,与雪水形成溶液,凝固点低于 0℃,使雪不断融化。

5.在溶胶中加入足量的高分子化合物后,高分子被吸附在胶粒表面,使胶粒表面多出一层溶剂化保护膜,显著降低溶胶对电解质的敏感性,从而提高了溶胶的稳定性,称为保护作用。

在溶胶中加入少量的高分子化合物,高分子化合物量少,不足以包住胶粒,反而使大量的胶粒吸附在高分子的表面,使胶粒间可以互相“桥联”变大而易于聚沉,使溶胶对电解质的敏感性增加,降低其稳定性,这种现象称为高分子的敏化作用。

某些高分子化合物(如聚丙烯酰胺、聚氧乙烯等)直接导致溶胶聚沉的现象,称为高分子的絮凝作用。

6.由聚沉值数值说明溶胶带负电,所以胶团结构为$[(AgI)_m\cdot nI^-\cdot(n-x)K^+]^{x-}\cdot xK^+$;胶核 $(AgI)_m$;电位离子 I^-;反离子 K^+;胶粒 $[(AgI)_m\cdot nI^-\cdot(n-x)K^+]^{x-}$;吸附层(紧密层)$nI^-\cdot(n-x)K^+$;扩散层 xK^+。

7.答:因为 $10.01\ g\cdot L^{-1}$的 NaCl 溶液的渗透浓度为

$$c(NaCl)=2\times\frac{10.01\ g\cdot L^{-1}\times 1\ 000}{58.5\ g\cdot mol^{-1}}=342\ mmol\cdot L^{-1}$$

同理 $7.31\ g\cdot L^{-1}$, $3.05\ g\cdot L^{-1}$ NaCl 溶液的渗透浓度分别为:$250\ mmol\cdot L^{-1}$、$104\ mmol\cdot L^{-1}$,与该细胞内液比较分别为高渗溶液、等渗溶液和低渗溶液。所以将该细胞分别置于浓度为 $10.01\ g\cdot L^{-1}$,$7.31\ g\cdot L^{-1}$,$3.05\ g\cdot L^{-1}$的 NaCl 溶液中,细胞将分别出现萎缩(细胞液中的水渗出)、正常和膨胀(NaCl 溶液的水渗入细胞内)现象。

8.胶团结构$\{[(AgBr)_m\cdot nBr^-\cdot(n-x)K^+]^{x-}\cdot xK^+\}$;胶核 $(AgBr)_m$,电位离子 Br^-,反离子 K^+,吸附层 $\cdot nBr^-\cdot(n-x)K^+$,扩散层 xK^+,胶粒$[(AgBr)_m\cdot nBr^-\cdot(n-x)K^+]^{x-}$;$AlCl_3$聚沉能力最强,因为胶粒带负电,$Al^{3+}$所带正电荷最大。

Chapter 2 第2章

原子结构与元素周期律

Atomic Structure and Element Periodicity

内容要点

1. 微观粒子的运动特性

微观粒子的运动特性与宏观物体不同。微观粒子运动有两个重要的特性，即量子化特征和波粒二象性。氢原子发射光谱实验证明了微观粒子能量的量子化，电子衍射实验证明了微观粒子具有波动性。

微观粒子波粒二象性的统计解释认为，微观粒子的波动性是大量微观粒子运动的统计性规律的表现，粒子出现概率大的区域波强度大，而粒子出现概率小的区域波强度小。

微观粒子的运动遵循测不准原理，即：

$$\Delta x \cdot \Delta P \geqslant \frac{h}{2\pi}$$

式中：Δx 为粒子空间坐标的不确定量；ΔP 为动量的不确定量；h 为普朗克常量。

测不准原理表明：不能同时准确地测定微观粒子的空间坐标与动量。

2. 微观粒子的运动状态的描述

为了描述电子等微观粒子的运动状态，建立了量子力学体系。量子力学用波函数 ψ 来描述电子的运动状态，并用 $|\psi|^2$ 代表电子在核外空间各处的概率密度。波函数又称原子轨道，是描述核外电子空间运动状态的函数式。

(1)主量子数 n　n 与电子离核的平均距离及电子的能量有关。n 越大，电子出现概率最大的区域离核的平均距离越远，电子能量越高。代表电子层数时，n 的取值为 $n=1$、2、3、4 等正整数，常用 K、L、M、N 表示。如 $n=1$，$n=2$，$n=3$ 分别为第一、第二、第三电子层。

(2)角量子数 l　l 与轨道的形状及多电子原子中轨道能量有关，其取值受主量子数的限制，$l=0$、1、2、…、$n-1$，共 n 个值，对应于第 n 个电子层内的 n 个电子亚层。将 $l=0$、1、2、3、…的电子亚层或原子轨道用光谱符号记为 s、p、d、f、…。l 不同的轨道，形状不同，如 s、p、d 轨道的形状分别为球形、哑铃形和花瓣形。图 2-1 为原子轨道的轮廓图。

(3)磁量子数 m　m 与原子轨道在空间的伸展方向有关，取值由角量子数 l 决定，$m=0$、±1、±2、±3、…、$\pm l$，共 $2l+1$ 个值。m 的取值个数，代表同一电子亚层内原子轨道(即 n,l 相同的原子轨道)的数目。如对 $l=1$ 的轨道，m 可取 0、+1、-1，即 np 亚层内有三条 p 轨道，它们的形状相同，但分别沿 x、y、z 三个方向伸展。各种轨道的数目见表 2-1。

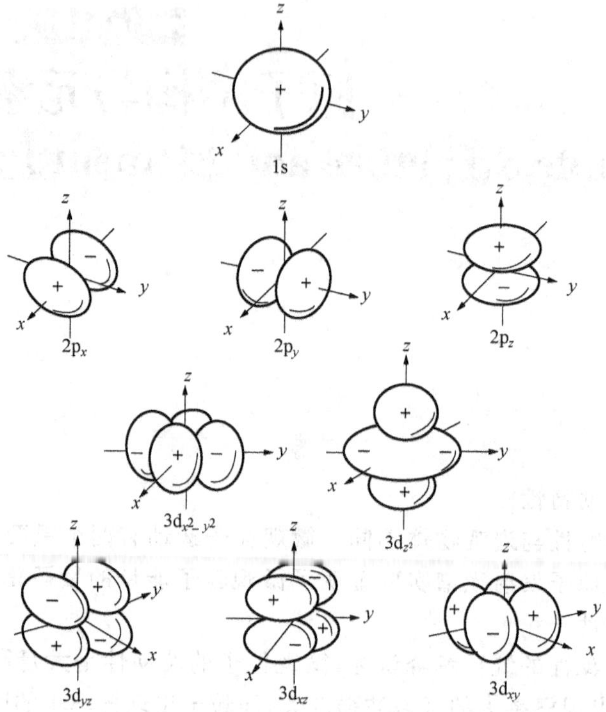

图 2-1　原子轨道轮廓图

表 2-1　量子数与电子的运动状态

主量子数 n	电子层符号	角量子数 l	电子亚层符号	磁量子数 m	轨道空间取向数	电子层中轨道总数	自旋量子数	状态总数 ($2n^2$)
1	K	0	1s	0	1	1	±1/2	2
2	L	0	2s	0	1	4	±1/2	8
		1	2p	0,±1	3			
3	M	0	3s	0	1	9	±1/2	18
		1	3p	0,±1	3			
		2	3d	0,±1,±2	5			
4	N	0	4s	0	1	16	±1/2	32
		1	4p	0,±1	3			
		2	4d	0,±1,±2	5			
		3	4f	0,±1,±2,±3	7			

三个量子数能确定一条原子轨道。实验证明，电子自身还存在自旋状态，因此引入了第

四个量子数——自旋量子数。

(4)自旋量子数 m_s 电子在绕核运动的同时还有自旋运动,电子的自旋运动有两种状态,用自旋量子数 m_s表示。m_s的取值只有$+\frac{1}{2}$和$-\frac{1}{2}$两种。

3. 轨道能级

单电子原子(离子)中,原子轨道能级高低由主量子数(n)决定。在单电子原子(离子)中:

$$E_n = -13.6\frac{Z^2}{n^2}\text{eV} = -2.179\times10^{-18}\frac{Z^2}{n^2}\text{ J}$$

式中:E 为轨道能量,Z 为核电荷,n 为主量子数。

量子力学中,称原子中能量相同的轨道为"简并轨道"。单电子原子(离子)中,主量子数 n 相同的轨道,即同层的轨道为简并轨道。n 值越大,轨道能量越高。

多电子原子中,由于电子间的屏蔽和钻穿作用,使 n 相同但 l 不同的轨道发生能级分裂和内层轨道能级高于外层轨道能级的能级交错现象。多电子原子的轨道能级可依下式计算:

$$E_{n,l} = -13.6\frac{(Z^*)^2}{n^2}\text{eV} = -2.179\times10^{-18}\frac{(Z^*)^2}{n^2}\text{ J}$$

式中:Z^* 为指定电子实际受到的、发自原子中心的正电荷,称为有效核电荷。由于屏蔽作用,有效核电荷要小于核电荷:$Z^*=Z-\sigma$,σ 为屏蔽造成的核电荷数减少或被抵消的部分,称为屏蔽常数。σ 越大,表明指定电子受其他电子的屏蔽作用越大,轨道能量越高。σ 大小与 n、l 有关。同一原子中:

$$E_{1s}<E_{2s}<E_{3s}<\cdots$$
$$E_{2p}<E_{3p}<E_{4p}<\cdots$$
$$E_{3d}<E_{4d}<E_{5d}<\cdots$$
$$\vdots$$

在多电子原子中,n 相同且 l 也相同的轨道才是简并轨道。

美国著名化学家鲍林根据大量光谱实验数据和理论计算结果,提出了多电子原子的轨道近似能级图,见图 2-2。

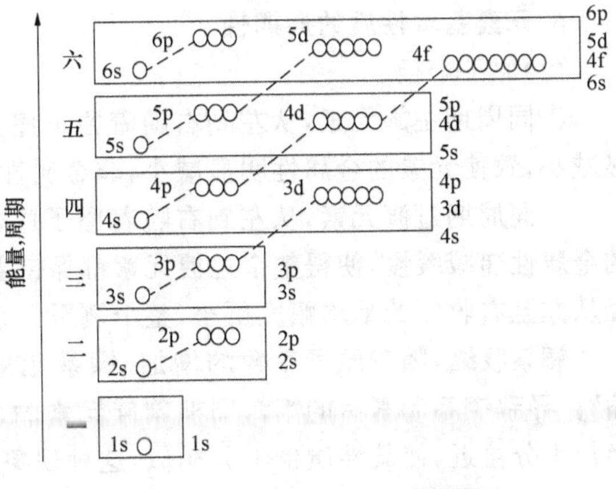

图 2-2 鲍林轨道近似能级图

多电子原子中,可将能级相近的轨道归并分为同一能级组,各能级组所含轨道如下:

第一能级组:1s;

第二能级组:2s,2p;

第三能级组:3s,3p;

第四能级组：4s,3d,4p；

第五能级组：5s,4d,5p；

第六能级组：6s,4f,5d,6p；

第七能级组：7s,5f,6d,7p。

4. 基态原子核外电子排布

基态多电子原子中，核外电子的排布遵循以下原则：

(1)保利不相容原理　在一个原子中不可能有四个量子数完全相同的两个电子存在。根据保利不相容原理，每条轨道上最多只能容纳两个自旋相反的电子。

(2)能量最低原理　基态原子核外电子的排布总是尽可能使系统能量处于最低状态。电子按照鲍林近似能级图中轨道能量由低到高的顺序填充。

(3)洪特规则　洪特从光谱实验数据中总结出：在简并轨道上，电子将尽可能以自旋相同的方式分占不同轨道。

此外，简并轨道全空(p^0、d^0、f^0)，半充满(p^3、d^5、f^7)、全充满(p^6、d^{10}、f^{14})时较为稳定。

5. 周期表的结构

长式周期表分为7行、18列。每行称为一个周期。表中18列习惯上分为16个族(第Ⅷ族为3列)：7个主族(ⅠA～ⅦA)和7个副族(ⅠB～ⅦB)、第Ⅷ族和0族。

依据能级组划分周期。元素所处的周期数等于基态原子中含有的电子所在的最高能级组的序号或电子填充进入轨道的最大主量子数 n。每个周期所容纳的元素数目等于相应能级组所容纳的电子数。

根据价电子构型划分族。价电子结构相同或相近，仅主量子数不同的元素构成一列，除了第Ⅷ族含有3列之外，其余每列称为一个族。主族元素基态原子的内电子层轨道或全满、或全空，最外层具有 $ns^{1\sim2}$ 或 $ns^2np^{1\sim5}$，均为稳定的构型；0族最外层具有 ns^2 或 ns^2np^6 构型；副族(包括第Ⅷ族)元素，ⅠB、ⅡB元素价电子构型为 $(n-1)d^{10}ns^{1\sim2}$，第ⅢB～ⅦB以及第Ⅷ族价电子构型为 $(n-1)d^{1\sim9}ns^{1\sim2}$。

周期表中的元素依据最后一个电子填入的亚层类型分成5个区，即s区、p区、d区、ds区、f区。

6. 元素基本性质的周期性

(1)原子半径

①同周期主族元素，从左到右随着原子序数的递增，有效核电荷明显增大，原子半径明显减小，致使元素的金属性明显减小，非金属性明显增大。

②同周期过渡元素，从左到右随着原子序数的递增，原子半径减小较为缓慢，致使元素的金属性递减缓慢，使得整个过渡元素都保持着金属的性质。对于内过渡镧系元素，原子半径从左至右收缩的平均幅度更小，整个镧系元素性质极为相似。

镧系收缩：随着原子序数的增加，镧系元素原子半径缓慢减小，这种现象称作“镧系收缩”。导致镧系元素后的第六周期副族元素的原子半径与相应的第五周期同族元素的原子半径十分接近，使其性质也十分相似，这种现象叫作镧系收缩效应，例如铪(Hf)和锆(Zr)、钽(Ta)和铌(Nb)、钨(W)和钼(Mo)等的原子半径和性质都十分接近。

③同一主族元素，从上至下电子层数依次增多，作用于最外层电子的有效核电荷的增加

并不显著，故原子半径依次增大，金属性依次增强。

④同一副族的元素中，ⅢB族从上至下原子半径依次增大，而后面的各副族，从第一过渡系到第二过渡系元素，原子半径增大，而由第二过渡系到第三过渡系元素，原子半径基本不变，甚至缩小。

(2)元素的电离能(I) 元素的1 mol基态气态原子失去一个电子变成一价气态正离子所需的能量称为元素的第一电离能，用I_1表示。

同一周期的主族元素从左至右，由于有效核电荷递增，半径递减，总的趋势是第一电离能明显增大，元素金属性减弱，非金属性增强，到稀有气体元素达到最高的电离能。在ⅡA族(ns^2np^0)和ⅤA族(ns^2np^3)，元素的电离能出现反常，如I_1(Mg)>I_1(Al)、I_1(N)>I_1(O)。

同一主族及0族元素，从上到下原子的价电子构型相同，原子半径增大，所以电离能递减，元素的金属性增强。

同一系列过渡元素第一电离能不规则地升高，且升高幅度不明显。

同副族过渡元素，从第一至第二系列，第一电离能减小，金属性增强；而从ⅣB族开始，由于镧系收缩致使第二至第三系列过渡元素的第一电离能明显增大，如Hg、Au、Pt、Ir、Os、Re、W、Ta等第一电离能高的不活泼金属元素，均属于第三系列过渡元素。

(3)元素的电子亲合能(A) 元素的1 mol基态气态原子获得一个电子形成一价气态负离子的能量变化，称该元素的第一电子亲合能，用A_1表示。随原子序数增大，同周期主族元素的第一电子亲合能有增大趋势，同主族元素的第一电子亲合能有减小趋势，但第二周期元素的第一电子亲合能小于同族第三周期元素。

(4)原子的电负性(x) 原子的电负性是原子在分子中吸引成键电子的能力。原子的电负性越大，原子对成键电子的吸引能力越大。电负性通常用x表示。随原子序数增大，同周期元素的电负性增大，同主族元素的电负性减小。

典型例题

例 2-1 微观粒子具有哪些特征？

答：微观粒子的特征有：物理量的量子化，具有二象性，遵从测不准原理，运动状态用薛定谔方程的波函数ψ描述。

例 2-2 为什么实物粒子波称为概率(或几率)波？波函数的物理意义是什么？

答：像电子波这样的微观粒子波不同于机械波，它是由大量粒子运动或单个粒子长期运动所表现出来的统计性规律，体现的是粒子在空间各个位置出现概率的大小，所以实物粒子波本质上是一种概率波。

波函数(ψ)没有直接的物理意义，而$|\psi|^2$表示粒子(电子)在原子核外空间某点处出现的概率密度(即单位体积内出现的概率)。

例 2-3 电子等微观粒子所遵从的运动规律是什么？

答：电子等微观粒子所遵从的运动规律是薛定谔方程。

例 2-4 简述薛定谔方程的含义。

答：质量为 m_e 的电子，以速度 v 在势能为 V 的空间中运动，则描述电子运动状态的波函数 ψ 符合薛定谔方程。在薛定谔方程中，既有描述电子粒子性的物理量 m_e、E、V，也有描述电子波动性的波函数 ψ，因此，该方程能够正确描述电子的运动状态。求解薛定谔方程可得到表征该粒子运动状态的波函数 ψ 及相应的能量 E。

例 2-5　描述原子核外电子运动状态的量子数有哪些？它们的取值和物理意义分别是什么？

答：描述原子核外电子运动状态的量子数有：主量子数 n、角量子数 l、磁量子数 m 和自旋量子数 m_s。

主量子数 $n=1、2、3、\cdots、n$，表示电子层，即电子出现概率最大处离核的远近，确定原子轨道的能量。

角量子数 $l=0、1、2、\cdots、n-1$，共 n 个。表示电子亚层，表明了原子轨道角动量的大小，决定了原子轨道的形状，影响多电子原子轨道的能量。

磁量子数 $m=0、\pm1、\pm2、\cdots、\pm l$，共 $2l+1$ 个。磁量子数表示原子轨道在空间的伸展方向。

自旋量子数 m_s 的取值只有 $+\frac{1}{2}$ 和 $-\frac{1}{2}$。自旋量子数表示电子自旋运动有两种相反的自旋状态。

例 2-6　波函数的角度分布图和电子云的角度分布图有哪些异同？

答：波函数的角度分布图和电子云的角度分布图的相同之处：

①两者在空间出现极大值的位置和大小相同；

②两者在空间各个方向的伸展趋势相似，即形状相似。

不同之处在于：

①原子轨道的角度分布图有正负之分，而电子云的角度分布只有正值；

②电子云的角度分布图比原子轨道的角度分布要“瘦小”些。例如，p 轨道的原子轨道角度分布图是在原点相切的双球面，而其电子云的角度分布图则是交于原点的两个橄榄形曲面。

例 2-7　什么是屏蔽效应和钻穿效应？它们对原子轨道能量有何影响？

答：从径向分布图上看，主量子数相同时，角量子数越小，曲线的极大值出现的个数越多，一些小峰伸入到离核较近的内层空间，这种现象称为钻穿效应。钻穿效应使原子轨道的能量降低。

多电子原子中，由于内层及同一层电子之间的排斥作用，减弱了原子核对指定电子的吸引，导致作用在电子上的有效核电荷降低，这种现象叫屏蔽效应。屏蔽效应使原子轨道的能量升高。

例 2-8　基态多电子原子核外电子的排布遵循哪些规则？

答：基态多电子原子核外电子的排布遵循三个规则：

保利不相容原理：在同一原子中，没有运动状态完全相同的电子。

能量最低原理：基态多电子原子的核外电子填充在原子轨道上时，在不违背保利不相容原理的前提下，尽可能优先占据能量最低的轨道，使得整个原子的能量最低，原子处于最稳定的状态。

洪特规则：电子在填充 n、l 相同的简并轨道（能量相等的轨道）时，总是尽可能以自旋平行的方式分占轨道。另外，当某组简并轨道的电子处于全充满、半充满和全空时，能量是最低的，原子最稳定，因此，电子填充时总是优先形成这类排布。

例 2-9 周期表中周期和族是如何划分的？s、p、d、ds、f 区元素的原子结构有何特点？

答：元素的周期数与该元素原子基态时电子占据原子轨道的最高能级组数或主量子数相对应（Pd 例外）。每个周期所包含的元素种类与该周期对应的能级组最多容纳的电子数相同。第一至第七周期分别称为特短周期、短周期、短周期、长周期、长周期、特长周期和特长周期，相应的元素数目分别是 2、8、8、18、18、32 和 32。

元素周期表纵向分 18 列，除第Ⅷ族含有 3 列，每一列称为一族。同一族元素价电子结构相同或相近。

s、p、d、ds、f 区元素的原子结构特点：

s 区元素最后一个电子填充在 s 轨道，价电子构型为 ns^1 或 ns^2。

p 区元素最后一个电子填充在 p 轨道，价电子构型为 $ns^2np^{1\sim6}$。

d 区元素价电子构型为 $(n-1)d^{1\sim9}ns^{1\sim2}$。

ds 区元素最后一个电子填入次外层的 d 轨道，并且 d 轨道已经全充满，元素的价电子构型为 $(n-1)d^{10}ns^{1\sim2}$。

f 区元素最后一个电子填充在 $(n-2)$f 亚层，价电子构型为 $(n-2)f^{1\sim14}(n-1)d^{0\sim2}ns^{1\sim2}$。

例 2-10 简述元素原子的原子半径、第一电离能、第一电子亲合能和电负性的周期性变化规律。

答：同周期主族元素原子半径从左到右逐渐减小；同一主族元素原子半径从上到下逐渐增大。

同一周期的元素，从左到右，第一电离能的总体变化趋势是逐渐增大，每周期的最后一个元素稀有气体元素的第一电离能最大；同一族的元素，从上到下，第一电离能的总体变化趋势是逐渐减小。

在同一周期中，从左到右，电子亲合能的绝对值逐渐增大（代数值逐渐减小）；在同一族中，从上到下，电子亲合能的绝对值逐渐减小（代数值逐渐增大）。

同一周期从左至右，电负性值递增，但副族元素的规律性稍差；同一主族中，元素电负性递减，副族元素的电负性没有明显的变化规律。

例 2-11 下列各组量子数是否合理？如果不合理，请更正。

(1) $n=3, l=1, m=0$；　　(2) $n=2, l=2, m=-1$；

(3) $n=2, l=0, m=-1$；　　(4) $n=3, l=3, m=-3$。

解：根据量子数的取值规则可得出：

(1) 合理。

(2) 不合理。$l=1$。

(3) 不合理。$m=0$ 或 $l=1$。

(4) 不合理。当 $n=3$ 时，l、m 的取值只能为：$l=0、1、2$，$m=0、\pm1、\pm2$。

例 2-12 在下列各____处填上合理的量子数。

(1)$n \geq$ ____ , $l=3, m=0, m_s=1/2$;

(2)$n=2, l=1, m=0, m_s=$ ____ ;

(3)$n=3, l=0, m=$ ____ , $m_s=-1/2$;

(4)$n=2, l=$ ____ , $m=-1, m_s=-1/2$。

解：根据量子数的取值规则可求出：

(1)$n \geq 4$;

(2)$m_s=1/2$ 或 $-1/2$;

(3)$m=0$;

(4)$l=1$。

例 2-13 比较氢原子和氦原子的 1s、2s 和 2p 能级的高低。

解：氢原子 $E_{1s}<E_{2s}=E_{2p}$，因为单电子原子的能级只与主量子数 n 有关。

氦原子 $E_{1s}<E_{2s}<E_{2p}$，因为多电子原子的能级由主量子数 n 和角量子数 l 决定。

例 2-14 判断下列各原子的电子组态是基态、激发态还是不正确。

(1)$1s^2 2s^2 3p^1$；　　(2)$1s^2 2s^2 2p^4 3s^1$；

(3)$1s^2 2s^2 2p^7$；　　(4)$1s^2 2s^2 2p^6 3s^2 3p^5$。

解：(1)激发态；　　(2)激发态；

(3)不正确；　　(4)基态。

例 2-15 写出第 33 号元素基态原子的电子组态，并用四个量子数表示其中各价电子。

解：第 33 号元素基态原子的电子组态：$1s^2 2s^2 2p^6 3s^2 3p^6 3d^{10} 4s^2 4p^3$。

5 个价电子的四个量子数的表示为：

$4s^2$：$n=4, l=0, m=0, m_s=+1/2$

$n=4, l=0, m=0, m_s=-1/2$

$4p^3$：$n=4, l=1, m=0, m_s=+1/2$

$n=4, l=1, m=1, m_s=+1/2$

$n=4, l=1, m=-1, m_s=+1/2$

或 $n=4, l=1, m=0, m_s=-1/2$

$n=4, l=1, m=1, m_s=-1/2$

$n=4, l=1, m=-1, m_s=-1/2$

例 2-16 写出原子序数分别为 24、47 两种元素基态原子的电子排布，并判断它们在周期表中的位置(指出所在的区、周期和族)。

解：第 24 号元素基态原子的电子排布：$1s^2 2s^2 2p^6 3s^2 3p^6 3d^5 4s^1$。

位置：d 区，第四周期，ⅥB 族。

第 47 号元素基态原子的电子排布：$1s^2 2s^2 2p^6 3s^2 3p^6 3d^{10} 4s^2 4p^6 4d^{10} 5s^1$。

位置：ds 区，第五周期，ⅠB 族。

例 2-17 填空：

(1)P、N 和 O 原子中，半径最大的是________。

(2)在 C 和 N 中，第一电离能较大的是__________；在 O 和 S 中，第一电离能较小的是________。

(3)在 Si 和 C 中,电负性较大的是______;在 Na 和 Mg 中,电负性较小的是______。

解:(1)P、N 和 O 原子中,半径最大的是 P。P 和 N 处于同一主族,周期数越大原子半径越大,P 半径大于 N;N 和 O 处于同一周期,从左到右原子半径减小,N 半径大于 O。

(2)在 C 和 N 中,第一电离能较大的是 N。N 电子构型为 $1s^22s^22p^3$,为半充满结构,比较稳定,不易失去电子。在 O 和 S 中,第一电离能较小的是 S。O 和 S 处于同一主族,周期数越大第一电离能越小。

(3)在 Si 和 C 中,电负性较大的是 C。Si 和 C 处于同一主族,周期数越大电负性越小。在 Na 和 Mg 中,电负性较小的是 Na。Na 和 Mg 处于同一周期,从左到右原子电负性增大。

单元测试

(一)选择题

1. 下列关于电子云的说法不正确的是(　　)。

   A. 电子云是描述核外某空间电子出现的概率密度的概念

   B. 电子云是 $|\psi|^2$ 的数学图形

   C. 电子云有多种图形,黑点图只是其中一种

   D. 电子就像云雾一样在原子核周围运动,故称为电子云

2. 下列说法不正确的是(　　)。

   A. ψ 表示电子的概率密度

   B. ψ 没有直接的物理意义

   C. ψ 是薛定谔方程的合理解,称为波函数

   D. ψ 表示电子的运动状态

3. 描述一确定的原子轨道(即一个空间运动状态),需用参数(　　)。

   A. n、l　　B. n、l、m　　C. n、l、m、m_s　　D. 只需 n

4. 下列说法不正确的是(　　)。

   A. 氢原子中,电子的能量只取决于主量子数 n

   B. 多电子原子中,电子的能量不仅与 n 有关,还与 l 有关

   C. 波函数由四个量子数确定

   D. $m_s=\pm\frac{1}{2}$ 表示电子的自旋为顺时针运动和逆时针运动

5. 原子中,电子的描述不可能的量子数组合是(　　)。

   A. 1,0,0,+1/2　　B. 3,1,1,−1/2　　C. 2,2,0,−1/2　　D. 4,3,−3,−1/2

6. 已知某多电子原子中的各电子具有如下量子数,其中能量最高的为(　　)。

   A. 3,2,−2,−1/2　　B. 2,0,0,−1/2　　C. 2,1,1,−1/2　　D. 3,1,1,−1/2

7. 第一电子亲合能绝对值最大的元素是(　　)。

   A. F　　B. Cl　　C. Na　　D. H

8. 下面各系列按第一电离能增加的顺序排列的是(　　)。

A. C、P、Se　　B. O、F、Ne　　C. B、Be、Li　　D. Li、Na、K

9. 下列电负性大小顺序错误的是(　　)。

A. H>Li　　B. P>As　　C. Si>C　　D. Hg>Zn

10. 因“镧系收缩”使得下列元素性质相似的是(　　)。

A. Mn 和 Tc　　B. Sc 和 Y　　C. Zr 和 Hf　　D. Ru 和 Rh

(二)填空题

1. 量子数为 $n=4, l=1$ 的原子轨道符号是________。

2. 波函数角度分布图与量子数________无关,只由量子数________决定。

3. 电子云的角度分布图表示了电子在空间不同角度出现的________的大小。

4. 基态时,Mn 和 Fe 原子中的未成对电子数分别是________和________。

5. 试填写适合下列条件的各元素的名称(以元素符号表示)。

(1)含有半满 p 亚层的最轻原子________。

(2)________元素最外层共有 10 个电子,其中 2 个电子的量子数为 $n=4, l=0$,其余 8 个电子的量子数为 $n=3, l=2$。

(三)简答题

1. Na^+、Mg^{2+}、Al^{3+} 的半径为什么越来越小? Na、K、Rb、Cs 的半径为什么越来越大?

2. 写出电子构型为 $1s^2 2s^2 2p^3$ 的原子中价电子的全套量子数。

参考答案

(一)选择题

1. D　2. A　3. B　4. D　5. C　6. A　7. B　8. B　9. C　10. C

(二)填空题

1. 4p。

2. n, l, m。

3. 概率密度。

4. 5,4。

5. (1)N;　(2)Ni。

(三)简答题

1. Na^+、Mg^{2+}、Al^{3+} 位于同一周期,随着原子序数的增加,原子核吸引电子的能力增加,半径减小。

Na、K、Rb、Cs 是同主族元素,随着周期增加,原子半径增加。

2. $2s^2$: $n=2, l=0, m=0, m_s=+1/2$; $n=2, l=0, m=0, m_s=-1/2$

$2p^3$: $n=2, l=1, m=0, m_s=+1/2$; $n=2, l=1, m=1, m_s=+1/2$; $n=2, l=1, m=-1, m_s=+1/2$

或 $n=2, l=1, m=0, m_s=-1/2$; $n=2, l=1, m=1, m_s=-1/2$; $n=2, l=1, m=-1, m_s=-1/2$

Chapter 3 第3章

分子结构

Molecular Structure

内容要点

1. 化学键

化学键是分子中相邻原子间的强烈相互作用力,它包括离子键、共价键和金属键。离子键是由正、负离子间的静电引力而形成的化学键。离子键的本质是静电作用,因此既没有方向性,也没有饱和性。共价键是原子间通过电子配对(原子轨道重叠)而形成的化学键。共价键有饱和性和方向性。

2. 价键理论

价键理论的基本理论要点为:

(1)两个原子相互靠近时,具有自旋方向相反的未成对电子可以相互配对,形成稳定的共价键。

(2)根据保利不相容原理,未成对电子配对后就不能再与其他原子的未成对电子配对。

(3)两个原子结合成分子时,成键电子的原子轨道发生相互重叠。重叠越多,两核间电子出现的概率密度越大,形成的共价键越牢固,此即原子轨道最大重叠原理。

共价键的形成是原子轨道按一定方向相互重叠的结果。根据轨道重叠的方式及重叠部分的对称性,将共价键划分为 σ 键和 π 键。

3. 杂化轨道理论

价键理论成功地解释了共价键的形成过程、特征及类型等问题,并说明了共价键的方向性和饱和性等特点,但用它进一步解释分子的空间构型时,却遇到了困难。为了更好地解释分子的空间构型,1931 年鲍林(Pauling L)等在价键理论的基础上提出了杂化轨道理论(hybrid orbital theory),进一步补充和发展了价键理论。杂化轨道理论的基本要点是:

(1)原子成键时,中心原子中若干不同类型、能量相近的原子轨道可以"混杂"成与原来轨道形状、能量都不同的一组新轨道,这个过程叫杂化,新形成的轨道称为杂化轨道。

(2)杂化轨道的数目与参加杂化的轨道数目相同。

(3)原子轨道杂化后，其电子云分布更集中，成键时满足最大重叠原理，成键能力增强。杂化轨道的基本类型有：sp、sp^2、sp^3、dsp^2、sp^3d^2、d^2sp^3等。

4. 价层电子对互斥理论

价层电子对互斥理论在预测分子构型方面，具有既简单，又与实验事实比较吻合等特点。价层电子对互斥理论(VSEPR)基本要点是：

(1)分子或离子的空间构型取决于中心原子周围的价层电子对的排斥作用。

(2)价层电子对数等于中心原子形成的σ键电子对数与孤对电子对数之和，而价层电子对尽可能彼此远离，以使排斥力最小，分子更稳定。

(3)不同电子对间斥力大小顺序如下：

孤电子对—孤电子对＞孤电子对—成键电子对＞成键电子对—成键电子对

(4)分子中中心原子与配位原子间存在重键时，重键所占空间比单键所占空间大，排斥作用也大。

5. 分子间作用力和分子间氢键

分子间力又称范德华力，是共价分子间存在的弱的短程作用力。由于分子间力比化学键弱得多，所以不影响物质的化学性质，但它是决定分子晶体的熔沸点、汽化热、熔化热及溶解度等物理性质的重要因素。分子间力包括取向力、诱导力和色散力。

当氢原子与电负性很大、半径很小的X原子(如F,O,N原子)形成共价键型氢化物时，由于原子间共用电子对强烈地偏向X原子一边，使氢原子几乎成为裸露的质子，这样氢原子就可以和另一个电负性很大且含孤电子对的Y原子(F,O,N原子)产生静电吸引，这种引力称为氢键。氢键的存在是很广泛的，许多化合物，如水、醇、酚、酸、羧酸、胺、NH_3、氨基酸、蛋白质、核酸及很多碳水化合物中都存在氢键。氢键对物质性质的影响也是多方面的，它不仅影响物质的熔点、沸点、溶解度、黏度等物理性质，也对分子聚合、晶体水合物的形成等重要物理化学过程以至蛋白质的结构、核酸的结构和生物信息的复制、转录等方面都起着重要的作用。

6. 晶体结构

固体是具有一定体积和形状的物质，它可以分为晶体和非晶体两类。内部微粒或质点有规则排列构成的叫作晶体；微粒或质点作无规则排列构成的固体叫作非晶体。晶体内部的微粒(分子、原子、离子)都有规则地排列在空间一定的点上，所构成的空间格子叫晶格，在晶格中排有微粒的那些点称为结点，不同的晶体具有不同的晶格结构，因此不同的晶体具有不同的性质。晶体中最小的重复单元叫晶胞，晶胞在三维空间中周期性地无限重复就形成了晶体。因此，晶体的性质是由晶胞的大小、性状和质点的种类(分子、原子、离子)以及它们之间的作用力所决定的。根据晶体中微粒间作用力的不同，可以将晶体分为离子晶体、原子晶体、分子晶体和金属晶体等四种基本类型。

典型例题

例 3-1 乙醇的沸点(78℃)比乙醚的沸点(35℃)高得多，主要原因是：

A. 由于乙醇摩尔质量大　　　　B. 由于乙醚存在分子内氢键

C. 由于乙醇分子间存在氢键　　　　D. 由于乙醇分子间取向力强

解：乙醇分子间形成 O—H…O 氢键，而乙醚分子中，H 原子未与电负性大的 O 原子形成化学键，分子间无氢键，故答案 C 正确。

例 3-2 下列化合物熔点高低顺序正确的为：

A. $SiCl_4 > KCl > SiBr_4 > KBr$　　　　B. $KCl > KBr > SiBr_4 > SiCl_4$

C. $SiBr_4 > SiCl_4 > KBr > KCl$　　　　D. $KCl > KBr > SiCl_4 > SiBr_4$

解：KCl、KBr 是离子晶体，$SiBr_4$、$SiCl_4$ 是分子晶体，离子晶体的熔沸点高于分子晶体，$SiBr_4$ 摩尔质量大于 $SiCl_4$，故分子间作用力大于 $SiCl_4$；而 Cl^- 的离子半径小于 Br^-，KCl 的晶格能高于 KBr。故答案 B 正确。

例 3-3 s 轨道和 p 轨道的杂化方式有几种？每种杂化方式杂化轨道数及所含 s 成分、p 成分各多少？

答：杂化可分为三种：sp、sp^2、sp^3。各种杂化的成分如下：

sp：$\frac{1}{2}s + \frac{1}{2}p$

sp^2：$\frac{1}{3}s + \frac{2}{3}p$

sp^3：$\frac{1}{4}s + \frac{3}{4}p$

例 3-4 什么叫 σ 键，什么叫 π 键，二者有何区别？

答：原子轨道沿键轴方向按头碰头方式重叠，形成 σ 键；原子轨道沿键轴方向按肩并肩方式重叠，形成 π 键。σ 键沿键轴呈圆柱形对称，重叠程度大，键能大，不易参加反应；π 键沿键轴的节面呈平面对称，重叠程度小，键能小，易参加反应。

例 3-5 以 NH_3 分子为例，说明不等性杂化的特点。

答：NH_3 分子中，中心原子 N 与 H 成键时采取不等性 sp^3 杂化。由于一条杂化轨道被孤电子对占据，因而所形成的杂化轨道的成分不完全一样，这种不完全等同的杂化轨道的形成过程称为不等性杂化。

例 3-6 BF_3 是平面三角形而 NF_3 却是三角锥形，试用杂化轨道理论加以说明。

答：BF_3 中 B 原子成键时采取等性 sp^2 杂化，得到三条成分和能量均相等的 sp^2 杂化轨道，并且对称分布在 B 原子周围互成 120°角。它们与三个 F 原子的 2p 轨道形成三条 sp^2-p σ 键，所以 BF_3 为平面三角形。NF_3 中 N 原子成键时采取不等性的 sp^3 杂化，四条杂化轨道中一条被成对电子占有，其他三条与三个 F 原子的 2p 轨道形成 sp^3-p σ 键，孤电子对对成键电子对有较大的排斥作用，所以空间构型是三角锥形。

例 3-7 试用价层电子对互斥理论推断下列各分子的几何构形，并用杂化轨道理论加以说明，并判断分子是否具有极性。

CO_3^{2-}、CS_2、CCl_4、BBr_3、PF_3、OF_2、SO_2

解：CO_3^{2-} 中心原子 C 原子有 4 个价电子，O 原子作为配体不提供电子，故中心原子的价层电子对数为 (4+2)/2=3，价层电子对构型为平面三角形，均为成键电子对，故 CO_3^{2-} 空间构型为平面三角形，中心原子的杂化轨道类型为 sp^2 杂化。

CS_2 中心原子C原子有4个价电子，S原子作为配体不提供电子，故中心原子的价层电子对数为4/2=2，价层电子对构型为直线，均为成键电子对，故 CS_2 分子的空间构型为直线。中心原子的杂化轨道类型为sp杂化。分子是非极性的。

CCl_4 中心原子C原子有4个价电子，Cl原子作为配体各提供1个电子，故中心原子的价层电子对数为(4+4)/2=4，价层电子对构型为四面体，均为成键电子对，故 CCl_4 的分子构型为正四面体。中心原子的杂化轨道类型为 sp^3 杂化。分子是非极性的。

BBr_3 中心原子B原子有3个价电子，Br原子作为配体各提供1个电子，故中心原子的价层电子对数为(3+3)/2=3，价层电子对构型为平面三角形，均为成键电子对，故 BBr_3 的分子构型为平面三角形。中心原子的杂化轨道类型为 sp^2 杂化。分子是非极性的。

PF_3 中心原子P原子有5个价电子，F原子作为配体各提供1个电子，故中心原子价层电子对数为(5+3)/2=4，价层电子对构型为四面体，3个成键电子对，1个孤对电子，故 PF_3 的分子构型为三角锥形。中心原子的杂化轨道类型为 sp^3 杂化。分子是极性的。

OF_2 中心原子O原子有6个价电子，F原子作为配体各提供1个电子，故中心原子价层电子对数为(6+2)/2=4，价层电子对构型为四面体，2个成键电子对，2个孤对电子，故 OF_2 构型为V形。中心原子的杂化轨道类型为 sp^3 杂化。分子是极性的。

SO_2 中心原子S原子有6个价电子，O原子作为配体不提供电子，故中心原子价层电子对数为6/2=3，价层电子对构型为平面三角形，2个成键电子对，1个孤对电子，故 SO_2 构型为V形。中心原子的杂化轨道类型为 sp^2 杂化。分子是极性的。

例 3-8 HF、HCl、HBr、HI四种物质，分子极性由强到弱的顺序为________，分子间取向力由强到弱的顺序为________，分子间色散力由强到弱的顺序为________，沸点由高到低的顺序为________。

解：由于HF、HCl、HBr、HI中键的极性依次减弱，分子的极性也依次减弱；取向力的大小主要与分子的极性有关，分子极性越大，取向力就越大；因此取向力由强到弱的顺序为：HF、HCl、HBr、HI；一般，分子的体积越大，相对分子质量也越大，分子中所含电子数就越多，分子的变形性就越大。所以，相对分子质量越大，色散力就越强，因此色散力由强到弱的顺序为HI、HBr、HCl、HF。由于多数物质的分子间力主要是来源于色散力，所以对于相同类型的物质，相对分子质量越大，分子间力随之增大，物质的熔点、沸点也随之升高，但是由于HF分子可以形成氢键，其熔、沸点较HI、HBr、HCl均高，因此沸点由高到低的顺序为：HF、HI、HBr、HCl。

例 3-9 说明下列每组分子之间存在着什么形式的分子间作用力(取向力、诱导力、色散力、氢键)。

(1)苯和 CCl_4　(2)甲醇和水　(3)HBr气体　(4)He和水

解：苯—CCl_4　非极性分子—非极性分子，色散力

甲醇—水　极性分子—极性分子，取向力、诱导力、色散力、氢键

HBr—HBr　极性分子—极性分子，取向力、诱导力、色散力

He—水　非极性分子—极性分子，诱导力、色散力

例 3-10 填充下表

物质	晶体中质点间作用力	晶体类型	熔点高低
KCl			
SiC			
H_2O			
HI			
MgO			
Cu			

解：

物质	晶体中质点间作用力	晶体类型	熔点高低
KCl	离 子 键	离子晶体	高
SiC	共 价 键	原子晶体	高
H_2O	范德华力，氢键	分子晶体	低
HI	范德华力	分子晶体	低
MgO	离 子 键	离子晶体	高
Cu	金 属 键	金属晶体	高

单元测试

(一)选择题

1. 下列各组元素的原子均易失去电子形成阳离子的是(　　)。

A. Be、B　　B. K、Rb　　C. Br、I　　D. Cl、Ar

2. 与 NH_4^+ 离子的电荷数、电子总数分别都相等的是(　　)。

A. Ar　　B. F^-　　C. Na^+　　D. OH^-

3. 下列化合物中属于共价化合物的是(　　)。

A. Na_2O_2　　B. Cl_2　　C. OF_2　　D. NH_4Cl

4. 下列物质中既有离子键又有共价键的一组是(　　)。

A. NaOH、H_2O、NH_4Cl　　B. KOH、Na_2O_2、$(NH_4)_2S$

C. MgO、$CaBr_2$、NaCl　　D. Al_2O_3、HCl、$MgCl_2$

5. NH_4^+ 形成后，关于四个 N—H 键，下列说法正确的是(　　)。

A. 键长相等　　B. 键长不相等

C. 键角相等　　D. 配位键的键长大于其他三键

6. 下列说法中不正确的是(　　)。

A. σ 键的一对成键电子的电子密度分布于键轴方向呈圆柱形对称

B. π 键电子云分布是通过键轴的平面呈镜面对称

C. σ键比π键活泼性高，易参与化学反应

D. 配位键只能在分子内原子之间形成，不可以在分子间形成

7. 关于原子轨道的说法正确的是(　　)。

A. 凡中心原子采取 sp^3 杂化轨道成键的分子其几何构型都是正四面体

B. CH_4 分子中的 sp^3 杂化轨道是由 4 个 H 原子的 1s 轨道和 C 原子的 2p 轨道混合起来而形成的

C. sp^3 杂化轨道是由同一原子中能量相近的 s 轨道和 p 轨道混合起来形成的一组能量相等的新轨道

D. 凡 AB_3 型的共价化合物，其中心原子 A 均采用 sp^3 杂化轨道成键

8. 下列化合物中氢键最强的是(　　)。

A. CH_3OH　　B. HF　　C. H_2O　　D. NH_3

9. 对羟基苯甲醛比邻羟基苯甲醛的熔沸点高的原因是(　　)。

A. 前者不能形成氢键，后者能形成氢键

B. 前者能形成氢键，后者不能形成氢键

C. 前者形成分子间氢键，后者形成分子内氢键

D. 前者形成分子内氢键，后者形成分子间氢键

10. 下列各组物质沸点高低顺序中正确的是(　　)。

A. $HI>HBr>HCl>HF$　　B. $H_2Te>H_2Se>H_2S>H_2O$

C. $NH_3>AsH_3>PH_3$　　D. $CH_4>GeH_4>SiH_4$

11. CCl_4 分子间主要存在的作用力是(　　)。

A. 色散力　　B. 取向力、诱导力、色散力

C. 取向力　　D. 氢键、诱导力、色散力

12. 下列分子是极性分子的是(　　)。

A. BCl_3　　B. $SiCl_4$　　C. $BeCl_2$　　D. PCl_3

13. 下列分子中心原子采取 sp^2 杂化的是(　　)。

A. PBr_3　　B. CH_4　　C. BF_3　　D. H_2O

14. SO_4^{2-} 离子的空间构型是(　　)。

A. 平面正方形　　B. 三角锥形　　C. 四面体　　D. 八面体

15. 下列关于分子间力的说法正确的是(　　)。

A. 分子型晶体的沸点总是随分子量的增大而增加的

B. 大多数含氢化合物中都存在氢键

C. 极性分子间仅存在取向力

D. 色散力存在于所有相邻分子间

(二)填空题

1. 离子键是指________所成的化学键，离子键主要存在于________中。

2. 共价键的两大主要理论为________和________，共价键的特征是________________。

3. 下列物质变化主要需打破或克服什么结合力：冰融化________；单质硅熔化________。

4. 分子间力按产生的原因和特性一般分为取向力、诱导力、色散力。取向力存在于____________之间，诱导力存在于____________之间。
5. 共价键形成的主要条件是____________和____________。
6. SO_3^{2-} 和 SO_4^{2-} 的空间构型分别为____________和____________。
7. 下列各式中碳的杂化方式分别是：
(1)CH_3Cl ____________；(2)$CO_3{}^{2-}$ ____________。
8. 卤化氢的熔点和沸点依 HCl、HBr、HI 的次序递增，其原因是它们分子之间的分子间力随相对分子质量的增大而依次________。
9. 欲使液态氨沸腾，需要克服的分子间作用力有____________。
10. 根据杂化轨道理论，BF_3分子的空间构型为__________，NF_3分子的空间构型为____。
11. 邻硝基苯酚的熔、沸点比对硝基苯酚的熔、沸点______，这是因为邻硝基苯酚存在______而对硝基苯酚存在________。这两种异构体中，________较易溶于水。
12. H_2O 分子间存在着________，致使 H_2O 的沸点________H_2S、H_2Se 等。H_2O 分子间除氢键外有____________，其中以________为主，这是因为 H_2O 有较大的________之故。
13. H_2O、H_2S、H_2Se 三种物质，分子间取向力按__________次序递增，分子间色散力按__________次序递增，沸点按____________次序递增。
14. CO_2 是________，SO_2 是________，BF_3是________，NF_3是________。（填极性分子或非极性分子）
15. H_3O^+ 离子中，中心原子 O 采用________杂化轨道与 H 原子成键，其中有________个 σ 单键和________个 σ 配键，离子的几何构型为__________。

（三）简答题

1. 试述共价键的形成条件、本质和特点。
2. 什么是杂化和杂化轨道？杂化轨道的数目与什么有关？
3. 用杂化理论描述 CCl_4 的生成和分子构型。
4. 为什么 H_2O 分子的键角既不是 90°也不是 109°28′而是 104.5°？
5. CH_4 和 NH_3 分子中心原子都采取 sp^3 杂化，但二者的分子构型不同，为什么？
6. 为什么室温下 CO_2 是气体，而 SiO_2 是固体？
7. 钠的卤化物熔点随摩尔质量增大而降低，但硅的卤化物熔点随摩尔质量增大而升高，且钠的卤化物熔点远高于硅的卤化物，为什么？

参考答案

（一）选择题

1. B 2. C 3. C 4. B 5. A 6. C 7. C 8. B 9. C 10. C 11. A 12. D 13. C 14. C 15. D

（二）填空题

1. 阴、阳离子间通过静电作用；离子晶体（或离子化合物）。
2. 现代价键理论（VB 法）和分子轨道理论（MO 法）；既有饱和性又有方向性。

3. 氢键，范德华力；共价键。
4. 极性分子与极性分子；极性分子与非极性分子、极性分子与极性分子。
5. 成键两原子中有自旋相反的单电子；成键的两原子的原子轨道能最大程度重叠。
6. 三角锥形；正四面体形。
7. sp^3；sp^2。
8. 增大。
9. 范德华力；氢键。
10. 平面三角形；三角锥形。
11. 低；分子内氢键；分子间氢键；对硝基苯酚。
12. 氢键；大于；范德华力；取向力；极性。
13. H_2Se、H_2S、H_2O；H_2O、H_2S、H_2Se；H_2S、H_2Se、H_2O。
14. 非极性分子；极性分子；非极性分子；极性分子。
15. 不等性 sp^3；2；1；三角锥形。

(三)简答题

1. 答：(1)成键两原子内有能量相近且自旋相反的成单电子，两原子原子轨道最大程度重叠；(2)共价键的本质是电性的；(3)共价键的特点是具有方向性、饱和性。
2. 答：同一原子中能量相近的某些原子轨道，在成键过程中重新组合成一系列能量相等的新轨道而改变了原有轨道的状态，这一过程称为杂化，所形成的新轨道叫作杂化轨道。杂化轨道的数目等于参与杂化的原子轨道的总数。
3. 答：在 CCl_4 分子中，C：$2s^2 2p^2$，用 sp^3 杂化，和四个 Cl 的 p 轨道形成四个等同的 p-sp^3 σ 键，分子构型为正四面体。
4. 答：因中心原子“O”不是用单纯的 $2p_x$、$2p_y$ 轨道与 H 原子轨道成键，所以键角不是 90°。中心原子“O”在成键时进行了 sp^3 不等性杂化，用其中含未成对电子的杂化轨道与 H 原子的 1s 轨道成键，两个含孤电子对的杂化轨道对成键电子对排斥的结果使键角也不是 109°28′，而是 104.5°。
5. 答：CH_4 中 C 采取 sp^3 等性杂化，所以是正面体构型，而 NH_3 中 N 采取 sp^3 不等性杂化，因有一孤电子对，三个 σ 键，所以为三角锥形。
6. 答：因为 CO_2 是分子晶体，而 SiO_2 是原子晶体。原子晶体的作用力是共价键，分子晶体的作用力是范德华力，共价键力比范德华力大得多，所以室温下 CO_2 是气体，而 SiO_2 是固体。
7. 答：钠的卤化物为离子晶体，硅的卤化物为分子晶体，故前者的熔点高。钠的卤化物，随摩尔质量增大，阴离子半径增大，晶格能降低，故熔点降低。硅的卤化物，随摩尔质量增大，分子变形增大，分子间色散力增大，故熔点升高。

Chapter 4 第4章

化学热力学基础

Primary Conception of Chemical Thermodynamics

内容要点

1. 热力学的基本知识

(1)系统与环境　热力学确定的研究对象称为热力学系统,简称系统。系统可以是物质或空间。系统以外与系统密切相关的物质和空间称为环境。根据系统和环境间交换物质和能量的情况不同,系统分为敞开系统、封闭系统和孤立系统。

(2)状态函数　状态函数是用来确定系统状态的宏观物理量。状态函数具有如下性质:

①一种状态函数代表系统的一种性质,对于每一种状态都是确定的,而与系统形成的途径无关;

②当系统的状态发生变化时,状态函数也随之改变,并且其变化量只与系统的始态和终态有关,与变化的途径无关;

③状态函数间相互联系,状态函数间运算结果仍为状态函数,复杂的状态函数可由简单的状态函数表示。

(3)热力学中常见的过程

等温过程:系统终态温度等于始态温度的过程;

定压过程:系统压力保持不变,即 $\Delta p=0$ 的过程;

定容过程:系统的体积保持不变,即 $\Delta V=0$ 的过程;

绝热过程:系统和环境之间无热量交换,即 $Q=0$ 的过程。

(4)功、热、热力学能

①热是系统和环境间因温度差传递的能量,用符号 Q 表示,规定系统吸热为正,$Q>0$,系统放热为负,$Q<0$。热不是状态函数。

②功:热力学中除热以外,系统与环境间传递的能量都叫功,用符号 W 表示,规定若环境对系统做功,$W>0$,系统对环境做功,$W<0$。功又分为体积功和非体积功两类。体积功是系统体积变化时所做的功。除体积功外其他各种形式的功统称为非体积功。功不是状态

函数。

③热力学能是系统内部能量的总和，旧称内能，用U表示；它是系统本身的性质，由系统的状态决定。系统的状态确定，则热力学能确定，即热力学能是状态函数。

(5)热力学标准状态　热力学对物质的标准状态规定(GB 3102.8—93)如下：

①气体物质的标准状态是指该物质的物理状态为气态，并且气体的压力或混合气体中的分压为100 kPa。热力学将1×10^5 Pa(100 kPa)规定为标准压力，用符号$p^{\ominus}$表示，即$p^{\ominus}=$ 100 kPa。

②液体和固体物质的标准状态是指处于一个标准压力下纯物质的物理状态。

③溶液中溶质的标准状态是指在标准压力下($p=p^{\ominus}$)，溶质的质量摩尔浓度$b=1\ \text{mol}\cdot\text{kg}^{-1}$时的状态。热力学用$b^{\ominus}$表示标准浓度，即$b^{\ominus}=1\ \text{mol}\cdot\text{kg}^{-1}$。在通常的化学计算中，作近似处理，用物质的量浓度($c^{\ominus}$)代替质量摩尔浓度($b^{\ominus}$)，这样溶液的标准状态可近似地看成是溶质的物质的量浓度为$1\ \text{mol}\cdot\text{L}^{-1}$，即$c^{\ominus}=1\ \text{mol}\cdot\text{L}^{-1}$。

对于一个化学反应，若参加反应的物质(产物和反应物)都处于标准状态，该反应为标准状态下的反应。

(6)化学反应进度　反应进度是表示反应进行程度的物理量，用符号ξ表示，单位为mol。其定义为：

$$\nu_A A + \nu_D D = \nu_G G + \nu_H H$$

$$\xi = \frac{\Delta n_B}{\nu_B}$$

式中：B为反应中任一物质，ν_B为物质的化学计量数，当B为反应物时，ν_B为负值；当B为生成物时，ν_B为正值。Δn_B为任一物质物质的量改变，$\Delta n_B=n_B-n_{B,0}$。

反应进度与选择哪个物种来计算无关，而与反应方程式的写法有关。因此，反应进度必须对应于某一具体的反应式才有意义。

(7)热力学第一定律　即能量守恒原理，可简单表述为：系统的热力学能增量等于外界向系统传递的热量与外界对系统做的功之和。即

$$\Delta U=Q+W$$

此式为热力学第一定律的数学表达式，ΔU为系统的热力学能变。

2. 热化学

(1)化学反应热　反应热是指化学反应发生后，使产物的温度回到反应物的温度，且系统不做非体积功时，系统所吸收或放出的热。

(2)定容热　系统在变化过程中保持体积恒定时的热为定容热。当系统不做非体积功时，由热力学第一定律可得：

$$Q_V=\Delta U-W=\Delta U-0=\Delta U$$

(3)定压热　系统在变化过程中保持系统的外压恒定时的热为定压热。当系统不做非体积功时，由热力学第一定律可得：

$$\Delta H=Q_p$$

H 为系统的焓，是系统的状态函数，定义为：$H \equiv U + pV$。

ΔH 为系统的焓变，等于系统的定压热。

(4)物质的标准摩尔生成焓与反应的标准摩尔焓变　物质 B 的标准摩尔生成焓(变)$\Delta_f H_m^\ominus$是指由处于标准状态的各种元素的指定单质生成标准状态的 1 mol 某纯物质的焓变(ΔH)，叫作该温度下该物质的标准摩尔生成焓。指定单质的标准摩尔生成焓为零，如

$$\Delta_f H_m^\ominus (O_2, g, 298\ K) = 0,\ \Delta_f H_m^\ominus (H_2, g, 298\ K) = 0$$

$$\Delta_f H_m^\ominus (C, 石墨, 298\ K) = 0,\ \Delta_f H_m^\ominus (I_2, s, 298\ K) = 0$$

例如，298 K 时，下列各反应的标准摩尔焓变即为各生成物在 298 K 时的标准摩尔生成焓：

$H_2(g) + 1/2O_2(g) = H_2O(l)$　$\Delta_r H_m^\ominus(298\ K) = \Delta_f H_m^\ominus(H_2O, l, 298\ K) = -285.84\ kJ \cdot mol^{-1}$

$H_2(g) + 1/2O_2(g) = H_2O(g)$　$\Delta_r H_m^\ominus(298\ K) = \Delta_f H_m^\ominus(H_2O, g, 298\ K) = -241.82\ kJ \cdot mol^{-1}$

$I_2(s) = I_2(g)$　$\Delta_r H_m^\ominus = \Delta_f H_m^\ominus(I_2, g) = 62.438\ kJ \cdot mol^{-1}$

298 K 时化学反应的标准摩尔焓：

$$\Delta_r H_m^\ominus = \sum_i \nu_i \Delta_f H_m^\ominus (产物)_i - (-\sum_j \nu_j \Delta_r H_m^\ominus (反应物)_j)$$

(5)热化学定律(Hess 定律)　一定条件下，一个化学反应不管是一步完成还是分成几步来完成，其反应热相同。盖斯(Hess)定律也可以表达为若一个反应可分若干步进行，则总反应的定压热(定容热)等于各步反应之和。

3. 化学反应的自发性

(1)熵及熵变　熵(S)是系统混乱度的量度。系统的熵越大，混乱度越高。

摩尔熵 S_m：$S_m = S/n$。

物质熵的变化规律：

①物质的熵随温度的升高而增大；

②同一物质，$S(g) > S(l) > S(s)$；

③摩尔质量相同的物质，结构越复杂，熵越大。

标准摩尔熵 $S_m^\ominus$：标准状态下物质 B 的摩尔熵 $S_m^\ominus$ 称为物质 B 的标准摩尔熵。298 K、标准状态下化学反应的标准摩尔熵变：

$$\Delta_r S_m^\ominus = \sum_i \nu_i S_m^\ominus (产物)_i - (-\sum_j \nu_j S_m^\ominus (反应物)_j)$$

可利用物质标准熵的规律，初步估计化学反应的熵变情况：

①对于气体物质的量增加的反应(过程)，$\Delta_r S_m^\ominus > 0$，即熵增；

②对于气体物质的量减少的反应(过程)，$\Delta_r S_m^\ominus < 0$，即熵减；

③不涉及气体物质的量的变化过程，若物质的量(或溶质的粒子数)增多，则为熵增，如晶体溶解的过程；若物质的量(或溶质的粒子数)减少，则为熵减。

(2)吉布斯自由能　美国物理化学家吉布斯提出一个综合了熵、焓和温度的状态函数，称之为吉布斯自由能或吉布斯函数 G，其定义为：

$$G \equiv H - TS$$

对于等温过程，吉布斯自由能的变化

$$\Delta G=\Delta H-T\Delta S$$

此式称为吉布斯-亥姆霍兹(Gibbs-Helmholtz)方程，将此式应用于化学反应，则可得：

$$\Delta_r G_m=\Delta_r H_m-T\Delta_r S_m$$

若反应在标准状态下进行，则

$$\Delta_r G_m^{\ominus}=\Delta_r H_m^{\ominus}-T\Delta_r S_m^{\ominus}$$

式中：$\Delta_r G_m$ 和 $\Delta_r G_m^{\ominus}$ 分别称为化学反应的摩尔吉布斯自由能和标准摩尔吉布斯自由能，二者均与反应式的写法有关。

对等温、定压且系统不做非体积功条件下发生的化学反应，若

$\Delta_r G_m<0$，则化学反应正向自发进行；

$\Delta_r G_m>0$，则化学反应过程正向不可能自发进行，其逆向自发；

$\Delta_r G_m=0$，则化学反应系统处于平衡状态，正逆过程均不可能，即过程宏观停止。

若化学反应在标准状态下进行，此时的 $\Delta_r G_m$ 等于 $\Delta_r G_m^{\ominus}$。由此可知，等温、定压下的自发过程，总是向着系统吉布斯自由能降低的方向进行。

由热力学第二定律可证得：

$$\Delta G=W'_{max}$$

即系统吉布斯自由能的变化等于系统可能对外做的最大非体积功。

(3)物质B的标准摩尔生成吉布斯自由能　物质B的标准摩尔生成吉布斯自由能($\Delta_f G_m^{\ominus}$)是指在温度 T 由指定单质生成1 mol物质B时的标准摩尔吉布斯自由能变。根据定义可知，指定单质的标准摩尔生成吉布斯自由能，在所有温度均等于0。

298 K时化学反应的标准摩尔吉布斯自由能变：

$$\Delta_r G_m^{\ominus}=\sum_i \nu_i \Delta_f G_m^{\ominus}(\text{产物})_i-(-\sum_j \nu_j \Delta_r G_m^{\ominus}(\text{反应物})_j)$$

(4)吉布斯-亥姆霍兹方程的应用

①估计反应的温度条件　根据 $\Delta_r H_m^{\ominus}$ 和 $\Delta_r S_m^{\ominus}$ 的情况，可将化学反应分为四类，它们的反应方向受温度的影响如下：

$\Delta_r H_m^{\ominus}$	$\Delta_r S_m^{\ominus}$	$\Delta_r G_m^{\ominus}$	标准状态下反应自发进行的温度条件
(+)	(−)	(+)	任何温度，反应均逆向自发
(−)	(+)	(−)	任何温度，反应均正向自发
(+)	(+)	低温(+)	低温时，反应逆向自发
		高温(−)	高温时，反应正向自发
(−)	(−)	低温(−)	低温时，反应正向自发
		高温(+)	高温时，反应逆向自发

由此可见，系统放热($\Delta_r H_m^{\ominus}<0$)、混乱度增大($\Delta_r S_m^{\ominus}>0$)，是反应自发进行的两个动力。

②计算反应的转变温度　对于 $\Delta_r H_m^\ominus<0$、$\Delta_r S_m^\ominus<0$ 或 $\Delta_r H_m^\ominus>0$、$\Delta_r S_m^\ominus>0$ 的反应，$\Delta_r G_m^\ominus=0$ 时的温度称为反应的转变温度。转变温度可由吉布斯-亥姆霍兹方程求得。

$$\Delta_r G_m^\ominus=\Delta_r H_m^\ominus-T_{转}\Delta_r S_m^\ominus=0$$

$$T_{转}=\frac{\Delta_r H_m^\ominus}{\Delta S_m^\ominus}$$

$\Delta_r H_m^\ominus<0$、$\Delta_r S_m^\ominus<0$ 时，$T<T_{转}$ 反应正向自发，$T>T_{转}$ 反应逆向自发；
$\Delta_r H_m^\ominus>0$、$\Delta_r S_m^\ominus>0$ 时，$T>T_{转}$ 反应正向自发，$T<T_{转}$ 反应逆向自发。

典型例题

例 4-1　写出 Gibbs-Helmholtz 方程，并讨论温度对反应自发性的影响。

解：对于一给定反应，在标准状态下，$\Delta_r G_m^\ominus=\Delta_r H_m^\ominus-T\Delta_r S_m^\ominus$

$\Delta_r H_m^\ominus>0$、$\Delta_r S_m^\ominus>0$ 时，正向低温非自发，高温自发；$T>\Delta_r H_m^\ominus/\Delta_r S_m^\ominus$ 自发。

$\Delta_r H_m^\ominus<0$、$\Delta_r S_m^\ominus<0$ 时，正向高温非自发，低温自发；$T<\Delta_r H_m^\ominus/\Delta_r S_m^\ominus$ 自发。

$\Delta_r H_m^\ominus<0$、$\Delta_r S_m^\ominus>0$ 时，正向任意温度都自发。

$\Delta_r H_m^\ominus>0$、$\Delta_r S_m^\ominus<0$ 时，正向任意温度不可能。

例 4-2　化学热力学中，系统传递的能量有几种？分别是什么？

答：有两种，一种是热(系统和环境之间由于温度的不同而传递的能量)，另一种是功(除热以外，系统和环境之间传递的能量)。

例 4-3　热力学系统按物质和能量交换的不同可分哪三种类型？

答：敞开系统：系统和环境之间既有物质交换，又有能量交换。

封闭系统：系统和环境之间只有能量交换，没有物质交换。

孤立系统：系统和环境之间既无物质交换，也无能量交换。

例 4-4　表述热力学第三定律。

答：在 0 K 时，任何纯物质的完美晶体的熵值等于零。其数学表达式为：

$$S(0\ \mathrm{K})=0$$

例 4-5　一热力学系统在等温定容的条件下发生变化时，放热 15 kJ，同时对环境做电功 35 kJ。假若系统在发生同一变化时，不做非体积功，计算系统能放出多少热。

解：由题意知，$Q=-15$ kJ，$W=-35$ kJ，故

$$\Delta U=Q+W=-15\ \mathrm{kJ}+(-35\ \mathrm{kJ})=-50\ \mathrm{kJ}$$

等温定容、不做非体积功，则

$$Q_V=\Delta U=-50\ \mathrm{kJ}$$

例 4-6　计算下列情况系统热力学能的变化。

(1)系统吸热 150 J，并且系统对环境做功 180 J。

(2)系统放热 300 J，并且系统对环境做功 750 J。

(3)系统吸热 280 J,并且环境对系统做功 460 J。

(4)系统放热 280 J,并且环境对系统做功 540 J。

解:(1)−30 J; (2)−1 050 J; (3)740 J; (4)260 J。

例 4-7 在 100℃、100 kPa 下加热 1 mol 水,至完全变为 100℃的水蒸气,计算此变化的 Q、W、ΔU、ΔH。(已知 $H_2O(l)$的汽化热为 40.6 $kJ \cdot mol^{-1}$)

解:可用反应表示 $H_2O(l)=H_2O(g) \qquad \Delta n=1$

所以 $Q_p=\Delta H=\Delta_r H_m^{\ominus}\times 1\ mol=40.6\ kJ$

$$W=-\Delta nRT=-(1-0)mol\times 8.314\ J\cdot mol^{-1}\cdot K^{-1}\times 373\ K=-3.10\ kJ$$

$$\Delta U=Q_p+W=40.6\ kJ+(-3.10\ kJ)=37.5\ kJ$$

例 4-8 化学反应 $A(g)+B(g)=2C(g)$,A、B、C 均为理想气体。在 25℃、标准状态下,该过程分别依两种不同途径完成:(1)不做功,放热 40 kJ;(2)做最大非体积功,放热 2 kJ。计算两种途径的 $\Delta H^{\ominus}$、$\Delta G^{\ominus}$和 $\Delta S^{\ominus}$。

解:$\Delta H^{\ominus}$、$\Delta G^{\ominus}$和 $\Delta S^{\ominus}$均为状态函数,其变化与途径无关。反应在标准状态下进行,为定压过程亦为定容过程。

(1)定压、不做功,则

$$Q_p=\Delta H^{\ominus}=-40\ kJ$$

因反应前后的 $\Delta n=0$,则

$$Q_V=\Delta U^{\ominus}=-40\ kJ$$

(2)$\Delta U^{\ominus}=Q+W=-2\ kJ+W=-40\ kJ$

$$W'_{max}=-38\ kJ$$

$$\Delta G^{\ominus}=W'_{max}=-38\ kJ$$

$$\Delta S^{\ominus}=\frac{\Delta H^{\ominus}-\Delta G^{\ominus}}{T}=\frac{(-40+38)\times 10^3\ J}{298\ K}=-6.7\ J\cdot K^{-1}$$

例 4-9 氧化银受热按下式分解:$2Ag_2O(s)=4Ag(s)+O_2(g)$,已知在 298 K 时 Ag_2O 的 $\Delta_f H_m^{\ominus}$、$\Delta_f G_m^{\ominus}$分别为$-31.1\ kJ\cdot mol^{-1}$和$-11.2\ kJ\cdot mol^{-1}$。求 Ag_2O 的热分解温度(在此分解温度时,$p(O_2)=100\ kPa$)。

解:
$$\Delta_r G_m^{\ominus}=4\Delta_f G_m^{\ominus}(Ag)+\Delta_f G_m^{\ominus}(O_2)-2\Delta_f G_m^{\ominus}(Ag_2O)$$
$$=0+0-2\times(-11.2\ kJ\cdot mol^{-1})=22.4\ kJ\cdot mol^{-1}$$

$$\Delta_r H_m^{\ominus}=-2\times(-31.1\ kJ\cdot mol^{-1})=62.2\ kJ\cdot mol^{-1}$$

$\Delta_r G_m^{\ominus}=\Delta_r H_m^{\ominus}-T\Delta_r S_m^{\ominus}$ 代入数据,有:

$$22.4\ kJ\cdot mol^{-1}=62.2\ kJ\cdot mol^{-1}-298\ K\times\Delta_r S_m^{\ominus}$$
$$\Delta_r S_m^{\ominus}=0.133\ 6\ kJ\cdot K^{-1}\cdot mol^{-1}$$

$\Delta_r G_m^{\ominus}=0$,则

$$T=\frac{\Delta_r H_m^\ominus}{\Delta S_m^\ominus}=\frac{62.2\ \text{kJ}\cdot\text{mol}^{-1}}{0.133\ 6\ \text{kJ}\cdot\text{mol}^{-1}\cdot\text{K}^{-1}}=465.6\ \text{K}$$

例 4-10 计算 298 K、总压 100 kPa 下，反应 $2SO_3(g)=O_2(g)+2SO_2(g)$ 的 $\Delta_r G_m^\ominus(T)$，并说明反应方向，计算自发进行的最低温度。

已知：$\Delta_f G_m^\ominus(SO_2)=-300.19\ \text{kJ}\cdot\text{mol}^{-1}$；$\Delta_f G_m^\ominus(SO_3)=-371.1\ \text{kJ}\cdot\text{mol}^{-1}$；

$\Delta_f H_m^\ominus(SO_2)=-296.83\ \text{kJ}\cdot\text{mol}^{-1}$；$\Delta_f H_m^\ominus(SO_3)=-395.7\ \text{kJ}\cdot\text{mol}^{-1}$；

解：$\Delta_r G_m^\ominus=\Delta_f G_m^\ominus(O_2)+2\times\Delta_f G_m^\ominus(SO_2)-2\times\Delta_f G_m^\ominus(SO_3)=141.82\ \text{kJ}\cdot\text{mol}^{-1}$，

所以标准状态下，正向反应不可能。

$$\Delta_r H_m^\ominus=\Delta_f H_m^\ominus(O_2)+2\times\Delta_f H_m^\ominus(SO_2)-2\times\Delta_f H_m^\ominus(SO_3)=197.74\ \text{kJ}\cdot\text{mol}^{-1}$$

因为 $\Delta_r G_m^\ominus=\Delta_r H_m^\ominus-T\Delta_r S_m^\ominus$

所以 $\Delta_r S_m^\ominus=187.65\ \text{J}\cdot\text{K}^{-1}\cdot\text{mol}^{-1}$，则：

$$T\geqslant\Delta_r H_m^\ominus/\Delta_r S_m^\ominus=1\ 054\ \text{K}$$

例 4-11 下列化学反应

	$C(s)$ +	$H_2O(g)$ =	$CO(g)$ +	$H_2(g)$
$\Delta_f G_m^\ominus/(\text{kJ}\cdot\text{mol}^{-1})$	0	−228.59	−137.15	0
$S_m^\ominus/(\text{J}\cdot\text{K}^{-1}\cdot\text{mol}^{-1})$	5.69	188.72	197.56	130.57

(1)通过计算说明在 298 K、总压 100 kPa 下，反应能否自发进行。

(2)计算 $\Delta_r H_m^\ominus$。

解：(1) $\Delta_r G_m^\ominus=\Delta_f G_m^\ominus(H_2)+\Delta_f G_m^\ominus(CO)-\Delta_f G_m^\ominus(H_2O)-\Delta_f G_m^\ominus(C)$

$=91.44\ \text{kJ}\cdot\text{mol}^{-1}>0$

故 反应不能正向自发进行；

(2) $\Delta_r S_m^\ominus=S_m^\ominus(H_2)+S_m^\ominus(CO)-S_m^\ominus(H_2O)-S_m^\ominus(C)=133.72\ \text{J}\cdot\text{K}^{-1}\cdot\text{mol}^{-1}$

$$\Delta_r G_m^\ominus=\Delta_r H_m^\ominus-T\Delta_r S_m^\ominus$$

得 $\Delta_r H_m^\ominus=131.3\ \text{kJ}\cdot\text{mol}^{-1}$。

例 4-12 冰在 0℃时的熔化热为 $6.02\ \text{kJ}\cdot\text{mol}^{-1}$，水在 100℃时的汽化热为 $40.63\ \text{kJ}\cdot\text{mol}^{-1}$，求 1 mol 固态冰在融化时和 1 mol 液态水在汽化时的 $\Delta_r S_m^\ominus$。

解：此时 $\Delta_r G_m^\ominus=0$，根据

$$\Delta_r G_m^\ominus=\Delta_r H_m^\ominus-T\Delta_r S_m^\ominus$$

$$\Delta_r S_m^\ominus=\frac{\Delta_r H_m^\ominus}{T}$$

冰融化为水时

$$\Delta_r S_m^\ominus=\frac{\Delta_r H_m^\ominus}{T}=\frac{6.02\times10^3\ \text{J}\cdot\text{mol}^{-1}}{273\ \text{K}}=22.1\ \text{J}\cdot\text{K}^{-1}\cdot\text{mol}^{-1}$$

水汽化为水蒸气时

$$\Delta_r S_m^{\ominus} = \frac{\Delta_r H_m^{\ominus}}{T} = \frac{40.63 \times 10^3\ \text{J} \cdot \text{mol}^{-1}}{373\ \text{K}} = 109\ \text{J} \cdot \text{K}^{-1} \cdot \text{mol}^{-1}$$

例 4-13 反应 $H_2(g)+F_2(g)=2HF(g)$ 被建议用于火箭的推进。估算 1 000℃、标准状态下，每生成 1 g HF，最多能对火箭做多少非体积功。已知

	$H_2(g)$	$+F_2(g)$	$=2HF(g)$
$\Delta_f G_m^{\ominus}(298\ \text{K})/(\text{kJ} \cdot \text{mol}^{-1})$	0	0	−271
$S_m^{\ominus}(298\ \text{K})/(\text{J} \cdot \text{K}^{-1} \cdot \text{mol}^{-1})$	130.7	203.3	175.3

解：$\Delta_r G_m^{\ominus}(298\ \text{K})=2\Delta_f G_m^{\ominus}(\text{HF})=2\times(-271\ \text{kJ} \cdot \text{mol}^{-1})=-542\ \text{kJ} \cdot \text{mol}^{-1}$

$$\begin{aligned}\Delta_r S_m^{\ominus} &= 2S_m^{\ominus}(\text{HF})-[S_m^{\ominus}(H_2)+S_m^{\ominus}(F_2)]\\ &=2\times175.3\ \text{J} \cdot \text{K}^{-1} \cdot \text{mol}^{-1}-[130.7\ \text{J} \cdot \text{K}^{-1} \cdot \text{mol}^{-1}+203.3\ \text{J} \cdot \text{K}^{-1} \cdot \text{mol}^{-1}]\\ &=16.6\ \text{J} \cdot \text{K}^{-1} \cdot \text{mol}^{-1}\end{aligned}$$

$$\Delta_r G_m^{\ominus}=\Delta_r H_m^{\ominus}-T\Delta_r S_m^{\ominus}$$

$$\begin{aligned}\Delta_r H_m^{\ominus}(298\ \text{K}) &= \Delta_r G_m^{\ominus}(298\ \text{K})+T\Delta_r S_m^{\ominus}(298\ \text{K})\\ &=-542\ \text{kJ} \cdot \text{mol}^{-1}+298\ \text{K}\times0.016\,6\ \text{kJ} \cdot \text{K}^{-1} \cdot \text{mol}^{-1}\\ &=-537\ \text{kJ} \cdot \text{mol}^{-1}\end{aligned}$$

1 000℃(1 273 K)、标准状态下：

$$\begin{aligned}\Delta_r G_m^{\ominus}(1\,273\ \text{K}) &= \Delta_r H_m^{\ominus}(298\ \text{K})-T\Delta_r S_m^{\ominus}(298\ \text{K})\\ &=-537.1\ \text{kJ} \cdot \text{mol}^{-1}-1\,273\ \text{K}\times0.016\,6\ \text{kJ} \cdot \text{mol}^{-1} \cdot \text{K}^{-1}\\ &=-588.2\ \text{kJ} \cdot \text{mol}^{-1}\end{aligned}$$

由于 $\Delta_r G_m^{\ominus}=W'_{max}$，1 g HF 最多能对火箭做的非体积功为：

$$W_{max}=\frac{-588.2\ \text{kJ} \cdot \text{mol}^{-1}}{2\times20\ \text{g} \cdot \text{mol}^{-1}}\times1\ \text{g}=-13.96\ \text{kJ}$$

例 4-14 蔗糖($C_{12}H_{22}O_{11}$，$M=342\ \text{g} \cdot \text{mol}^{-1}$)在人体内的新陈代谢过程如下：

$$C_{12}H_{22}O_{11}(s)+12O_2(g)=12CO_2(g)+11H_2O(l)$$

若只有 30% 的吉布斯自由能转化为有用功，则 1 g 糖在体温 37℃时进行新陈代谢，可以得到多少有用功？已知：

	$C_{12}H_{22}O_{11}(s)$	$+12O_2(g)$	$=12CO_2(g)$	$+11H_2O(l)$
$\Delta_f H_m^{\ominus}/(\text{kJ} \cdot \text{mol}^{-1})$	−2 221.24	0	−393.5	−285.8
$S_m^{\ominus}/(\text{J} \cdot \text{K}^{-1} \cdot \text{mol}^{-1})$	360.12	205.0	213.6	69.9

解：$\Delta_r H_m^{\ominus}=[11\Delta_f H_m^{\ominus}(H_2O)+12\Delta_f H_m^{\ominus}(CO_2)]-[\Delta_f H_m^{\ominus}(C_{12}H_{22}O_{11})+12\Delta_f H_m^{\ominus}(O_2)]$
$=-5\,644.56\ \text{kJ} \cdot \text{mol}^{-1}$

$\Delta_r S_m^{\ominus}=[11S_m^{\ominus}(H_2O)+12S_m^{\ominus}(CO_2)]-[S_m^{\ominus}(C_{12}H_{22}O_{11})+12S_m^{\ominus}(O_2)]$
$=511.98\ \text{J} \cdot \text{K}^{-1} \cdot \text{mol}^{-1}$

$\Delta_r G_m^{\ominus}(310\ \text{K})=\Delta_r H_m^{\ominus}-T\Delta_r S_m^{\ominus}=-5\,803.27\ \text{kJ} \cdot \text{mol}^{-1}$

$$\begin{aligned}W_{有用} &= \frac{m}{M}\Delta_r G_m^{\ominus}(310\ \text{K})\times30\%=\frac{1\ \text{g}}{342\ \text{g} \cdot \text{mol}^{-1}}\times(-5\,803.27\ \text{kJ} \cdot \text{mol}^{-1})\times30\%\\ &=-5.09\ \text{kJ}\end{aligned}$$

例 4-15 近似计算液溴的正常沸点。

已知： $Br_2(l)=Br_2(g)$

	$Br_2(l)$	$Br_2(g)$
$\Delta_f H_m^\ominus(298\ K)/(kJ\cdot mol^{-1})$	0	30.91
$S_m^\ominus(298\ K)/(J\cdot K^{-1}\cdot mol^{-1})$	152.23	245.35

解：气、液两相间达到平衡的温度，即 $\Delta_r G_m^\ominus=0$ 的温度。

$$\Delta_r H_m^\ominus(298\ K)=\Delta_f H_m^\ominus(Br_2,g,298\ K)=30.91\ kJ\cdot mol^{-1}$$

$$\Delta_r S_m^\ominus(298\ K)=S_m^\ominus(Br_2,g,298\ K)-S_m^\ominus(Br_2,l,298\ K)=93\ J\cdot K^{-1}\cdot mol^{-1}$$

据 $$\Delta_r G_m^\ominus(T)=\Delta_r H_m^\ominus(298\ K)-T\Delta_r S_m^\ominus(298\ K)=0$$

则 $$T=\Delta_r H_m^\ominus(298\ K)/\Delta_r S_m^\ominus(298\ K)=332\ K$$

例 4-16 已知 Zn 与 $CuSO_4$ 溶液的反应在 298 K 标准状态的热力学数据，试推算，若设计成原电池可产生多少电功。

热力学数据如下：

	$Zn(s)$	$+\ Cu^{2+}(aq)$	$=\ Zn^{2+}(aq)$	$+\ Cu(s)$
$\Delta_f H_m^\ominus/(kJ\cdot mol^{-1})$	0	64.77	−153.9	0
$S_m^\ominus/(J\cdot K\cdot mol^{-1})$	41.6	−99.6	−112	33.15

解：$\Delta_r H_m^\ominus=\Delta_f H_m^\ominus(Cu)+\Delta_f H_m^\ominus(Zn^{2+})-\Delta_f H_m^\ominus(Cu^{2+})-\Delta_f H_m^\ominus(Zn)=-218.67\ kJ\cdot mol^{-1}$

$\Delta_r S_m^\ominus=S_m^\ominus(Cu)+S_m^\ominus(Zn^{2+})-S_m^\ominus(Cu^{2+})-S_m^\ominus(Zn)=-20.85\ J\cdot K^{-1}\cdot mol^{-1}$

298 K 下，$\Delta_r G_m^\ominus=\Delta_r H_m^\ominus-T\Delta_r S_m^\ominus=-212.46\ kJ\cdot mol^{-1}$

因 $\Delta_r G_m^\ominus=W'_{max}$ 则系统可对外做最大有用功 212.46 $kJ\cdot mol^{-1}$。

单元测试

(一)选择题

1. 下列各组物理量均属状态函数的是(　　)。

A. U、H、W　　B. S、H、Q　　C. U、H、G　　D. S、H、W

2. 对反应 $N_2H_4(g)+O_2(g)=N_2(g)+2H_2O(l)$ 来说，ΔH 与 ΔU 的关系是(　　)。

A. $\Delta H=\Delta U$　　B. $\Delta H=\Delta U-RT$

C. $\Delta H=\Delta U+RT$　　D. $\Delta H=\Delta U+2RT$

3. 下列各量的变化与变化途径有关的是(　　)。

A. 热力学能　　B. 焓　　C. 自由能　　D. 功

4. 环境对系统做 10 kJ 的功，且系统又从环境获得 5 kJ 的热量，则系统热力学能变化了(　　)。

A. −15 kJ　　B. −5 kJ　　C. +5 kJ　　D. +15 kJ

5. 标准摩尔生成焓为零的物质为(　　)。

A. $Cl_2(l)$　　B. $Br_2(g)$　　C. $N_2(g)$　　D. $I_2(g)$

6. 下列表示 $\Delta_r H_m^\ominus=\Delta_f H_m^\ominus(AgBr,s)$ 的反应是(　　)。

A. $Ag^+(aq)+Br^-(aq)=AgBr(s)$　　B. $2Ag(s)+Br_2(g)=2AgBr(s)$

C. $Ag(s)+1/2Br_2(l)=AgBr(s)$　　D. $Ag(s)+1/2Br_2(g)=AgBr(s)$

7. 已知下列反应：

$Zn(s)+\frac{1}{2}O_2(g)=ZnO(s)$　　$\Delta_r H_m^\ominus(1)=-84\ kJ\cdot mol^{-1}$

$Hg(l)+\frac{1}{2}O_2(g)=HgO(s)$　　$\Delta_r H_m^\ominus(2)=-22\ kJ\cdot mol^{-1}$

则反应 $Zn(s)+HgO(s)=ZnO(s)+Hg(l)$ 的 $\Delta_r H_m^\ominus$ 为(　　)。

A. $-106\ kJ\cdot mol^{-1}$　　B. $106\ kJ\cdot mol^{-1}$

C. $-62\ kJ\cdot mol^{-1}$　　D. $62\ kJ\cdot mol^{-1}$

8. 下列物质中 S 最大的是(　　)。

A. 金刚石　　B. $Cl_2(l)$　　C. $I_2(g)$　　D. $Cu(s)$

9. 热力学温度为零时，任何物质完美晶体的熵为(　　)。

A. 0　　B. 1　　C. 大于零　　D. 不确定

10. 化学反应 C(石墨)＝C(金刚石)的 $\Delta_r H_m^\ominus=1.9\ kJ\cdot mol^{-1}$，$\Delta_r G_m^\ominus=2.9\ kJ\cdot mol^{-1}$，金刚石与石墨相比，混乱度更大的是(　　)。

A. 石墨　　B. 金刚石　　C. 两者都一样　　D. 无法确定

11. 室温下，稳定状态的单质的标准熵(　　)。

A. 等于零　　B. 等于 $1\ J\cdot K^{-1}\cdot mol^{-1}$

C. 大于零　　D. 不确定

12. 已知 $\Delta_f H_m^\ominus(Al_2O_3)=-1\ 676\ kJ\cdot mol^{-1}$，则标准状态时 108 g 的 Al(s)完全燃烧生成 $Al_2O_3(s)$时的等压热为(　　)。

A. 1 676 kJ　　B. −1 676 kJ　　C. 3 352 kJ　　D. −3 352 kJ

13. 热化学方程式 $N_2(g)+3H_2(g)=2NH_3(g)$，$\Delta_r H_m^\ominus(298\ K)=-92.2\ kJ\cdot mol^{-1}$表示(　　)。

A. 1 mol $N_2(g)$和 3 mol $H_2(g)$反应可放出 92.2 kJ 的热量

B. 在标准状态下，1 mol $N_2(g)$和 3 mol $H_2(g)$完全作用后，生成 2 mol $NH_3(g)$，可放出 92.2 kJ 的热量

C. 按上述计量关系进行时生成 1 mol $NH_3(g)$可放热 92.2 kJ

D. 它表明在任何条件下 NH_3的合成过程是一吸热反应

14. 在 298 K、总压 100 kPa 下，反应 $2C(s)+O_2(g)+2H_2(g)\rightarrow CH_3COOH(l)$的等压热与定容热之差 Q_p-Q_V 为(　　)J。

A. $-4\times 8.314\times 298$　　B. $3\times 8.314\times 298$

C. $-3\times 8.314\times 298$　　D. $4\times 8.314\times 298$

15. 若反应进度相同，下列放出热量最多的反应是(　　)。

A. $CH_4(g)+2O_2(g)=CO_2(g)+2H_2O(l)$

B. $2CH_4(g)+4O_2(g)=2CO_2(g)+4H_2O(l)$

C. $CH_4(g)+2O_2(g)=CO_2(g)+2H_2O(g)$

D. $2CH_4(g)+4O_2(g)=2CO_2(g)+4H_2O(g)$

16. 热力学第一定律的数学表达式 $\Delta U=Q+W$ 只适用于(　　)。

A. 理想气体　　B. 孤立系统　　C. 封闭系统　　D. 敞开系统

17. 对于盖斯定律,下列表述不正确的是(　　)。

A. 盖斯定律反映了系统从一个状态变化到另一状态的总能量变化

B. 盖斯定律反映了系统状态变化时其焓变只与系统的始态和终态有关,而与所经历的步骤和途径无关

C. 盖斯定律反映了系统状态变化时其熵变只与系统的始态和终态有关,而与所经历的步骤和途径无关

D. 盖斯定律反映了系统状态变化时其自由能变只与系统的始态和终态有关,而与所经历的步骤和途径无关

18. 已知 298 K、标准状态下:

	$\Delta_f H_m^\ominus/(kJ\cdot mol^{-1})$	$S_m^\ominus/(J\cdot K^{-1}\cdot mol^{-1})$
石墨	0.0	5.74
金刚石	1.987	2.38

下列叙述正确的是(　　)。

A. 标准状态下,石墨转化为金刚石为吸热反应

B. 标准状态下,石墨转化为金刚石为熵增反应

C. 标准状态下,石墨可以转化为金刚石

D. 任何状态下,石墨都不能转化为金刚石

19. 一种反应在高温下能自发进行,而在低温下不能自发进行的焓变和熵变条件是(　　)。

A. $\Delta_r H_m^\ominus<0,\Delta_r S_m^\ominus>0$　　B. $\Delta_r H_m^\ominus<0,\Delta_r S_m^\ominus<0$

C. $\Delta_r H_m^\ominus>0,\Delta_r S_m^\ominus>0$　　D. $\Delta_r H_m^\ominus>0,\Delta_r S_m^\ominus<0$

20. 在标准状态下,碳酸钙分解反应的有关数据如下:

	$CaCO_3(s)$	=	$CaO(s)$	+	$CO_2(g)$
$\Delta_f H_m^\ominus/(kJ\cdot mol^{-1})$	−1 206.9		−635.09		−393.5
$S_m^\ominus/(J\cdot K^{-1}\cdot mol^{-1})$	92.9		39.75		213.6

则 $CaCO_3$ 的分解温度为(　　)。

A. $T>733$ K　　B. $T=1\,111$ K　　C. $T>900$ K　　D. $T>1\,111$ K

21. 已知反应 $Cu_2O(s)+1/2O_2(g)=2CuO(s)$ 在 300 K 时,其 $\Delta_r G_m^\ominus=-107.9\ kJ\cdot mol^{-1}$,400 K 时,$\Delta_r G_m^\ominus=-95.33\ kJ\cdot mol^{-1}$,则该反应的 $\Delta_r H_m^\ominus$ 和 $\Delta_r S_m^\ominus$(忽略温度影响)各近似为(　　)。

A. 187.4 $kJ\cdot mol^{-1}$;−0.126 $kJ\cdot K^{-1}\cdot mol^{-1}$

B. −187.4 $kJ\cdot mol^{-1}$;0.126 $kJ\cdot K^{-1}\cdot mol^{-1}$

C. −145.6 $kJ\cdot mol^{-1}$;−0.126 $kJ\cdot K^{-1}\cdot mol^{-1}$

D. 145.6 $kJ\cdot mol^{-1}$;−0.126 $kJ\cdot K^{-1}\cdot mol^{-1}$

22. 已知 298 K 时 $NH_3(g)$ 的 $\Delta_f H_m^\ominus=-46.19\ kJ\cdot mol^{-1}$,反应 $N_2(g)+3H_2(g)=2NH_3(g)$ 的 $\Delta_r S_m^\ominus$ 为 −198 $J\cdot mol^{-1}\cdot K^{-1}$,欲使此反应在标准状态时能自发进行,所需温度条件为(　　)。

A. <193 K　　B. <466 K　　C. >193 K　　D. >466 K

23. 下列反应均为放热反应，其中在任何温度下都能自发进行的是(　　)。

A. $2H_2(g)+O_2(g)=2H_2O(g)$

B. $2C_4H_{10}(g)+13O_2(g)=8CO_2(g)+10H_2O(g)$

C. $2CO(g)+O_2(g)=2CO_2(g)$

D. $N_2(g)+3H_2(g)=2NH_3(g)$

24. 下列过程 $\Delta_r S_m^{\ominus}>0$ 的是(　　)。

A. 碘的升华

B. 水结成冰

C. $SnO_2(s)+2H_2(g)=Sn(s)+2H_2O(l)$

D. 乙烯(C_2H_4)聚合成聚乙烯$(C_2H_4)_n$

25. 在等温定压下，已知反应 A=2B 的 $\Delta_r H_m^{\ominus}(1)$，反应 2A=C 的 $\Delta_r H_m^{\ominus}(2)$，则反应 C=4B 的 $\Delta_r H_m^{\ominus}(3)$为(　　)。

A. $\Delta_r H_m^{\ominus}(1)+\Delta_r H_m^{\ominus}(2)$　　B. $2\Delta_r H_m^{\ominus}(1)+\Delta_r H_m^{\ominus}(2)$

C. $2\Delta_r H_m^{\ominus}(1)-\Delta_r H_m^{\ominus}(2)$　　D. $\Delta_r H_m^{\ominus}(1)-2\Delta_r H_m^{\ominus}(2)$

26. 在 732 K 时反应 $NH_4Cl(s)=NH_3(g)+HCl(g)$的 $\Delta_r G_m^{\ominus}$ 为 $-20.8\ kJ\cdot mol^{-1}$，$\Delta_r H_m^{\ominus}$ 为 $154\ kJ\cdot mol^{-1}$，则反应的 $\Delta_r S_m^{\ominus}$ 为(　　)$J\cdot K^{-1}\cdot mol^{-1}$。

A. 587　　B. −587　　C. 239　　D. −239

27. 已知：

$C(s)+O_2(g)=CO_2(g)$　　$\Delta_r H_m^{\ominus}=-393\ kJ\cdot mol^{-1}$

$2Mg(s)+O_2(g)=2MgO(s)$　　$\Delta_r H_m^{\ominus}=-393\ kJ\cdot mol^{-1}$

$2Mg(s)+2C(s)+3O_2(g)=2MgCO_3(s)$　　$\Delta_r H_m^{\ominus}=-393\ kJ\cdot mol^{-1}$

则 $MgO(s)+CO_2(g)=MgCO_3(s)$的 $\Delta_r H_m^{\ominus}$ 为(　　)$kJ\cdot mol^{-1}$。

A. −235.4　　B. −58.85　　C. 137.9　　D. −1 321.3

28. 绝热保温瓶内盛满热水，并将瓶口用绝热塞塞紧，瓶内是(　　)。

A. 单相孤立系统　　B. 多相孤立系统

C. 单相封闭系统　　D. 多相封闭系统

29. 已知：

	$NH_3(g)$	$NO(g)$	$H_2O(l)$
298 K $\Delta_f G_m^{\ominus}/(kJ\cdot mol^{-1})$	−16.5	86.57	−237.19

则反应 $4NH_3(g)+5O_2(g)=4NO(g)+6H_2O(l)$的 $\Delta_r G_m^{\ominus}$ 在 298 K 时为(　　)$kJ\cdot mol^{-1}$。

A. −133.9　　B. −1 010.9　　C. −1 286.6　　D. 159.5

30. 化学反应在任何温度下都不能自发进行时，其(　　)。

A. 焓变和熵变两者都是负的　　B. 焓变和熵变两者都是正的

C. 焓变是正的，熵变是负的　　D. 焓变是负的，熵变是正的

31. 某化学反应其 $\Delta_r H_m^{\ominus}$ 为 $-122\ kJ\cdot mol^{-1}$，$\Delta_r S_m^{\ominus}$ 为 $-231\ J\cdot K^{-1}\cdot mol^{-1}$，则此反应(　　)。

A. 在任何温度下自发进行　　B. 在任何温度下都不自发进行

C. 仅在高温下自发进行　　　　D. 仅在低温下自发进行

32. 如果系统在状态Ⅰ时吸收 500 J 的热量，对外做功 100 J 达到状态Ⅱ，则系统的热力学能变化和环境的热力学能变化分别为(　　)。

A. −400 J，400 J　　　　B. 400 J，−400 J

C. 500 J，−100 J　　　　D. −100 J，500 J

33. 对于封闭系统，系统与环境间(　　)。

A. 既有物质交换，又有能量交换　　　　B. 没有物质交换，只有能量交换

C. 既没物质交换，又没能量交换　　　　D. 没有能量交换，只有物质交换

34. 若某一系统从一始态出发经过一循环过程又回到始态，则系统热力学能的增量是(　　)。

A. $\Delta_r U_m^{\ominus}=0$　　　　B. 无法判断

C. $\Delta_r U_m^{\ominus}>0$　　　　D. $\Delta_r U_m^{\ominus}<0$

35. 反应 $CH_4(g)+2O_2(g)=CO_2(g)+2H_2O(l)$ 的摩尔熵变(　　)。

A. $\Delta_r S_m^{\ominus}=0$　　　　B. 无法判断

C. $\Delta_r S_m^{\ominus}>0$　　　　D. $\Delta_r S_m^{\ominus}<0$

36. 1 mol 纯液体在其正常沸点汽化过程中，下列说法正确的是(　　)。

A. $\Delta_r S_m>0, \Delta_r G_m=0$　　　　B. $\Delta_r S_m<0, \Delta_r G_m<0$

C. $\Delta_r S_m<0, \Delta_r H_m<0$　　　　D. $\Delta_r G_m<0, \Delta_r H_m<0$

37. 用熵变 $\Delta_r S_m^{\ominus}$ 判断反应的自发性，只适用于(　　)。

A. 理想气体　　　　B. 封闭系统

C. 孤立系统　　　　D. 敞开系统

(二)填空题

1. 当系统的状态被改变时，状态函数的变化只决定于________，而与________无关。

2. 在________内，任何自发过程中系统的熵总是增大的，这就是________。

3. 1 mol 水在 373 K、100 kPa 下全部蒸发，吸热为 40.66 kJ，同时对大气做功 3.09 kJ，此过程的热力学能变化 $\Delta_r U_m^{\ominus}=$________。

4. 已知 $\Delta_f G_m^{\ominus}(AgCl)=-109.8\ kJ\cdot mol^{-1}$，则反应 $2AgCl(s)=2Ag(s)+Cl_2(g)$ 的 $\Delta_r G_m^{\ominus}$ 应为________。

5. 298 K 时，水的蒸发热为 $43.93\ kJ\cdot mol^{-1}$，则 1 mol 水蒸发过程中 Q 为________，ΔU 为________。

6. 已知 NaCl(s)熔化需吸热 $30.3\ kJ\cdot mol^{-1}$，熵增 $28.2\ J\cdot K^{-1}\cdot mol^{-1}$，则 298 K 时 NaCl(s)熔化的 ΔG 为________，NaCl 的熔点为________。

7. 往冰块中加入食盐，冰块溶解，系统的熵________。

8. 在 298 K、100 kPa 下，已知反应

$H_2O(l)=H_2(g)+\frac{1}{2}O_2(g)$　　$\Delta_r H_m^{\ominus}=285.8\ kJ\cdot mol^{-1}$

则 $H_2(g)+\frac{1}{2}O_2(g)=H_2O(l)$　　$\Delta_r H_m^{\ominus}=$________

$2H_2(g)+O_2(g)=2H_2O(l)$ $\Delta_r H_m^\ominus=$ ________。

9. 在任何温度下，等温定压的反应自发进行的条件是________。

10. 在封闭系统中，$\Delta_r U_m^\ominus=Q$ 成立的条件是________，$\Delta_r U_m^\ominus=W$ 成立的条件是________。

11. 已知在标准状态下，下列反应的 $\Delta_r H_m^\ominus$ 分别为：

$MnO_2(s)=MnO(s)+\frac{1}{2}O_2(g)$ $\Delta_r H_m^\ominus(1)$

$MnO_2(s)+Mn(s)=2MnO(s)$ $\Delta_r H_m^\ominus(2)$

则反应 $Mn(s)+O_2(g)=MnO_2(s)$ 的标准反应热 $\Delta_r H_m^\ominus(3)=$ ________。

12. 常温下，反应 $2I(g)=I_2(g)$，正向自发，则推动反应进行的主要热力学因素是________。

13. 熵减小的反应在低温下可自发进行，此反应的 $\Delta_r H_m^\ominus$ ________。

(三)计算题

1. 在标准压力下，苯的沸点为 80.1℃，试计算苯蒸发过程的 $\Delta_r H_m^\ominus$、$\Delta_r S_m^\ominus$、$\Delta_r G_m^\ominus$、$\Delta_r U_m^\ominus$。(已知苯的蒸发热为 $Q=30.50\ kJ\cdot mol^{-1}$)

2. 已知在 298 K 时，

$CH_3COOH(l)+2O_2(g)=2CO_2(g)+2H_2O(l)$ $\Delta_r H_m^\ominus(1)=-870.3\ kJ\cdot mol^{-1}$

$C(s)+O_2(g)=CO_2(g)$ $\Delta_r H_m^\ominus(2)=-393.5\ kJ\cdot mol^{-1}$

$H_2(g)+\frac{1}{2}O_2(g)=H_2O(l)$ $\Delta_r H_m^\ominus(3)=-285.5\ kJ\cdot mol^{-1}$

求反应 $2C(s)+2H_2(g)+O_2(g)\rightarrow CH_3COOH(l)$ 的 $\Delta_r H_m^\ominus$。

3. 已知在 298 K 时，NO(g)的 $\Delta_f H_m^\ominus=90.25\ kJ\cdot mol^{-1}$，$H_2O(l)$ 的 $\Delta_f H_m^\ominus=-285.84\ kJ\cdot mol^{-1}$，$NH_3(g)$ 的 $\Delta_f H_m^\ominus=-46.11\ kJ\cdot mol^{-1}$，求反应 $4NH_3(g)+5O_2(g)=4NO(g)+6H_2O(l)$ 的 $\Delta_r H_m^\ominus$。

4. 已知在 298 K $\Delta_f H_m^\ominus(C_3H_6,g)=20.42\ kJ\cdot mol^{-1}$，$\Delta_f H_m^\ominus(C_3H_8,g)=-103.8\ kJ\cdot mol^{-1}$，求反应 $CH_2{=}CHCH_3(g)+H_2(g)=CH_3CH_2CH_3(g)$ 的 $\Delta_r H_m^\ominus$ 和 $\Delta_r U_m^\ominus$。

5. 在标准状态下，反应：

$$H_2O(g)=H_2(g)+\frac{1}{2}O_2(g)$$

查表计算并说明上述反应在什么温度下能自发进行(假设 $\Delta_r S_m^\ominus$ 和 $\Delta_r H_m^\ominus$ 随温度的变化可忽略)。

6. 计算在 373 K、标准状态下，反应

$$CO_2(g)+2NH_3(g)=(NH_2)_2CO(s)+H_2O(l)$$

的 $\Delta_r G_m^\ominus$，并说明反应方向，计算自发进行的最高温度。已知：

$\Delta_f H_m^\ominus[CO_2(g)]=-393.51\ kJ\cdot mol^{-1}$，$\Delta_f H_m^\ominus[NH_3(g)]=-46.11\ kJ\cdot mol^{-1}$

$\Delta_f H_m^\ominus[(NH_2)_2CO(s)]=-333.17\ kJ\cdot mol^{-1}$，$\Delta_f H_m^\ominus[H_2O(l)]=-285.85\ kJ\cdot mol^{-1}$

$S_m^\ominus[CO_2(g)]=213.6\ J\cdot K^{-1}\cdot mol^{-1}$，$S_m^\ominus[NH_3(g)]=192.3\ J\cdot K^{-1}\cdot mol^{-1}$

$S_m^\ominus[(NH_2)_2CO(s)]=104.60\ J\cdot K^{-1}\cdot mol^{-1}$，$S_m^\ominus[H_2O(l)]=69.94\ J\cdot K^{-1}\cdot mol^{-1}$。

7. 根据下列反应：

$Fe_2O_3(s)+3CO(g)=2Fe(s)+3CO_2(g)$　　$\Delta_r H_m^\ominus(1)=-24.8\ kJ\cdot mol^{-1}$

$3Fe_2O_3(s)+CO(g)=2Fe_3O_4(s)+CO_2(g)$　　$\Delta_r H_m^\ominus(2)=-47.1\ kJ\cdot mol^{-1}$

$Fe_3O_4(s)+CO(g)=3FeO(s)+CO_2(g)$　　$\Delta_r H_m^\ominus(3)=19.4\ kJ\cdot mol^{-1}$

求反应 $FeO(s)+CO(g)=Fe(s)+CO_2(g)$ 的 $\Delta_r H_m^\ominus$。

8. 白云石的化学式可写作 $CaCO_3\cdot MgCO_3$，其性质可看作是 $CaCO_3$ 和 $MgCO_3$ 的混合物，试用热力学数据推论在 600 K 和 1 200 K 下分解产物各是什么？

9. 已知在 298 K 时，

$C_2H_5OH(l)+3O_2(g)=2CO_2(g)+3H_2O(l)$　　$\Delta_r H_m^\ominus(1)=-1\ 366.83\ kJ\cdot mol^{-1}$

$C(s)+O_2(g)=CO_2(g)$　　$\Delta_r H_m^\ominus(2)=-393.51\ kJ\cdot mol^{-1}$

$H_2(g)+\frac{1}{2}O_2(g)=H_2O(l)$　　$\Delta_r H_m^\ominus(3)=-285.85\ kJ\cdot mol^{-1}$

求 $C_2H_5OH(l)$ 的 $\Delta_f H_m^\ominus$。

10. 金属锡有灰锡和白锡两种晶型。利用有关的热力学数据计算标准状态下灰锡与白锡的转变温度，并说明在室温(25℃)下金属锡以何种晶型存在。有关热力学数据如下：

	Sn(白)	=	Sn(灰)
$\Delta_f H_m^\ominus(298\ K)/(kJ\cdot mol^{-1})$	0.0		−2.1
$S_m^\ominus(298\ K)/(J\cdot K^{-1}\cdot mol^{-1})$	51.5		44.1

11. 煤燃烧时会产生 SO_3 或 SO_2，试问在什么温度范围，能用 CaO 通过反应来吸收 SO_3 以减少污染？

$$CaO(s)+SO_3(g)=CaSO_4(s)$$

	CaO(s)	$SO_3(g)$	$CaSO_4(s)$
$\Delta_f H_m^\ominus(298\ K)/(kJ\cdot mol^{-1})$	−635.09	−395.7	−1 434.1
$S_m^\ominus(298\ K)/(J\cdot K^{-1}\cdot mol^{-1})$	39.75	256.6	107

12. 已知在 298 K 时，NaCl 溶于水反应的有关热力学数据如下：

	NaCl(s)	=	$Na^+(aq)$	+	$Cl^-(aq)$
$\Delta_f G_m^\ominus/(kJ\cdot mol^{-1})$	−384.15		−261.89		−131.26
$S_m^\ominus/(J\cdot K^{-1}\cdot mol^{-1})$	72.13		59.0		56.5

求 NaCl 的溶解热。

13. 生物体内有机物的分级氧化对菌体的生长、营养的消耗十分重要。如醋酸杆菌可通过乙醇氧化反应而获得所需要的能量，其过程分两步完成：

$$CH_3CH_2OH \rightarrow CH_3CHO \rightarrow CH_3COOH$$

请根据下列反应数据计算生物体内乙醇被氧化成乙醛及乙醛被进一步被氧化成乙酸的反应热。

(1) $CH_3CH_2OH(l)+3O_2(g)=2CO_2(g)+3H_2O(l)$　　$\Delta_r H_m^\ominus=-1\ 371\ kJ\cdot mol^{-1}$

(2) $CH_3CHO(l)+\frac{5}{2}O_2(g)=2CO_2(g)+2H_2O(l)$　　$\Delta_r H_m^\ominus=-1\ 168\ kJ\cdot mol^{-1}$

(3) $CH_3COOH(l)+2O_2(g)=2CO_2(g)+2H_2O(l)$　　$\Delta_r H_m^\ominus=-876\ kJ\cdot mol^{-1}$

参考答案

(一)选择题

1.C 2.B 3.D 4.D 5.C 6.C 7.C 8.C 9.A 10.A 11.C 12.D 13.B 14.C 15.B 16.C 17.A 18.A 19.C 20.B 21.C 22.B 23.B 24.A 25.C 26.C 27.C 28.A 29.B 30.C 31.D 32.B 33.B 34.A 35.D 36.A 37.C

(二)填空题

1.系统的始态和终态,变化途径。

2.孤立系统,熵增效应。

3.37.57 kJ·mol^{-1}。

4.219.6kJ·mol^{-1}。

5.43.93 kJ,41.45 kJ。

6.21.9 kJ·mol^{-1},1 074.5 K。

7.增加。

8.−285.8 kJ·mol^{-1},−571.6 kJ·mol^{-1}。

9.$\Delta_r H_m^\ominus<0,\Delta_r S_m^\ominus>0$。

10.定容过程 $W'=0$,绝热过程。

11.$\Delta_r H_m^\ominus(2)-2\Delta_r H_m^\ominus(1)$。

12.焓。

13.$\Delta_r H_m^\ominus<0$。

(三)计算题

1.$\Delta_r G_m^\ominus=0$;$\Delta_r H_m^\ominus=30.50$ kJ·mol^{-1};$\Delta_r U_m^\ominus=27.56$ kJ·mol^{-1};$\Delta_r S_m^\ominus=86.4$ J·K^{-1}·mol^{-1}。

2.−487.7 kJ·mol^{-1}。

3.−1 169.6 kJ·mol^{-1}。

4.−124.22 kJ·mol^{-1},−121.74 kJ·mol^{-1}。

5.5 450.7 K。

6.解:
$$\begin{aligned}\Delta_r H_m^\ominus &= -333.17\text{ kJ·mol}^{-1}+(-285.85\text{ kJ·mol}^{-1})-(-393.51\text{ kJ·mol}^{-1})\\&\quad -2\times(-46.11\text{ kJ·mol}^{-1})\\&=-133.29\text{ kJ·mol}^{-1}\end{aligned}$$

同理 $\Delta_r S_m^\ominus=-423.7$ J·mol^{-1}·K^{-1}

$\Delta_r G_m^\ominus(373\text{ K})=\Delta_r H_m^\ominus-T\Delta_r S_m^\ominus=24.7$ kJ·mol^{-1}正反应不可能。

$T=(-133.29)\times1\,000$ J·mol^{-1}/(−423.7 J·mol^{-1}·K^{-1})=314.6 K。

7.−11.02 kJ·mol^{-1}。

8.在 600 K 时分解产物为 MgO 和 CO_2;1 200 K 时分解产物为 MgO,CaO 和 CO_2。

9.−277.74 kJ·mol^{-1}。

10.解:$\Delta_r H_m^\ominus=\Delta_f H_m^\ominus(\text{Sn,灰})-\Delta_f H_m^\ominus(\text{Sn,白})=-2.1$ kJ·mol^{-1}

$\Delta_r S_m^\ominus=S_m^\ominus(\text{Sn,灰})-S_m^\ominus(\text{Sn,白})=-7.4$ J·mol^{-1}·K^{-1}

$$T=\frac{\Delta_r H_m^\ominus}{\Delta_r S_m^\ominus}=\frac{-2.1\times10^3\text{ J·mol}^{-1}}{-7.4\text{ J·mol}^{-1}\text{·K}^{-1}}=283.78\text{ K}=10.63℃$$

因为 $\Delta_r H_m^\ominus<0$，$\Delta_r S_m^\ominus<0$，故此过程低温自发，高温非自发，室温 25℃时白锡稳定。

11. 解：$\Delta_r H_m^\ominus=\Delta_f H_m^\ominus(CaSO_4)-[\Delta_f H_m^\ominus(CaO)+\Delta_f H_m^\ominus(SO_3)]=-403.31\ kJ\cdot mol^{-1}$

$\Delta_r S_m^\ominus=S_m^\ominus(CaSO_4)-[S_m^\ominus(CaO)+S_m^\ominus(SO_3)]=-189.35\ J\cdot mol^{-1}\cdot K^{-1}$

因为 $\Delta_r H_m^\ominus<0$，$\Delta_r S_m^\ominus<0$，所以正向反应低温自发，高温非自发。转变温度

$$T=\frac{\Delta_r H_m^\ominus}{\Delta_r S_m^\ominus}=\frac{-403.31\times10^3\ J\cdot mol^{-1}}{-189.35\ J\cdot mol^{-1}\cdot K^{-1}}=2\ 130\ K=1\ 857℃$$

当温度低于 1 857℃时，能用 CaO 来吸收 SO_3 以减少污染。

12. 3.92 $kJ\cdot mol^{-1}$。

13. 解：由方程式(1)－(2)得：

$$CH_3CH_2OH(l)+\frac{1}{2}O_2(g)=CH_3CHO(l)+H_2O(l)$$

$$\begin{aligned}\Delta_r H_m^\ominus&=\Delta_r H_m^\ominus(1)-\Delta_r H_m^\ominus(2)\\&=-1\ 371\ kJ\cdot mol^{-1}-(-1\ 168\ kJ\cdot mol^{-1})=-203\ kJ\cdot mol^{-1}\end{aligned}$$

由方程式(2)－(3)得：

$$CH_3CHO(l)+\frac{1}{2}O_2(g)=CH_3COOH(l)$$

$$\begin{aligned}\Delta_r H_m^\ominus&=\Delta_r H_m^\ominus(2)-\Delta_r H_m^\ominus(3)\\&=-1\ 168\ kJ\cdot mol^{-1}-(-876\ kJ\cdot mol^{-1})=-292\ kJ\cdot mol^{-1}\end{aligned}$$

Chapter 5 第5章
化学平衡
Chemical Equilibrium

内容要点

1. 化学平衡特点

(1)化学平衡建立的前提:恒温、封闭体系,可逆反应。

(2)化学平衡建立的条件:$v_{正}=v_{逆}\neq 0$。

(3)化学平衡建立的标志:各物质浓度不再随时间的变化而改变。

(4)化学平衡是封闭系统中可逆反应所能达到的最大限度状态,即 $\Delta_r G_m(T)=0$ 的状态。

(5)化学平衡是有条件的、暂时的动态平衡。

2. 标准平衡常数($K^{\ominus}$)

(1)标准平衡常数($K^{\ominus}$): $\ln K^{\ominus}=-\dfrac{\Delta_r G_m^{\ominus}(T)}{RT}$;$K^{\ominus}(T)=Q^{eq}$

对任一可逆反应: $v_a A+v_b B=v_c C+v_d D$

$$K^{\ominus}=\frac{[c^{eq}(C)/c^{\ominus}]^{v_c}[c^{eq}(D)/c^{\ominus}]^{v_d}}{[c^{eq}(A)/c^{\ominus}]^{v_a}[c^{eq}(B)/c^{\ominus}]^{v_b}}$$

(2)标准平衡常数的特点:

①$K^{\ominus}$为温度的函数,与浓度或压力无关,单位为1。

②化学平衡关系式中,不出现固体、纯液体和溶剂。

③化学平衡关系式中,溶液相以相对浓度代入,气相以相对压力代入。

④$K^{\ominus}$与方程的书写形式有关。

(3)反应系统中平衡的判断:Q为反应商

$$\Delta_r G_m=\Delta_r G_m^{\ominus}+2.303\,RT\lg Q=-2.303RT\lg K^{\ominus}+2.303RT\lg Q$$

$$\Delta_r G_m=2.303RT\lg(Q/K^{\ominus})$$

若 $Q>K^{\ominus}$，则反应的 $\Delta_r G_m(T)>0$，反应逆向自发进行；

若 $Q<K^{\ominus}$，则反应的 $\Delta_r G_m(T)<0$，反应正向自发进行；

若 $Q=K^{\ominus}$，则反应的 $\Delta_r G_m(T)=0$，反应处于平衡状态。

3. 多重平衡系统

(1)特点：多重平衡系统是指在化学平衡系统中，包含多个相互有关的平衡，其中有些物质同时参加多个平衡。在多重平衡系统中，相关反应的 $K^{\ominus}$ 间具有确定的关系；参与多个平衡的物种的浓度(分压)只能有 1 个，且其满足所参与的平衡。

如：反应(3)＝反应(1)＋反应(2)，则：$K^{\ominus}(3)=K^{\ominus}(1)\cdot K^{\ominus}(2)$。即总反应的标准平衡常数等于各分反应标准平衡常数的乘积。

(2)作用：根据有关已知反应的标准平衡常数求算相关较复杂反应的标准平衡常数。

4. 平衡转化率(α)

$$\alpha=\frac{c_0-c^{eq}}{c_0}$$

5. 化学平衡的移动

(1)原因：当外界条件改变时，原有平衡被破坏，使 Q 与 $K^{\ominus}$ 不等，而使平衡发生移动，达到新的平衡。

(2)影响因素：浓度、压力和温度。

①浓度影响：通过改变 Q 实现平衡移动。

作用结果：增加反应物浓度或减小产物的浓度，平衡正向移动；反之，逆向移动。

②压力影响：对有气体参加或生成的反应才起作用，也是通过改变 Q 实现平衡移动。

作用结果：增大总压力，平衡向气体分子数减小的方向移动；减小总压力，平衡向气体分子数增大的方向移动。

③温度影响：通过改变 $K^{\ominus}$ 实现平衡移动。

范特荷夫(Van't Hoff)方程式： $\ln K^{\ominus}=-\frac{\Delta_r H_m^{\ominus}}{RT}+\frac{\Delta_r S_m^{\ominus}}{R}$

作用：利用 $\ln K^{\ominus}$-$1/T$ 曲线，可根据直线的斜率计算出反应的 $\Delta_r H_m^{\ominus}$，根据直线的截距计算出反应的 $\Delta_r S_m^{\ominus}$。

$K^{\ominus}$ 与 T 的关系： $\ln\frac{K^{\ominus}(2)}{K^{\ominus}(1)}=\frac{\Delta_r H_m^{\ominus}}{R}\left(\frac{T_2-T_1}{T_1 T_2}\right)$

作用：计算反应的 $\Delta_r H_m^{\ominus}$ 和指定温度下反应的 $K^{\ominus}$。

克拉贝龙-克劳修斯(Clapeyron-Clausis)方程： $\ln\frac{p_2}{p_1}=\frac{\Delta_{vap} H_m^{\ominus}}{R}\left(\frac{T_2-T_1}{T_1 T_2}\right)$

作用：可用来计算指定压力下的纯液体的沸点。

作用结果：升高温度，平衡向吸热反应方向移动；降低温度，平衡向放热反应方向移动。

④里·查德里(LeChatelier)原理：假如改变平衡体系的条件之一，如浓度、温度或压力，平衡向减弱这个改变的方向移动。

注意事项：只能应用在已经达到平衡的体系。

典型例题

例 5-1 判断下列叙述是否正确：

(1)化学反应商 Q 和标准平衡常数 $K^\ominus$ 的单位均为 1；

(2)对 $\Delta_r H_m^\ominus<0$ 的反应，温度越高，$K^\ominus$ 越小，$\Delta_r G_m^\ominus$ 越大；

(3)一定温度下，两反应的标准摩尔吉布斯自由能之间的关系为 $\Delta_r G_m^\ominus(1)=2\Delta_r G_m^\ominus(2)$，则两反应标准平衡常数间关系为：$K^\ominus(2)=[K^\ominus(1)]^2$。

解：(1)正确；(2)错误；(3)错误。

例 5-2 673 K 时，反应 $N_2(g)+3H_2(g)=2NH_3(g)$ 的 $K^\ominus=5.8\times10^{-4}$，则反应

$$NH_3(g)=\frac{1}{2}N_2(g)+\frac{3}{2}H_2(g)$$

的 $K^\ominus=$________。

解：$K^\ominus=41.5$。

例 5-3 写出下列反应的标准平衡常数表达式：

(1)$2NaHCO_3(s)=Na_2CO_3(s)+CO_2(g)+H_2O(g)$；

(2)$Fe(s)+2H^+(aq)=Fe^{2+}(aq)+H_2(g)$；

(3)$CS_2(l)+3Cl_2(g)=CCl_4(l)+S_2Cl_2(l)$；

(4)$2Na_2CO_3(s)+5C(s)+2N_2(g)=4NaCN(s)+3CO_2(g)$。

解：(1)$K^\ominus=[p(CO_2)/p^\ominus][p(H_2O)/p^\ominus]$；(2)$K^\ominus=\dfrac{[c(Fe^{2+})/c^\ominus][p(H_2)/p^\ominus]}{[c(H^+)/c^\ominus]^2}$；

(3)$K^\ominus=\dfrac{1}{[p(Cl_2)/p^\ominus]^3}$；　　(4)$K^\ominus=\dfrac{[p(CO_2)/p^\ominus]^3}{[p(N_2)/p^\ominus]^2}$。

例 5-4 已知下列反应在指定温度的 $\Delta_r G_m^\ominus$ 和 $K^\ominus$：

(1)$N_2(g)+\frac{1}{2}O_2(g)=N_2O(g)$，$\Delta_r G_m^\ominus(1)$，$K^\ominus(1)$；

(2)$N_2O_4(g)=2NO_2(g)$，$\Delta_r G_m^\ominus(2)$，$K^\ominus(2)$；

(3)$\frac{1}{2}N_2(g)+O_2(g)=NO_2(g)$，$\Delta_r G_m^\ominus(3)$，$K^\ominus(3)$；

则反应 $2N_2O(g)+3O_2(g)=2N_2O_4(g)$ 的 $\Delta_r G_m^\ominus=$________，$K^\ominus=$________。

解：4×(3)－2×(1)－2×(2)得所求反应式，故：

$$\Delta_r G_m^\ominus=4\Delta_r G_m^\ominus(3)-2\Delta_r G_m^\ominus(1)-2\Delta_r G_m^\ominus(2)$$

$$K^\ominus=\frac{[K^\ominus(3)]^4}{[K^\ominus(1)]^2[K^\ominus(2)]^2}$$

例 5-5 在 1 L 容器中，将 2.659 g $PCl_5(g)$ 加热分解为 $PCl_3(g)$ 和 $Cl_2(g)$，在 523 K 时达到平衡后，总压力为 101.3 kPa，求 PCl_5 的分解率和 $K^\ominus$。

解：2.659 g 的 PCl_5 物质的量为 0.013 mol。设平衡时 PCl_3 的物质的量为 x mol。

	$PCl_5(g)$ =	$PCl_3(g)$ +	$Cl_2(g)$
起始时物质的量/mol	0.013	0	0
平衡时物质的量/mol	$0.013-x$	x	x

由 $pV=nRT$ 得：

$$p(PCl_5)=[(0.013-x)\times523\ K\times8.314\ kPa\cdot L\cdot K^{-1}\cdot mol^{-1}]/1\ L$$

$$p(PCl_3)=(x\times523\ K\times8.314\ kPa\cdot L\cdot K^{-1}\cdot mol^{-1})/1\ L$$

$$p(Cl_2)=(x\times523\ K\times8.314\ kPa\cdot L\cdot K^{-1}\cdot mol^{-1})/1\ L$$

再由 $p_{总}=p(PCl_5)+p(PCl_3)+p(Cl_2)=101.3\ kPa$ 解得：$x=0.01$

则：$p(PCl_5)=[(0.013-0.01)mol\times523\ K\times8.314\ kPa\cdot L\cdot K^{-1}\cdot mol^{-1}]/1\ L$
$=13.04\ kPa$

$p(PCl_3)=p(Cl_2)=(0.01\ mol\times523\ K\times8.314\ kPa\cdot L\cdot K^{-1}\cdot mol^{-1})/1\ L$
$=43.48\ kPa$

PCl_5 的分解率 $\alpha=0.01/0.013=76.92\%$

$$K^{\ominus}=[p(PCl_3)/p^{\ominus}][p(Cl_2)/p^{\ominus}]/[p(PCl_5)/p^{\ominus}]=\left(\frac{0.434\ 8\times0.434\ 8}{0.130\ 4}\right)$$
$$=1.474$$

例 5-6 求 298 K 时反应 $2SO_2(g)+O_2(g)=2SO_3(g)$ 的 $K^{\ominus}$。已知：$\Delta_fG_m^{\ominus}(SO_2)=-300.2\ kJ\cdot mol^{-1}$，$\Delta_fG_m^{\ominus}(SO_3)=-371.1\ kJ\cdot mol^{-1}$。

解：该反应的
$$\Delta_rG_m^{\ominus}=2\Delta_fG_m^{\ominus}(SO_3)-2\Delta_fG_m^{\ominus}(SO_2)-\Delta_fG_m^{\ominus}(O_2)$$
$$=2\times(-371.1\ kJ\cdot mol^{-1})-2\times(-300.2\ kJ\cdot mol^{-1})$$
$$=-141.8\ kJ\cdot mol^{-1}$$

由 $\Delta_rG_m^{\ominus}(T)=-RT\ln K^{\ominus}$ 代入数据求得 $K^{\ominus}=7.2\times10^{24}$。

例 5-7 恒温恒容下，$2GeO(g)+W_2O_6(g)=2GeWO_4(g)$，若反应开始时，GeO 和 W_2O_6 的分压均为 100.0 kPa，平衡时 $GeWO_4(g)$ 的分压为 98.0 kPa. 求平衡时 GeO 和 W_2O_6 的分压以及反应的标准平衡常数。

解：

	$2GeO(g)$ +	$W_2O_6(g)$ =	$2GeWO_4(g)$
开始压力/kPa	100.0	100.0	0
变化压力/kPa	98.0	98.0/2	98.0
平衡压力/kPa	100.0−98.0	100.0−98.0/2	98.0

$$p(GeO)=100.0-98.0=2.0\ kPa$$

$$p(W_2O_6)=100.0-98.0/2=51.0\ kPa$$

$$K^{\ominus}=\frac{[p(GeWO_4)/p^{\ominus}]^2}{[p(GeO)/p^{\ominus}]^2[p(W_2O_6)/p^{\ominus}]}=\frac{(98.0\ kPa/100\ kPa)^2}{(2.0\ kPa/100\ kPa)^2(51.0\ kPa/100\ kPa)}$$
$$=4.7\times10^3$$

例 5-8 (1)写出反应 $O_2(g)=O_2(aq)$ 的标准平衡常数表达式。已知 20℃、$p(O_2)=101\ kPa$时，氧气在水中溶解度为 $1.38\times10^{-3}\ mol\cdot L^{-1}$，计算以上反应在 20℃时的 $K^{\ominus}$，并计算 20℃时与 101 kPa 大气平衡的水中氧的浓度 $c(O_2)$。[大气中 $p(O_2)=21.0\ kPa$]

(2)已知血红蛋白(Hb)氧化反应 $Hb(aq)+O_2(g)=HbO_2(aq)$在 20℃时 $K^{\ominus}=85.5$，计

算下列反应的 $K^{\ominus}(293\ K)$：$Hb(aq)+O_2(aq)=HbO_2(aq)$。

解：(1)
$$K^{\ominus}=\frac{c(O_2)/c^{\ominus}}{p(O_2)/p^{\ominus}}$$

$$K^{\ominus}(293\ K)=\frac{1.38\times10^{-3}\ mol\cdot L^{-1}/1\ mol\cdot L^{-1}}{101\ kPa/100\ kPa}=1.37\times10^{-3}$$

$p(O_2)=21.0$ kPa 时：

$$K^{\ominus}(293\ K)=\frac{c(O_2)/c^{\ominus}}{0.21}=1.37\times10^{-3}$$

故 $c(O_2,aq)=2.88\times10^{-4}mol\cdot L^{-1}$。

(2)
$$K^{\ominus}=\frac{85.5}{1.37\times10^{-3}}=6.24\times10^{4}$$

例 5-9 已知 $\Delta_f H_m^{\ominus}(NO,g)=90.25\ kJ\cdot mol^{-1}$，在 2 273 K 时，反应 $N_2(g)+O_2(g)=2NO(g)$ 的 $K^{\ominus}=0.100$。在2 273 K 时，若 $p(N_2)=p(O_2)=10$ kPa，$p(NO)=20$ kPa，反应商 Q=________，反应向________方向自发；在2 000 K 时，若 $p(NO)=p(N_2)=10$ kPa，$p(O_2)=100$ kPa，反应商 Q=________，反应向________方向自发。

解：2 273 K 时：$Q=4$，逆向自发；2 000 K 时，因 $\Delta_r H_m^{\ominus}>0$，故 $K^{\ominus}(2\ 000\ K)<0.1$，$Q=0.1$，反应逆向自发。

例 5-10 已知反应 $H_2(g)+I_2(g)=2HI(g)$，在 350 ℃时的标准平衡常数为 66.9，在 448 ℃时的标准平衡常数是 50.0。问正反应是吸热反应还是放热反应，并解释之。

解：由
$$\ln\frac{K^{\ominus}(2)}{K^{\ominus}(1)}=\frac{\Delta_r H_m^{\ominus}}{R}\left(\frac{T_2-T_1}{T_1T_2}\right)$$

$$\ln\frac{50.0}{66.9}=\frac{\Delta_r H_m^{\ominus}}{8.314\ J\cdot K^{-1}\cdot mol^{-1}}\left(\frac{721.15\ K-623.15\ K}{721.15\ K\times623.15\ K}\right)$$

可得
$$\Delta_r H_m^{\ominus}=-1.11\times10^{4}\ kJ\cdot mol^{-1}$$

故正反应为放热反应。

例 5-11 383 K 时，反应 $Ag_2CO_3(s)=Ag_2O(s)+CO_2(g)$ 的 $\Delta_r G_m^{\ominus}=14.8\ kJ\cdot mol^{-1}$，求此反应的 $K^{\ominus}(383\ K)$；在 383 K 烘干 $Ag_2CO_3(s)$ 时，为防止其受热分解，空气中 $p(CO_2)$ 最低应为多少 kPa？

解：$Ag_2CO_3(s)=Ag_2O(s)+CO_2(g)$

$$\Delta_r G_m^{\ominus}(383\ K)=14.8\ kJ\cdot mol^{-1}$$

$$\ln K^{\ominus}(383\ K)=-\Delta_r G_m^{\ominus}(383\ K)/RT=-4.65$$

$$K^{\ominus}(383\ K)=9.56\times10^{-3}$$

$$K^{\ominus}=p(CO_2)/p^{\ominus}$$

为防止反应正向自发，应保证 $Q>K^{\ominus}$，故：$p(CO_2)>0.956$ kPa。

例 5-12 根据有关热力学数据，近似计算 $CCl_4(l)$ 在 101.3 kPa 压力下和 20 kPa 压力下的沸腾温度。已知 $\Delta_f H_m^{\ominus}(CCl_4,g,298\ K)=-102.93\ kJ\cdot mol^{-1}$，$S_m^{\ominus}(CCl_4,g,298\ K)=309.74\ J\cdot K^{-1}\cdot mol^{-1}$，$\Delta_f H_m^{\ominus}(CCl_4,l,298\ K)=-135.4\ kJ\cdot mol^{-1}$，$S_m^{\ominus}(CCl_4,l,298\ K)=261.4\ J\cdot K^{-1}\cdot mol^{-1}$。

解：

	$CCl_4(g)$	$CCl_4(l)$
$\Delta_f H_m^{\ominus}/(kJ \cdot mol^{-1})$	-102.93	-135.4
$S_m^{\ominus}/(J \cdot K^{-1} \cdot mol^{-1})$	309.74	216.4

$$CCl_4(l) = CCl_4(g)$$

$$\Delta_r H_m^{\ominus} = 32.47\ kJ \cdot mol^{-1}$$

$$\Delta_r S_m^{\ominus} = 93.34\ J \cdot mol^{-1} \cdot K^{-1}$$

因为正常沸点时，$\Delta_r G_m^{\ominus}=0$。根据

$$\Delta_r G_m^{\ominus} = \Delta_r H_m^{\ominus} - T\Delta_r S_m^{\ominus}$$

所以 CCl_4 的正常沸点为 $T_1=348$ K。

根据克拉贝龙-克劳修斯方程计算，可得在 20 kPa 时，其沸点为 304 K。

例 5-13 下列说法正确的是(　　)。

A. 达到平衡时各反应物和生成物的浓度相等

B. 达到平衡时各反应物和生成物的浓度不变

C. 增大压力，平衡向着分子数减小的方向运动

D. 化学平衡状态是 $\Delta_r G_m^{\ominus}=0$ 的状态

解：答案为 B。化学平衡建立的标志是各物质浓度不再随时间变化而改变，而不是指各反应物和生成物的浓度相等，因此 A 错误。增大压力，平衡向着气体分子数减小的方向移动，因此 C 错误。化学平衡状态是 $\Delta_r G_m=0$ 的状态，而非 $\Delta_r G_m^{\ominus}=0$，因此 D 也不正确。

例 5-14 若有一可逆反应 $2A(g)+2B(g)=C(g)+2D(g)$，$\Delta_r H_m^{\ominus}<0$，A 和 B 有最大转化率的条件是(　　)。

A. 高温高压　　B. 低温高压　　C. 低温低压　　D. 高温低压

解：答案为 B。要使得 A 和 B 有最大转化率的条件，则平衡需正向移动。由题意可知：该正反应为气体分子数减小的放热反应。根据化学平衡移动条件可得答案为 B。

例 5-15 判断下列说法是否正确，并给出理由。

(1) 一定温度下两反应的 $\Delta_r G_m^{\ominus}(1)=\frac{1}{2}\Delta_r G_m^{\ominus}(2)$，则两反应的 $K^{\ominus}(1)=[K^{\ominus}(2)]^{1/2}$。

(2) 改变压力、温度、浓度和催化剂，均可以使化学平衡移动。

解：(1) 正确。由 $\Delta_r G_m^{\ominus}=-RT\ln K^{\ominus}$ 可知，上式成立。

(2) 错误。温度和浓度的改变可以使化学平衡移动；压力只对有气体参加，且反应前后气体物质分子数不等的可逆反应才起作用；催化剂同等程度影响正逆反应速率，不改变化学平衡。

例 5-16 已知反应

(1)　　$C(s)+\frac{1}{2}O_2(g)=CO(g)$　　$K_1^{\ominus}$

(2)　　$2CO(g)+O_2(g)=2CO_2(g)$　　$K_2^{\ominus}$

则反应(3)　　$C(s)+O_2(g)=CO_2(g)$ 的 $K^{\ominus}=$ ________。

解：答案为 $K_1^{\ominus}\cdot(K_2^{\ominus})^{1/2}$。此题为多重平衡系统中相关反应的 $K^{\ominus}$ 之间关系问题。

根据题意可知：反应(3)＝反应(1)＋$\frac{1}{2}$反应(2)。

再由 $\Delta_r G_m^\ominus(3)=\Delta_r G_m^\ominus(1)+\frac{1}{2}\Delta_r G_m^\ominus(2)$，以及 $\Delta_r G_m^\ominus=-RT\ln K^\ominus$，可得：

$$K^\ominus=K_1^\ominus\cdot(K_2^\ominus)^{1/2}$$

例 5-17 若反应 $C(s)+H_2O(g)=CO(g)+H_2(g)$，$\Delta_r H_m^\ominus=121\ kJ\cdot mol^{-1}$，达到平衡时，若增加体系的总压力，平衡将________移动；若提高体系温度，平衡将________移动；若增加一些 C(s)平衡将________移动。

解：第一个空填：<u>逆向</u>，因为反应物中气体物质的化学计量数为 1，生成物中气体物质的化学计量数为 2；第二个空填：<u>正向</u>，因为正反应是吸热反应（$\Delta_r H_m^\ominus>0$），所以升高温度，平衡将正向移动；第三个空填：<u>不</u>，因为 C 为固相，所以增加一些 C 平衡将不移动。

例 5-18 已知某反应的标准平衡常数 $K^\ominus$ 表达式为 $\ln K^\ominus=-200/T+10$，则该反应的 $\Delta_r H_m^\ominus=$________ $kJ\cdot mol^{-1}$，$\Delta_r S_m^\ominus=$________ $J\cdot mol^{-1}\cdot K^{-1}$。

解：1.662 8；83.14。

由 $\ln K^\ominus=-\frac{\Delta_r G_m^\ominus}{RT}=-\frac{\Delta_r H_m^\ominus}{RT}+\frac{\Delta_r S_m^\ominus}{R}$，与 $\ln K^\ominus=-200/T+10$ 相比，

可得 $\frac{\Delta_r H_m^\ominus}{R}=200$，则 $\Delta_r H_m^\ominus=1.662\ 8\ kJ\cdot mol^{-1}$；

$\frac{\Delta_r S_m^\ominus}{R}=10$，则 $\Delta_r S_m^\ominus=83.14\ J\cdot mol^{-1}\cdot K^{-1}$。

例 5-19 在一个温度一定的密闭容器中，压力为 100 kPa 的 NO_2 发生如下反应：$2NO_2(g)=N_2O_4(g)$，若经过一段时间后达到平衡，容器内压力为 85 kPa，则 NO_2 的转化率（α）为多少？该温度下的 $K^\ominus$ 为多少？

解：

	$2NO_2(g)$	$=$	$N_2O_4(g)$
起始压力/kPa：	100		0
变化压力/kPa：	$2x$		x
平衡压力/kPa：	$100-2x$		x

平衡时：$p_{总}=p(NO_2)+p(N_2O_4)$

$=100\ kPa-2x+x=100\ kPa-x=85\ kPa$

$x=15\ kPa$

$p(NO_2)=100\ kPa-2x=100\ kPa-2\times15\ kPa=70\ kPa$

$p(N_2O_4)=x=15\ kPa$

$$\alpha=\frac{p_0-p}{p_0}\times100\%=\frac{2\times15\ kPa}{100\ kPa}\times100\%=30\%$$

$$K^\ominus=\frac{[p(N_2O_4)/p^\ominus]}{[p(NO_2)/p^\ominus]^2}=\frac{0.15}{0.70^2}=0.31$$

例 5-20 在1 000 K 时，反应 $FeO(s)+CO(g)=Fe(s)+CO_2(g)$ 的 $K^\ominus=0.20$，在装有 1.0 mol FeO(s)的密闭容器中通入 CO(g)，反应平衡时要得到 0.5 mol Fe(s)，问：开始应通入多少摩尔的 CO(g)？

解：根据 $K^\ominus$ 的表达式可以求出开始时应通入的 CO(g)的用量。但需注意，反应中固体

不应写入 $K^{\ominus}$ 的表达式。

$$FeO(s)+CO(g)=Fe(s)+CO_2(g)$$

起始时物质的量/mol　　　x　　　0

平衡时物质的量/mol　　　$x-0.5$　　　0.5

由 $pV=nRT$ 可得：$p(CO)=n(CO)RT/V=(x-0.5)RT/V$

$$p(CO_2)=n(CO_2)RT/V=0.5RT/V$$

$$K^{\ominus}=\frac{[p(CO_2)/p^{\ominus}]}{[p(CO)/p^{\ominus}]}=\frac{0.5}{x-0.5}=0.20$$

得 $x=3.0$ mol。

例 5-21　已知 $CaCO_3(s)=CaO(s)+CO_2(g)$，在 973 K 时 $K^{\ominus}=3.0\times10^{-2}$，在1 173 K 时 $K^{\ominus}=1.0$，则(1)上述反应是吸热还是放热反应？(2)该反应的 $\Delta_r H_m^{\ominus}$ 等于多少？

解：(1)根据里·查德里原理，温度升高，$K^{\ominus}$ 增大。可以判断此反应为吸热反应。

(2)由
$$\ln\frac{K^{\ominus}(2)}{K^{\ominus}(1)}=\frac{\Delta_r H_m^{\ominus}}{R}\left(\frac{T_2-T_1}{T_1T_2}\right)$$

可得：
$$\ln\frac{1.0}{3.0\times10^{-2}}=\frac{\Delta_r H_m^{\ominus}}{8.314\ \mathrm{J\cdot K^{-1}\cdot mol^{-1}}}\left(\frac{1\ 173\ \mathrm{K}-973\ \mathrm{K}}{1\ 173\ \mathrm{K}\times973\ \mathrm{K}}\right)$$

$$\Delta_r H_m^{\ominus}=1.7\times10^2\ \mathrm{kJ\cdot mol^{-1}}$$

单元测试

(一)判断题

1. 任何一个可逆的化学反应，当达到平衡时各反应物和生成物的浓度等于常数。(　　)
2. 标准平衡常数是正逆反应在平衡时的常数，不管是正反应还是逆反应标准平衡常数只有一个。(　　)
3. 反应物浓度增加越多，反应的转化率也总是越高，变成产物也越完全。(　　)
4. 工业上生产 SO_3 通常在高温下使 SO_2 氧化，升高温度的目的，并不是为了提高平衡的转化率。(　　)
5. 反应商 Q 随反应的进行而变化。(　　)

(二)选择题

1. 某一温度下，反应 $2SO_2(g)+O_2(g)=2SO_3(g)$ 达平衡时，下列说法准确的是(　　)。

   A. SO_2 不再发生反应

   B. 2 mol SO_2 和 1 mol O_2 反应，生成 2 mol SO_3

   C. SO_2，O_2，SO_3 浓度相等

   D. SO_2 和 O_2 生成 SO_3 的速度等于 SO_3 分解的速度

2. 若有一可逆反应 $2A(g)+2B(s)=C(g)+2D(g)$，$\Delta_r H_m^{\ominus}<0$，A 有最大转化率的条件为(　　)。

   A. 高温高压　　B. 低温高压　　C. 低温低压　　D. 高温低压

3. 已知 $N_2O_4(g)=2NO_2(g)$，$\Delta_r H_m^\ominus>0$。则 $K^\ominus$ 与温度 T 的关系是(　　)。

A. $K^\ominus$ 与 T 无关　　B. T 升高 $K^\ominus$ 变小

C. T 升高 $K^\ominus$ 变大　　D. 无法判断

4. 可逆反应 $AX(g)=A(g)+X(g)$ 为吸热反应。达平衡后，平衡向右移动的条件为(　　)。

A. 降低温度和压力　　B. 升高温度和压力

C. 降低温度，升高压力　　D. 升高温度，降低压力

5. 383 K 时反应 $2NO_2(g)=N_2O_4(g)$ 的 $K^\ominus=4.0\times10^{-2}$，此温度下逆反应的 $K^\ominus$ 为(　　)。

A. 25　　B. 4.0×10^{-2}　　C. 2.0×10^{-2}　　D. 2.5×10^{-3}

6. 某种温度时，下列前三个反应的标准平衡常数分别为 $K^\ominus(1)$、$K^\ominus(2)$ 和 $K^\ominus(3)$，则第四个反应的 $K^\ominus$ 等于(　　)。

① $CoO(s)+CO(g)=Co(s)+CO_2(g)$

② $CO_2(g)+H_2(g)=CO(g)+H_2O(l)$

③ $H_2O(l)=H_2O(g)$

④ $CoO(s)+H_2(g)=Co(s)+H_2O(g)$

A. $K^\ominus(1)+K^\ominus(2)+K^\ominus(3)$　　B. $K^\ominus(1)-K^\ominus(2)-K^\ominus(3)$

C. $K^\ominus(1)\cdot K^\ominus(2)\cdot K^\ominus(3)$　　D. $K^\ominus(1)\cdot K^\ominus(2)/K^\ominus(3)$

7. 在一定温度下，反应 $H_2(g)+CO_2(g)=CO(g)+H_2O(g)$ 的 $K^\ominus=3.24$。在该温度时将 0.300 mol H_2 和 0.300 mol CO_2 充入 1.00 L 的容器中，当体系达到平衡时，CO 的浓度($mol\cdot L^{-1}$)将是(　　)。

A. 0.193　　B. 0.247　　C. 0.514　　D. 0.611

8. 温度一定时，增加气体平衡系统中的总压力，测得 $Q=K^\ominus$，这表明 $\sum_B \nu_B(g)$(　　)。

A. 大于 0　　B. 等于 0　　C. 小于 0　　D. 无法判断

9. 已知反应 $C(s)+CO_2(g)=2CO(g)$ 的 $K^\ominus$ 在1 000 K 时为 4.0，在 900 K 时为 0.45，则此时反应的 $\Delta_r H_m^\ominus$ 为(　　)。

A. $\Delta_r H_m^\ominus<0$　　B. $\Delta_r H_m^\ominus=0$　　C. $\Delta_r H_m^\ominus>0$　　D. 无法判断

(三)填空题

1. 已知反应 $C(s)+2H_2O(g)=CO_2(g)+2H_2(g)$ 的标准平衡常数为 $K^\ominus=A$，则下列各反应的标准平衡常数为：$CO_2(g)+2H_2(g)=C(s)+2H_2O(g)$ 的 $K^\ominus=$________；$\frac{1}{2}C(s)+H_2O(g)=\frac{1}{2}CO_2(g)+H_2(g)$ 的 $K^\ominus=$________。

2. 反应 $MnO_2(s)+4H^+(aq)+2Cl^-(aq)=Mn^{2+}(aq)+Cl_2(g)+2H_2O(l)$ 的标准平衡常数 $K^\ominus$ 的表达式为________________。

3. 根据 $\Delta_r G_m=RT\ln\frac{Q}{K^\ominus}$，当 $Q>K^\ominus$ 时，化学平衡向________移动；当 $Q=K^\ominus$ 时，反应达到________状态；当 $Q<K^\ominus$ 时，平衡向________移动。

4. 在 400 K 时的真空容器中，$NH_4Cl(s)=NH_3(g)+HCl(g)$ 反应达到平衡时，总压 $p=100$ kPa，其 $K^\ominus=$________。

5. 已知 $\Delta_f H_m^\ominus(NO)=90.25\ kJ\cdot mol^{-1}$，在 2 273 K 时，反应 $N_2(g)+O_2(g)=2NO(g)$ 的 $K^\ominus$ 为 0.10，则在 2 000 K 时 $K^\ominus=$________，若 2 000 K 时 $p(NO)=p(N_2)=100\ kPa$，$p(O_2)=1\ kPa$，反应商 $Q=$________，$\Delta_r G_m=$________，反应________向自发。

6. 在一定温度和压力下，将一定量的 PCl_5 气体注入体积为 1.0 L 的容器中，平衡时有 50% 分解为气态 PCl_3 和 Cl_2。若增大体积，分解率将________；保持体积不变，加入 Cl_2 使压力增大，分解率将________。

7. 已知反应：$2NO(g)+Br_2(g)=2NOBr(g)$ 是放热反应。某温度时，$K^\ominus=116$。若反应开始时，$p(NO)=10.00\ kPa$，$p(Br_2)=1.00\ kPa$，$p(NOBr)=4.60\ kPa$，则反应商 $Q=$________，反应________向进行。

8. 反应：$C(s)+O_2(g)=CO_2(g)$ 达到平衡时，保持体积不变，向系统中加入 C(s)，平衡将________移动，若增大系统的总压，平衡将________移动。该反应的 $\Delta_r H_m^\ominus<0\ kJ\cdot mol^{-1}$，则升高温度，平衡将________移动。

(四)计算题

1. NH_4Cl 按下式分解：$NH_4Cl(s)=NH_3(g)+HCl(g)$。298 K 时，$\Delta_r G_m^\ominus=92\ kJ\cdot mol^{-1}$，求上述平衡体系中的总压力。

2. 超音速飞机燃料燃烧时排出的废气中含有 NO 气体，NO 可直接破坏臭氧层，反应如下所示：$NO(g)+O_3(g)=NO_2(g)+O_2(g)$，已知 100 kPa、298.15 K 时 NO、O_3 和 NO_2 的 $\Delta_f G_m^\ominus$ 分别为 86.57、163.18 和 51.30 $kJ\cdot mol^{-1}$，求该温度下此反应的 $\Delta_r G_m^\ominus$ 和 $K^\ominus$。

3. $NH_4HS(s)=NH_3(g)+H_2S(g)$ 为吸热反应。298 K 时，将 5.258 9 g 固体 NH_4HS 样品放入一个 3.00 L 的真空容器中，经过足够时间后建立平衡，容器内的总压是 66.7 kPa，一些固体 NH_4HS 保留在容器中。

(1)计算 298 K 时的 $K^\ominus$。

(2)容器中的固体 NH_4HS 的分解百分率是多少？

(3)如果容器体积减半，容器中的 NH_4HS 物质的量是增大、减少还是保持不变？

4. 已知平衡体系 $CO_2(g)+C(s)=2CO(g)$ 在 $T=1\ 073$ K，总压力为 260 kPa 时，含 CO_2 26.45%，若 $T=1\ 473$ K，总压力为 232 kPa 时含 CO_2 6.92%，计算该反应的热效应。

参考答案

(一)判断题

1. × 2. × 3. × 4. √ 5. √

(二)选择题

1. D 2. B 3. C 4. D 5. A 6. C 7. A 8. B 9. C

(三)填空题

1. $1/A$；$A^{1/2}$。

2. $K^\ominus=\dfrac{[c(Mn^{2+})/c^\ominus][p(Cl_2/p^\ominus)]}{[c(H^+)/c^\ominus]^4[c(Cl^-)/c^\ominus]^2}$。

3. 逆向；平衡；正向。

4. 0.25。

5. 0.027；100；136.6 $kJ\cdot mol^{-1}$；逆。

6. 增大；减小。

7. 21.16；正。

8. 不；不；逆向。

(四)计算题

1. 解：

$$\Delta_r G_m^\ominus = -RT\ln K^\ominus$$

$$\ln K^\ominus = -\frac{\Delta_r G_m^\ominus}{RT} = -\frac{92\times10^3\ \text{J}\cdot\text{mol}^{-1}}{8.314\ \text{J}\cdot\text{K}^{-1}\cdot\text{mol}^{-1}\times298\ \text{K}} = -37.13$$

$$K^\ominus = 7.47\times10^{-17}$$

$$K^\ominus = [p(NH_3)/p^\ominus][p(HCl)/p^\ominus] = [p(\text{总})/(p^\ominus)]^2$$

$$p(\text{总}) = 1.73\times10^{-6}\ \text{kPa}$$

2. (1) $\Delta_r G_m^\ominus = \Delta_f G_m^\ominus(NO_2) + \Delta_f G_m^\ominus(O_2) - \Delta_f G_m^\ominus(NO) - \Delta_f G_m^\ominus(O_3)$

$= 51.30\ \text{kJ}\cdot\text{mol}^{-1} + 0 - 163.18\ \text{kJ}\cdot\text{mol}^{-1} - 86.57\ \text{kJ}\cdot\text{mol}^{-1}$

$= -198.45\ \text{kJ}\cdot\text{mol}^{-1}$

(2) $\Delta_r G_m^\ominus = -RT\ln K^\ominus$

$$\ln K^\ominus = -\frac{\Delta_r G_m^\ominus}{RT} = -\frac{-198.45\times10^3\ \text{J}\cdot\text{mol}^{-1}}{8.314\ \text{J}\cdot\text{K}^{-1}\cdot\text{mol}^{-1}\times298.15\ \text{K}} = 80.06$$

$K^\ominus = 5.87\times10^{34}$

3. (1) $K^\ominus = [p(NH_3)/p^\ominus][p(H_2S)/p^\ominus] = [p(\text{总})/(2p^\ominus)]^2$

$$= \left(\frac{66.7\ \text{kPa}}{100\ \text{kPa}\times2}\right)^2 = 0.111\ 2$$

(2) 分解的 $NH_4HS(s)$ 的物质的量为

$$n = \frac{pV}{RT} = \frac{(66.7\ \text{kPa}\div2)\times3.00\ \text{L}}{8.314\ \text{kPa}\cdot\text{L}\cdot\text{mol}^{-1}\cdot\text{K}^{-1}\times298\ \text{K}} = 0.040\ 4\ \text{mol}$$

$NH_4HS(s)$ 的分解百分率

$$\alpha = \frac{\text{分解的物质的量}}{\text{总的物质的量}}\times100\%$$

$$= \frac{0.040\ 4\ \text{mol}}{(5.258\ 9\ \text{g}\div51.112\ \text{g}\cdot\text{mol}^{-1})}\times100\% = 39.3\%$$

(3) 容器的体积减半，总压增大，平衡向左发生移动，$NH_4HS(s)$ 的物质的量增大。

4. $$K^\ominus(1\ 073\ \text{K}) = \frac{[p(CO)/p^\ominus]^2}{[p(CO_2)/p^\ominus]} = \frac{[260\ \text{kPa}\times(1-0.264\ 5\ \text{kPa})/100\ \text{kPa}]^2}{[260\ \text{kPa}\times0.264\ 5/100\ \text{kPa}]} = 5.318$$

$$K^\ominus(1\ 473\ \text{K}) = \frac{[p(CO)/p^\ominus]^2}{[p(CO_2)/p^\ominus]} = \frac{[232\ \text{kPa}\times(1-0.069\ 2)/100\ \text{kPa}]^2}{[232\ \text{kPa}\times0.069\ 2/100\ \text{kPa}]} = 29.047$$

$$\ln\frac{K^\ominus(T_2)}{K^\ominus(T_1)} = \frac{\Delta_r H_m^\ominus}{R}\left(\frac{T_2-T_1}{T_1T_2}\right)$$

$$\Delta_r H_m^\ominus = R\ln\frac{K^\ominus(1\ 073\ \text{K})}{K^\ominus(1\ 473\ \text{K})}\div\left(\frac{1\ 073\ \text{K}-1\ 473\ \text{K}}{1\ 073\ \text{K}\times\ 1\ 473\ \text{K}}\right)\times10^{-3}$$

$$= 8.314\ \text{J}\cdot\text{K}^{-1}\cdot\text{mol}^{-1}\times\ln\frac{5.318}{29.047}\div\left(\frac{1\ 073\ \text{K}-1\ 473\ \text{K}}{1\ 073\ \text{K}\times1\ 473\ \text{K}}\right)\times10^{-3}$$

$$= 55.77\ \text{kJ}\cdot\text{mol}^{-1}$$

Chapter 6 第 6 章

化学动力学基础

Primary Concept Chemical Kinetics

内容要点

1. 化学反应速率表示法

反应速率:反应物转化为生成物的快慢。通常用单位时间内反应物浓度的减少或生成物浓度的增加来表示。

设 Δc 为反应物或生成物在 Δt 时间内浓度的改变量,则

化学反应的平均速率可表示如下:

$$\bar{v}=\pm\frac{\Delta c}{\Delta t}$$

化学反应的瞬时速率可表示如下:

$$v=\pm\lim_{\Delta t\to 0}\frac{\Delta c}{\Delta t}=\pm\frac{\mathrm{d}c}{\mathrm{d}t}$$

对于反应物取负值,对生成物取正值。

由于当反应式中各物质的化学计量数不同时,以不同物质的浓度变化表示反应速率时不同,所以常用单位时间内反应物或生成物浓度的改变量与化学计量数的比来表示反应速率。对于化学反应:

$$a\mathrm{A}+b\mathrm{B}=y\mathrm{Y}+z\mathrm{Z}$$

平均反应速率可表示如下:

$$\bar{v}=\frac{\Delta c_{\mathrm{A}}}{a\Delta t}=\frac{\Delta c_{\mathrm{B}}}{b\Delta t}=\frac{\Delta c_{\mathrm{Y}}}{y\Delta t}=\frac{\Delta c_{\mathrm{Z}}}{z\Delta t}$$

瞬时反应速率可表示如下:

$$v=\frac{\mathrm{d}c_{\mathrm{A}}}{a\mathrm{d}t}=\frac{\mathrm{d}c_{\mathrm{B}}}{b\mathrm{d}t}=\frac{\mathrm{d}c_{\mathrm{Y}}}{y\mathrm{d}t}=\frac{\mathrm{d}c_{\mathrm{Z}}}{z\mathrm{d}t}$$

式中：$\bar{v}$，v 分别表示化学反应的平均速率和瞬时速率。反应物的计量数为负，产物的计量数为正。

2. 化学反应机理

反应机理：化学反应所经历的途径称为反应机理或反应历程。

基元反应：反应物一步转化为生成物的反应。

非基元反应：反应物经多步转化为生成物的反应。大多数反应都是非基元反应。

一个反应是否是基元反应需要通过实验确定。

3. 浓度对反应速率的影响

改变反应物浓度（对气体物质而言增大它的压力），将增加活化分子的数量，增加有效碰撞的次数，由此加快了反应速率。浓度对反应速率的影响程度可以由速率方程体现。

对基元反应：
$$aA+bB=cC+dD$$
其速率方程为：
$$v=k\cdot c_A^a\cdot c_B^b$$
此式称为质量作用定律。式中：k 为速率常数，是反应的特性常数，它决定于反应的本性、温度和催化剂，与浓度无关。k 的单位可通过速率方程确定。a、b 分别称为反应物 A、B 的反应级数，$(a+b)$ 称为反应的反应级数。

对非基元反应：$aA+bB+cC\cdots=$产物，其速率方程可写作：

$$v=k\cdot c_A^\alpha\cdot c_B^\beta\cdot\cdots$$

式中：$\alpha,\beta,\cdots$ 为待定数值，$(\alpha+\beta+\cdots)$（即各反应物浓度的指数之和）称为该反应的反应级数。α 与 a，β 与 b，……没有确定的关系。对于非基元反应，速率方程必须通过实验确定。

若 n 为反应级数，反应速率常数的单位也可以通过下式确定：

$$(\text{物质的量浓度})^{1-n}\cdot(\text{时间})^{-1}$$

从速率方程可以看出，反应级数越大，浓度对反应速率的影响越大，若反应级数为 0，则浓度对反应速率没有影响。

4. 温度对反应速率的影响

（1）范特荷夫规则　范特荷夫（J. H. Van't Hoff）规则的内容：浓度恒定时，温度每升高 10℃，反应速率增大到原来的 2～4 倍。可由下式表示：

$$\frac{v_{(t+10)}}{v_t}=\frac{k_{(t+10)}}{k_t}=\gamma$$

$k_{(t+10)}$ 和 k_t 分别表示温度为 $(t+10)$℃ 和 t℃ 时反应的速率常数，γ 称为反应速率的温度系数，其值在 2～4 范围内。

当温度从 t℃ 升高到 $(t+n\times10)$℃ 时，则反应速率为原来的 γ^n 倍：

$$\frac{k_{(t+n\times10)}}{k_t}=\gamma^n$$

（2）阿仑尼乌斯经验公式　温度对反应速率的影响主要表现在它对速率常数的影响，其影响程度可以通过阿仑尼乌斯（Arrhenius）方程计算：

$$k = A \cdot e^{\frac{-E_a}{RT}}$$

$$\ln \frac{k_2}{k_1} = \frac{E_a}{R}\left(\frac{T_2 - T_1}{T_1 T_2}\right)$$

式中：k_1、k_2 分别是 T_1、T_2 的反应速率常数；R 为摩尔气体常数；E_a 为反应的活化能，由实验确定。

5. 化学反应速率的理论简介

(1)碰撞理论　化学反应速率的碰撞理论认为：对气相双分子基元反应 A+B→C。

①反应物分子间的相互碰撞是反应进行的先决条件：反应速率与 A、B 分子的碰撞频率 Z(单位时间、单位体积内 A、B 分子的碰撞次数)成正比，即

$$v \propto Z_0 c_A c_B$$

Z_0 为反应物浓度为 $c_A = c_B = 1\ \text{mol} \cdot \text{L}^{-1}$ 时的碰撞频率。

②碰撞中能发生反应的分子必须具备足够的能量：只有能量比反应物分子平均能量高出 E_a 的分子间的碰撞才可能发生反应，所以反应速率和这些能量足够高的分子数与反应物总分子数的比值成正比，即与能量因子 f 成正比，即

$$v \propto f Z_0 c_A c_B, f = e^{-\frac{E_a}{RT}}$$

式中：把活化分子最低能量与反应物分子平均能量之差叫作反应的活化能。E_a 是决定化学反应速率的最主要的因素。

③碰撞方位必须取向适当：反应速率与方位因子 P 成正比。

综上所述，反应速率的碰撞理论认为：

$$v = P f Z_0 c_A c_B$$

$$k = P \cdot f \cdot Z_0 = P \cdot Z_0 \cdot e^{-\frac{E_a}{RT}}$$

以上二式与速率方程、阿仑尼乌斯方程在形式上完全一致，从理论上说明了浓度、温度、催化剂对反应速率的影响，并对速率常数、活化能的物理意义做出了解释。

浓度对反应速率的影响是改变了分子间的碰撞频率 Z；温度对反应速率的影响是改变了能量因子 f；催化剂对反应速率的影响是改变了反应的活化能 E_a。

(2)过渡态理论　反应物分子首先形成中间状态的化合物——活化配合物。活化配合物极不稳定，一方面与反应物建立化学平衡，另一方面又能分解为产物。反应速率由活化配合物转化为产物的速率决定。反应物变成活化配合物时吸收的能量称为正反应的活化能 E_a，活化配合物变成产物分子释放的能量为逆反应的活化能 E'_a。化学反应热效应与二者关系为

$$\Delta H = E_a - E'_a$$

6. 催化剂对反应速率的影响

催化剂参加了化学反应，改变了反应途径，降低了反应的活化能，从而使速率常数增大，反应速率增大。此即催化作用原理。

催化剂只能改变反应到达平衡的时间，不能改变反应的热力学函数，既不能改变反应方向，也不能改变平衡状态。

典型例题

例 6-1 已知反应 $2A(g)+B(g)=3C(g)$ 在 573 K 时，A、B 的浓度与反应速率 v 的实验数据如下：

序号	$c_A/(mol \cdot L^{-1})$	$c_B/(mol \cdot L^{-1})$	$v/(mol \cdot L^{-1} \cdot s^{-1})$
(1)	0.30	0.20	2.10×10^{-4}
(2)	0.30	0.40	8.41×10^{-4}
(3)	0.90	0.40	2.53×10^{-3}

(1)试计算 573 K 时反应物 A、B 的反应级数和该反应的级数，写出反应的速率方程。

(2)计算该反应在 573 K 时的速率常数。

(3)计算当 $c_A=4.1\times10^{-2}\ mol \cdot L^{-1}$，$c_B=2.5\times10^{-3}\ mol \cdot L^{-1}$ 时的反应速率。

解：

(1)设反应速率方程式为：$v=kc_A^x c_B^y$

将表中三组数据代入上方程中，得：

$$2.10\times10^{-4}\ mol \cdot L^{-1} \cdot s^{-1}=k(0.30\ mol \cdot L^{-1})^x(0.20\ mol \cdot L^{-1})^y \quad (1)$$

$$8.41\times10^{-4}\ mol \cdot L^{-1} \cdot s^{-1}=k(0.30\ mol \cdot L^{-1})^x(0.40\ mol \cdot L^{-1})^y \quad (2)$$

$$2.53\times10^{-3}\ mol \cdot L^{-1} \cdot s^{-1}=k(0.90\ mol \cdot L^{-1})^x(0.40\ mol \cdot L^{-1})^y \quad (3)$$

由(1)式和(2)式，可解得：$y=2$

由(2)式和(3)式，可解得：$x=1$

故 573 K 时反应物 A、B 的反应级数分别为 1 和 2；该反应的级数为 3。

反应的速率方程式为：$v=kc_A c_B^2$。

(2)将任一组实验数据代入方程中，如将第一组数据代入，得

$$2.10\times10^{-4}\ mol \cdot L^{-1} \cdot s^{-1}=k(0.30\ mol \cdot L^{-1})(0.20\ mol \cdot L^{-1})^2$$

可解得：

$$k=1.75\times10^2\ mol^{-2} \cdot L^2 \cdot s^{-1}$$

故该反应的速率常数为 $1.75\times10^2\ mol^{-2} \cdot L^2 \cdot s^{-1}$。

(3)当 $c_A=4.1\times10^{-2}\ mol \cdot L^{-1}$，$c_B=2.5\times10^{-3}\ mol \cdot L^{-1}$ 时

$$v=kc_A c_B^2$$

$$=1.75\times10^2\ mol^{-2} \cdot L^2 \cdot s^{-1}\times4.1\times10^{-2}\ mol \cdot L^{-1}\times(2.5\times10^{-3}\ mol \cdot L^{-1})^2$$

$$=4.48\times10^{-9}\ mol \cdot L^{-1} \cdot s^{-1}$$

故当 $c_A=4.1\times10^{-2}\ mol \cdot L^{-1}$，$c_B=2.5\times10^{-3}\ mol \cdot L^{-1}$ 时反应速率为 $4.48\times10^{-9}\ mol \cdot L^{-1} \cdot s^{-1}$。

例 6-2 已知 NOCl(g)的分解反应

$$2NOCl(g)=2NO(g)+Cl_2(g)$$

在 300 K 时反应速率常数为 $2.80\times10^{-5}\ mol^{-1}\cdot L\cdot s^{-1}$；400 K 时反应速率常数为 $7.00\times10^{-1}\ mol^{-1}\cdot L\cdot s^{-1}$。计算此反应的活化能；500 K 时的速率常数是 400 K 时的多少倍？

解：根据阿仑尼乌斯公式　$\lg\frac{k_2}{k_1}=\frac{E_a}{2.303R}\left(\frac{T_2-T_1}{T_1T_2}\right)$

将 $T_1=300\ K$，$T_2=400\ K$，$k_1=2.80\times10^{-5}\ mol^{-1}\cdot L\cdot s^{-1}$，$k_2=7.00\times10^{-1}\ mol^{-1}\cdot L\cdot s^{-1}$ 代入上式中，解得 $E_a=1.01\times10^5\ J\cdot mol^{-1}$。

再将 $T_1=400\ K$，$T_2=500\ K$，$E_a=1.01\times10^5\ J\cdot mol^{-1}$ 代入上式中，解得：

$$k_2(500\ K)/k_1(400\ K)=434$$

故 500 K 时的速率常数是 400 K 时速率常数的 434 倍。

例 6-3 已知反应 $HI(g)+CH_3I(g)=CH_4(g)+I_2(g)$ 的活化能是 $48\ kJ\cdot mol^{-1}$，267℃ 时的速率常数为 $1.7\times10^{-5}\ mol^{-1}\cdot L\cdot s^{-1}$ 试求 367℃ 时速率常数。

解：$T_1=540\ K$，$T_2=640\ K$

根据阿仑尼乌斯公式　$\lg\frac{k_2}{k_1}=\frac{E_a}{2.303\ R}\left(\frac{T_2-T_1}{T_1T_2}\right)$

将 $T_1=540\ K$，$T_2=640\ K$，$k_1=1.7\times10^{-5}\ mol^{-1}\cdot L\cdot s^{-1}$，$E_a=48\ kJ\cdot mol^{-1}$ 代入上式中，解得：

$$k_2=9.04\times10^{-5}\ mol^{-1}\cdot L\cdot s^{-1}$$

故 367℃ 时速率常数为 $9.04\times10^{-5}\ mol^{-1}\cdot L\cdot s^{-1}$。

例 6-4 某反应当温度由 10℃升高到 20℃时，反应速率是原来的 3 倍，如果从 10℃升高到 50℃时，反应速率是原来的多少倍？

解：依题意，$\gamma=3$，

$$k(50)/k(10)=\gamma^4=3^4=81$$

故由 10℃升高到 50℃时，反应速率是原来的 81 倍。

例 6-5 若某反应 A=B+2C，对 A 来说为一级反应，$\frac{dc_B}{dt}=1.0\ mol^{-1}\cdot L\cdot s^{-1}$，

(1)写出该反应的速率方程；

(2)计算 $-\frac{dc_A}{dt}$、$\frac{dc_C}{dt}$。

解：(1)依题意，该反应的速率方程为：$v=k\cdot c_A$

根据反应式，有

$$\frac{\Delta c_A}{-\Delta t}=\frac{\Delta c_B}{\Delta t}=\frac{\Delta c_C}{2\Delta t}$$

将 $\frac{dc_B}{dt}=1.0\ mol^{-1}\cdot L\cdot s^{-1}$ 代入，则得：

$$-\frac{dc_A}{dt}=1.0\ mol^{-1}\cdot L\cdot s^{-1}$$

$$\frac{dc_C}{dt}=2.0\ mol^{-1}\cdot L\cdot s^{-1}$$

例 6-6 某温度时反应 A+B=C，当 $c_A=c_B=0.1\ mol\cdot L^{-1}$，反应速率为 $0.018\ mol\cdot L^{-1}\cdot s^{-1}$，则当该反应对 A 来说为一级，对 B 来说也为一级时的速率常数为多少？若对 A 来说为一级，对 B 来说为二级时的速率常数又为多少？

解：当该反应对 A 来说为一级，对 B 来说也为一级时：

反应的速率方程为：$v=kc_Ac_B$

将 $c_A=c_B=0.1\ mol\cdot L^{-1}$，$v=0.018\ mol\cdot L^{-1}\cdot s^{-1}$ 代入速率方程式，得

$$0.018\ mol\cdot L^{-1}\cdot s^{-1}=k(0.1\ mol\cdot L^{-1})\times(0.1\ mol\cdot L^{-1})$$
$$k=1.8\ mol^{-1}\cdot L\cdot s^{-1}$$

当该反应对 A 来说为一级，对 B 来说为二级时：

反应的速率方程为：$v=kc_Ac_B^2$

将 $c_A=c_B=0.1\ mol\cdot L^{-1}$，$v=0.018\ mol\cdot L^{-1}\cdot s^{-1}$ 代入速率方程式，得

$$0.018\ mol\cdot L^{-1}\cdot s^{-1}=k(0.1\ mol\cdot L^{-1})\times(0.1\ mol\cdot L^{-1})^2$$
$$k=18\ mol^{-2}\cdot L^2\cdot s^{-1}$$

单元测试

(一)选择题

1. 对于基元反应而言，下列叙述中正确的是(　　)。

A. 反应级数和反应分子数是一致的　　B. 反应级数总是大于反应分子数

C. 反应级数总是小于反应分子数　　D. 反应级数与反应分子数不一定一致

2. 若某一反应的活化能为 $100\ kJ\cdot mol^{-1}$，则其逆反应的活化能为(　　)。

A. $100\ kJ\cdot mol^{-1}$　　B. $-100\ kJ\cdot mol^{-1}$

C. $0.01\ kJ\cdot mol^{-1}$　　D. 无法确定

3. 对某一化学反应 $aA+bB=C$，下列叙述中正确的是(　　)。

A. 速率方程可能是 $v=kc_A^ac_B^b$

B. 速率方程式不可能是 $v=kc_A^ac_B^b$

C. 速率方程式为 $v=kc_A^ac_B^b$

D. 以上叙述都不对

4. 若反应 $aA+bB=C$ 为一基元反应，则该反应的级数为(　　)。

A. $a+b$　　B. $a-b$　　C. $a\times b$　　D. a/b

5. 催化剂之所以能加快反应速率是因为(　　)。

A. 活化分子数不变　　B. 分子能量增加了

C. 反应活化能降低了　　D. 分子之间碰撞频率增加了

6. 一定温度下，有两个基元反应，均属于 A+B=C 型，若反应 1 的速率常数 k_1 大于反应 2 的速率常数 k_2，则反应 1 的活化能 E_{a1} 与反应 2 的活化能 E_{a2} 的关系为(　　)。

A. $E_{a1}>E_{a2}$　　B. $E_{a1}<E_{a2}$　　C. $E_{a1}=E_{a2}$　　D. 不能确定

7. 反应 $3H_2(g)+N_2(g)=2NH_3(g)$ 的反应速率不可以表示为(　　)。

A. $-dc(H_2)/(3dt)$　　B. $-dc(N_2)/dt$

C. $-dc(NH_3)/(2dt)$　　D. $dc(NH_3)/(2dt)$

8. 某反应的温度系数为 3，若起始温度为 10℃，则下列叙述中错误的是(　　)。

A. 温度升高 10℃后速率变为原来的 10^3 倍

B. 温度升高 10℃后速率变为原来的 3 倍

C. 温度升高 20℃后速率变为原来的 9 倍

D. 温度升高 30℃后速率变为原来的 27 倍

9. 在恒温下，增加反应物浓度，反应速率加快的原因是(　　)。

A. 活化能降低了　　B. 活化分子百分数增加了

C. 活化分子数目增加了　　D. 方位因子增大了

10. 对于零级反应，下列叙述中错误的是(　　)。

A. 反应速率与反应时间无关　　B. 反应物浓度对时间作图得一直线

C. 速率常数的单位是 $mol \cdot L^{-1} \cdot s^{-1}$　　D. 反应速率与反应速率常数相等

(二)填空题

1. 由实验测得，反应 A+B=D 的反应速率方程为 $v=kc_A^{1/2}c_B$，B 的浓度不变时，增大 A 的浓度，反应速率将________，A 的浓度不变时，增加 B 的浓度，反应速率将________。

2. 对于同一反应，相同的温度变化值，________温时比________温时速率的变化大；对于不同的反应，T_1、T_2 相同时，活化能________的反应，速率的变化大。

3. 对于基元反应 2A+3B=2C+D，如 $-dc_A/dt=2.0\times10^{-2}\ mol \cdot L^{-1} \cdot s^{-1}$，则 $-dc_B/dt=$________；$dc_C/dt=$________；$dc_D/dt=$________；反应速率为________。

4. 反应 A+B=C，就每种反应物而言，反应级数均为 1，在一定的起始浓度下，25℃时的反应速率是 15℃时的 3 倍，则 35℃时的反应速率是 15℃时的________倍。

5. 根据阿仑尼乌斯公式，反应的活化能越大，反应速率就越________；反应温度越高，反应速率越________。

6. 催化剂之所以能加快反应速率是因为催化剂参与了________，改变了________，降低了________。

7. 升高温度反应速率加快，是因为温度升高使分子的________增加，反应体系中________增加了。

8. 某反应的速率方程为 $v=kc_A^2c_B$，设 A、B 均为气体，若 $\Delta T=0$ 将反应容器缩小到原来的一半，则反应速率变为原来的________倍。

9. 质量作用定律只适用于________反应，速率方程可根据________直接写出，而对于________反应的速率方程需通过实验来确定。

10. 增大反应物的浓度，速率常数________，升高温度，速率常数________。

(三)计算题

1. 如果某反应的活化能为 $38\ kJ \cdot mol^{-1}$，欲将反应速率降到 400 K 时的一半，反应必须在什么温度下进行？

2. $CO(CH_2COOH)_2$ 在水溶液中分解成丙酮和 CO_2，10℃时分解速率常数 k 为 $1.08\times$

$10^{-4}\ s^{-1}$，60℃时为 $5.48\times10^{-2}\ s^{-1}$，求 30℃时的速率常数。

3. 已知反应 $2NO(g)+Cl_2(g)=2NOCl(g)$

在 450 K 时反应物起始浓度和反应初速率的实验数据如下表：

实验序号	起始浓度		初速率
	$c(NO)/(mol\cdot L^{-1})$	$c(Cl_2)/(mol\cdot L^{-1})$	$v/(mol\cdot L^{-1}\cdot s^{-1})$
1	0.20	0.20	0.233
2	0.40	0.20	0.934
3	0.40	0.40	1.862
4	0.10	0.10	0.115
5	0.20	0.10	0.462

(1)求该反应的级数，并写出反应的速率方程；

(2)求该反应的速率常数；

(3)求当 $c(NO)=0.30\ mol\cdot L^{-1}$，$c(H_2)=0.60\ mol\cdot L^{-1}$时的反应速率。

参考答案

(一)选择题

1. D　2. D　3. A　4. A　5. C　6. B　7. C　8. A　9. C　10. A

(二)填空题

1. 加快；加快。
2. 低；高；大。
3. $3.0\times10^{-2}\ mol\cdot L^{-1}\cdot s^{-1}$；$2.0\times10^{-2}\ mol\cdot L^{-1}\cdot s^{-1}$；$1.0\times10^{-2}\ mol\cdot L^{-1}\cdot s^{-1}$；$1.0\times10^{-2}\ mol\cdot L^{-1}\cdot s^{-1}$。
4. 9。
5. 小；快。
6. 反应；反应途径；活化能。
7. 能量；活化分子百分数。
8. 8 倍。
9. 基元；反应式；非基元。
10. 不变；增大。

(三)计算题

1. 解：根据阿仑尼乌斯公式 $\lg\dfrac{k_2}{k_1}=\dfrac{E_a}{2.303R}\left(\dfrac{T_2-T_1}{T_1T_2}\right)$

设 $T_1=400$ K 时 $k_1=2a$，则 T_2 时 $k_2=a$

将 $E_a=38\ kJ\cdot mol^{-1}$，$T_1=400$ K，$k_1=2a$，$k_2=a$ 代入上式中，解得

$$T_2=377.1\ K$$

2. 解：根据阿仑尼乌斯公式 $\lg\dfrac{k_2}{k_1}=\dfrac{E_a}{2.303R}\left(\dfrac{T_2-T_1}{T_1T_2}\right)$　　(1)

$$\lg \frac{k_3}{k_1}=\frac{E_a}{2.303\,R}\left(\frac{T_3-T_1}{T_1T_3}\right) \qquad (2)$$

将 $T_1=283$ K，$k_1=1.08\times10^{-4}\ s^{-1}$，$T_2=333$ K，$k_2=5.48\times10^{-2}\ s^{-1}$，$T_3=303$ K

代入上式中，解得：$k_3=1.31\times10^{-3}\ s^{-1}$

3. 解：(1)设反应的速率方程为 $v=kc^x(NO)c^y(Cl_2)$

将表中前三组数据代入上方程中，得

$0.233\ mol\cdot L^{-1}\cdot s^{-1}=k(0.20\ mol\cdot L^{-1})^x(0.20\ mol\cdot L^{-1})^y$ (1)

$0.934\ mol\cdot L^{-1}\cdot s^{-1}=k(0.40\ mol\cdot L^{-1})^x(0.20\ mol\cdot L^{-1})^y$ (2)

$1.862\ mol\cdot L^{-1}\cdot s^{-1}=k(0.40\ mol\cdot L^{-1})^x(0.40\ mol\cdot L^{-1})^y$ (3)

由(1)式和(2)式解得 $x=2$

由(2)式和(3)式解得 $y=1$

故 450 K 时反应物 NO、Cl_2 的反应级数分别为 2 和 1，该反应的级数为 3

反应的速率方程为：$v=kc^2(NO)c(Cl_2)$

(2)将任一组实验数据代入方程中，如将第一组数据代入，得

$$0.233\ mol\cdot L^{-1}\cdot s^{-1}=k(0.20\ mol\cdot L^{-1})^2(0.20\ mol\cdot L^{-1})$$

解得 $k=29.13\ mol^{-2}\cdot L^2\cdot s^{-1}$

速率常数为 $29.13\ mol^{-2}\cdot L^2\cdot s^{-1}$。

(3)当 $c(NO)=0.30\ mol\cdot L^{-1}$，$c(Cl_2)=0.60\ mol\cdot L^{-1}$时，反应速率为

$$\begin{aligned}v&=kc^2(NO)c(Cl_2)\\&=29.13\ mol^{-2}\cdot L^2\cdot s^{-1}\times(0.30\ mol\cdot L^{-1})^2\times(0.60\ mol\cdot L^{-1})\\&=1.57\ mol\cdot L^{-1}\cdot s^{-1}\end{aligned}$$

Chapter 7 第 7 章

酸碱反应

Acid-base Reaction

内容要点

1. 酸碱质子理论

酸碱质子理论认为，在一定条件下，凡能给出质子(H^+)的物质都是酸，能接受质子(H^+)的物质都是碱。酸碱的共轭关系可用下式表示：

$$酸 = H^+ + 碱$$

因此，酸中有碱，碱可变酸，知酸便知碱，知碱便知酸。处于同一个共轭关系式中的酸碱称为共轭酸碱对。酸越强其共轭碱碱性越弱，碱越强其共轭酸的酸性越弱。

质子酸碱可以是中性分子，也可以是离子。有些物质既是酸又是碱，这类物质称为两性物质。酸碱质子论中没有盐的概念。

根据酸碱质子理论，酸碱的离解反应、中和反应、盐的水解、水的质子自递反应实质是两个共轭酸碱对之间的质子(H^+)传递过程。这一理论不仅适用于水溶液体系，也适用于非水体系和无溶剂体系。

水是最为常见的溶剂，它既是质子酸，又是质子碱。水分子间质子转移的酸碱反应：

$$H_2O + H_2O = H_3O^+ + OH^-$$

可简写为：

$$H_2O = H^+ + OH^-$$

$$K_w^\ominus = [c(H^+)/c^\ominus] \cdot [c(OH^-)/c^\ominus] = 1.0 \times 10^{-14}$$

$K_w^\ominus$称为水的质子自递常数或水的离子积。

溶液中 H^+浓度在 1 $mol \cdot L^{-1}$到 10^{-14} $mol \cdot L^{-1}$之间时用 pH 或 pOH 来表示，pH 在 0～14 之间。

$$pH = -\lg[c(H^+)/c^\ominus]$$
$$pOH = -\lg[c(OH^-)/c^\ominus]$$

水溶液中，有

$$pH+pOH=14$$

2. 弱酸弱碱离解平衡

一元弱酸、弱碱，多元弱酸、弱碱以及两性物质在水溶液中的离解都是部分的，存在着离解平衡：

(1)一元弱酸、弱碱的离解平衡

一元弱酸，以 HAc 为例：

$$HAc = H^+ + Ac^-$$

$$K_a^\ominus = \frac{c(H^+)/c^\ominus \cdot c(Ac^-)/c^\ominus}{c(HAc)/c^\ominus}$$

一元弱碱，以 $NH_3 \cdot H_2O$ 为例：

$$NH_3 \cdot H_2O = NH_4^+ + OH^-$$

$$K_b^\ominus = \frac{c(OH^-)/c^\ominus \cdot c(NH_4^+)/c^\ominus}{c(NH_3 \cdot H_2O)/c^\ominus}$$

离子型酸：

$$NH_4^+ + H_2O = NH_3 \cdot H_2O + H^+$$

$$K_a^\ominus(NH_4^+) = \frac{K_w^\ominus}{K_b^\ominus(NH_3 \cdot H_2O)}$$

离子型碱：

$$Ac^- + H_2O = HAc + OH^-$$

$$K_b^\ominus(Ac^-) = \frac{K_w^\ominus}{K_a^\ominus(HAc)}$$

对于起始浓度为 c 的 HAc，设达到离解平衡时 $c(H^+)=c(Ac^-)=x$

	HAc	=	H^+	+	Ac^-
起始浓度/mol·L^{-1}	c		0		0
平衡浓度/mol·L^{-1}	$c-x$		x		x

$$K_a^\ominus = \frac{(x/c^\ominus)^2}{[(c-x)/c^\ominus]}$$

解此一元二次方程，即可得 $c(H^+)$，进而计算溶液的 pH。

当$\frac{c/c^\ominus}{K_a^\ominus} \geqslant 500$时，弱酸的离解度很小，可忽略弱酸的离解，即 $c-x \approx c$，则 $c(H^+)$可用下列最简式计算：

$$c(H^+) = \sqrt{K_a^\ominus \cdot c/c^\ominus} \cdot c^\ominus$$

同理，一元弱碱的离解有：

$$K_b^\ominus = \frac{(x/c^\ominus)^2}{[(c-x)/c^\ominus]}$$

当$\frac{c/c^\ominus}{K_b^\ominus} \geqslant 500$时，则可近似计算：

$$c(OH^-) = \sqrt{K_b^\ominus \cdot c/c^\ominus} \cdot c^\ominus$$

离子型酸碱离解(水解)的处理与一元弱碱弱酸处理方法是一样的。

(2)多元弱酸、弱碱的离解　多元弱酸包含两个或两个以上可离解的 H^+，这些 H^+ 可以一个一个地离解，因此多元弱酸的离解是分级进行的，每级离解都有其离解常数。各级离解常数的大小关系为：$K_{a1}^{\ominus}>K_{a2}^{\ominus}>K_{a3}^{\ominus}$，一般无机多元弱酸相邻两级常数相差 4～5 个数量级。

多元弱碱(如 Na_2S、Na_3PO_4)的离解常数可从其对应的多元酸的离解常数求得，通式为：

$$K_{bi}^{\ominus}=\frac{K_w^{\ominus}}{K_{a(n+1-i)}^{\ominus}}$$

式中：n 为弱酸的元数；i 为多元弱碱的离解级数。如 PO_4^{3-}：

$$K_{b1}^{\ominus}=\frac{K_w^{\ominus}}{K_{a3}^{\ominus}(H_3PO_4)},$$

$$K_{b2}^{\ominus}=\frac{K_w^{\ominus}}{K_{a2}^{\ominus}(H_3PO_4)},$$

$$K_{b3}^{\ominus}=\frac{K_w^{\ominus}}{K_{a1}^{\ominus}(H_3PO_4)}$$

多元弱酸弱碱的每一步离解都可看作是一元酸碱的离解，但同时要考虑一级离解产生的 H^+ 或 OH^- 对以后各级离解造成的抑制。

当 $\frac{c/c^{\ominus}}{K^{\ominus}}\geqslant 500$，且 $K_{a1}^{\ominus}/K_{a2}^{\ominus}>10^{1.6}$ 时，多元弱酸 H^+ 浓度主要取决于一级离解，可以用一元弱酸的最简式来求。即

$$c(H^+)=\sqrt{K_{a1}^{\ominus}\cdot c/c^{\ominus}}\cdot c^{\ominus}$$

而第二步离解的弱酸根离子相对浓度近似等于第二步离解常数 $K_{a2}^{\ominus}$。

(3)两性物质的离解　例如 Na_2HPO_4、NaH_2PO_4、$NaHCO_3$ 这样的两性物质既能给出质子，又能接受质子，因此在水溶液中既存在酸的离解平衡，同时又存在碱的离解平衡。两性物质水溶液的酸碱性取决于相应酸碱离解常数的相对大小。

两性物质水溶液 pH 近似地等于相邻两级的 $pK_a^{\ominus}$ 平均值，如 $H_2PO_4^-$ 溶液：

$$pH=\frac{1}{2}(pK_{a1}^{\ominus}+pK_{a2}^{\ominus})$$

或

$$c(H^+)=\sqrt{K_{a1}^{\ominus}\cdot K_{a2}^{\ominus}}\cdot c^{\ominus}$$

HPO_4^{2-} 溶液：

$$pH=\frac{1}{2}(pK_{a2}^{\ominus}+pK_{a3}^{\ominus})$$

或

$$c(H^+)=\sqrt{K_{a2}^{\ominus}\cdot K_{a3}^{\ominus}}\cdot c^{\ominus}$$

3. 影响弱酸弱碱离解平衡的因素

酸碱离解平衡是动态平衡，当条件改变时，平衡将会发生移动，结果使离解度发生改变。影响酸碱离解的因素主要有酸碱的浓度、溶液介质的酸碱度和溶液中共存的盐类等。

(1)浓度的影响　弱酸弱碱的离解也可用离解度(α)来表示：

$$\alpha=\frac{\text{已离解的电解质物质的量}}{\text{电解质总物质的量}}\times 100\%$$

弱酸弱碱的浓度减小(稀释),离解度 α 增大;酸碱的浓度增大,α 减小。这一规律称为稀释效应。离解度与离解常数及浓度的关系如下:

$$K_a^\ominus(\text{或 } K_b^\ominus)=\frac{c\alpha^2/c^\ominus}{1-\alpha}$$

当 $\frac{c/c^\ominus}{K_a^\ominus}\geqslant 500, 1-\alpha\approx 1$,则上式可以简化为

$$K_a^\ominus(\text{或 } K_b^\ominus)=c\alpha^2/c^\ominus$$

$$\alpha=\sqrt{\frac{K_a^\ominus(\text{或 } K_b^\ominus)}{c/c^\ominus}}$$

(2)同离子效应　在弱电解质溶液中加入与弱电解质离解产物相同的电解质时,则弱电解质的离解受到抑制,离解度降低,这种作用称为同离子效应。

(3)盐效应　在弱酸弱碱溶液中加入强电解质时(不存在同离子效应),弱酸弱碱的离解度增大。这种现象称为盐效应。事实上,同离子效应中一定存在着盐效应,但同离子效应对离解的影响比盐效应要大得多,在同离子效应存在时一般忽略盐效应。

(4)介质酸碱性的影响　介质酸碱度改变会对弱酸弱碱的离解度造成影响(同离子效应),同时也会使得体系中共轭酸碱型体的分布比例发生改变。pH 越小,酸型体比例越高,pH 越大,碱型体比例越高。酸碱指示剂是酸型体与碱型体具有不同颜色的有机弱酸或弱碱,所以当溶液 pH 发生变化时,溶液中的酸碱指示剂就会呈现颜色上的改变。

4. 缓冲溶液

缓冲溶液是指能够抵抗外来少量强酸、强碱和稀释,而 pH 基本不变的溶液。其组成可以是:弱酸及其共轭碱(如 HAc-NaAc)、弱碱及其共轭酸(如 $NH_3\cdot H_2O$-NH_4Cl)、多元弱酸弱碱的共轭酸碱对(如 $NaHCO_3$-Na_2CO_3,H_2CO_3-$NaHCO_3$)及两性物质。

弱酸及其共轭碱构成的缓冲体系 pH 为:

$$\text{pH}=\text{p}K_a^\ominus-\lg\frac{c_a}{c_b}$$

弱碱及其共轭酸构成的缓冲体系 pOH 为:

$$\text{pOH}=\text{p}K_b^\ominus-\lg\frac{c_b}{c_a}$$

或

$$\text{pH}=\text{p}K_w^\ominus-\left(\text{p}K_b^\ominus-\lg\frac{c_b}{c_a}\right)$$

缓冲范围是指缓冲体系缓冲作用的有效 pH 范围,主要取决于共轭酸碱对(缓冲对)中弱酸弱碱的本质,其范围为:

$$\text{pH}=\text{p}K_a^\ominus\pm 1$$

或

$$\text{pOH}=\text{p}K_b^\ominus\pm 1$$

缓冲能力与缓冲对总浓度 c 及浓度比有关。对于 c 一定的体系,当 $c(\text{HB})=c(\text{B}^-)$ 时缓冲能力最大。在缓冲溶液的配制时,应尽可能选择 $\text{p}K_a^\ominus$(或 $\text{p}K_b^\ominus$)接近所配制缓冲液的 pH(或 pOH)。

除弱酸弱碱及其共轭酸碱对可组成缓冲溶液外,两性物质水溶液,以及高浓度强酸、强碱溶液也具有一定的酸碱缓冲能力。

典型例题

例 7-1 根据酸碱质子论指明下列物质哪些是酸，哪些是碱，哪些是两性物质，并分别写出其共轭酸(碱)。

S^{2-}，$[Fe(OH)(H_2O)_5]^{2+}$，CH_3OH，NH_3，$H_2PO_4^-$，H_2NCH_2COOH，NH_4^+

解：在给出的物质中，属于质子酸的有：CH_3OH，NH_4^+，它们的共轭碱分别为 CH_3O^- 和 NH_3；属于质子碱的只有 S^{2-}，其共轭酸为 HS^-；属于两性物质的有$[Fe(OH)(H_2O)_5]^{2+}$，NH_3，$H_2PO_4^-$，H_2NCH_2COOH，作为质子酸它们的共轭碱分别是$[Fe(OH)_2(H_2O)_4]^+$，NH_2^-，HPO_4^{2-}，$H_2NCH_2COO^-$；作为质子碱它们的共轭酸分别是$[Fe(H_2O)_6]^{3+}$，NH_4^+，H_3PO_4，${}^+H_3NCH_2COOH$。

例 7-2 标出下列反应中的共轭酸碱对：

(1)$H_3PO_4+PO_4^{3-}=H_2PO_4^-+HPO_4^{2-}$；

(2)$Ac^-+H_2O=HAc+OH^-$；

(3)$HCN+OH^-=CN^-+H_2O$。

解：(1)H_3PO_4(酸$_1$)$+PO_4^{3-}$(碱$_2$)$=H_2PO_4^-$(碱$_1$)$+HPO_4^{2-}$(酸$_2$)；

(2)Ac^-(碱$_1$)$+H_2O$(酸$_2$)$=HAc$(酸$_1$)$+OH^-$(碱$_2$)；

(3)HCN(酸$_1$)$+OH^-$(碱$_2$)$=CN^-$(碱$_1$)$+H_2O$(酸$_2$)。

(酸$_1$-碱$_1$ 为一个共轭酸碱对，酸$_2$-碱$_2$ 为一个共轭酸碱对。)

例 7-3 在 0.100 mol·L^{-1} 下列溶液中分别求出各物种浓度，pH 及 α。

(1)HBrO；(2)NH_3；(3)H_2S。

解：(1)设离解产生 $c(H^+)$，$c(BrO^-)$为 x

	HBrO	=	H^+	+	BrO^-
开始浓度/(mol·L^{-1})	0.100		0		0
平衡浓度/(mol·L^{-1})	$0.100-x$		x		x

$$K_a^{\ominus}=\frac{\left(\frac{x}{c^{\ominus}}\right)^2}{\left(\frac{0.100-x}{c^{\ominus}}\right)}=2.06\times10^{-9}$$

$\dfrac{c/c^{\ominus}}{K_a^{\ominus}}\geqslant500$，则 $$(x/c^{\ominus})^2=2.06\times10^{-10}$$

$$x/c^{\ominus}=1.44\times10^{-5}$$

即得 $$c(HBrO)=0.100\ mol\cdot L^{-1}-1.44\times10^{-5}\ mol\cdot L^{-1}\approx0.100\ mol\cdot L^{-1}$$

$$c(H^+)=c(BrO^-)=1.44\times10^{-5}\ mol\cdot L^{-1}$$

$$pH=4.84$$

$$\alpha=\frac{1.44\times10^{-5}mol\cdot L^{-1}}{0.100\ mol\cdot L^{-1}}=0.0144\%$$

(2)设离解产生 $c(NH_4^+)$,$c(OH^-)$为 x

	$NH_3 \cdot H_2O$	=	NH_4^+	+	OH^-
开始浓度/$(mol \cdot L^{-1})$	0.100		0		0
平衡浓度/$(mol \cdot L^{-1})$	$0.100-x$		x		x

$$K_b^{\ominus}=\frac{\left(\frac{x}{c^{\ominus}}\right)^2}{\left(\frac{0.100-x}{c^{\ominus}}\right)}=1.77\times10^{-5}$$

$\frac{c/c^{\ominus}}{K_b^{\ominus}}\geqslant500$,则 $$(x/c^{\ominus})^2=1.77\times10^{-6}$$

$$x/c^{\ominus}=1.33\times10^{-3}$$

即得 $c(NH_3 \cdot H_2O)=0.100\ mol \cdot L^{-1}-1.33\times10^{-3}\ mol \cdot L^{-1}\approx0.100\ mol \cdot L^{-1}$

$$c(NH_4^+)=c(OH^-)=1.33\times10^{-3}\ mol \cdot L^{-1}$$

$$pOH=2.87$$

$$pH=14.00-pOH=14.00-2.87=11.13$$

$$\alpha=\frac{1.33\times10^{-3}\ mol \cdot L^{-1}}{0.100\ mol \cdot L^{-1}}=1.33\%$$

(3)设 H_2S 一级离解产生 $c(H^+)$为 x,二级离解产生的酸根 $c(S^{2-})$为 y

一级离解	H_2S	=	H^+	+	HS^-
开始浓度/$(mol \cdot L^{-1})$	0.100		0		0
平衡浓度/$(mol \cdot L^{-1})$	$0.100-x$		x		x

$$K_{a1}^{\ominus}=\frac{(x/c^{\ominus})^2}{[(0.100-x)/c^{\ominus}]}=1.3\times10^{-7}$$

$\frac{c/c^{\ominus}}{K_{a1}^{\ominus}}\geqslant500$,则 $$(x/c^{\ominus})^2=1.3\times10^{-8}$$

$$x/c^{\ominus}=1.14\times10^{-4}$$

二级离解	HS^-	=	H^+	+	S^-
开始浓度/$(mol \cdot L^{-1})$	1.14×10^{-4}		1.14×10^{-4}		0
平衡浓度/$(mol \cdot L^{-1})$	$1.14\times10^{-4}-y$		$1.14\times10^{-4}+y$		y

$$K_{a2}^{\ominus}=\frac{[(1.14\times10^{-4}+y)/c^{\ominus}](y/c^{\ominus})}{(1.14\times10^{-4}-y)/c^{\ominus}}=7.1\times10^{-15}$$

则 $$y/c^{\ominus}=7.1\times10^{-15}$$

即得 $$c(H_2S)=0.100-1.14\times10^{-4}\approx0.100\ mol \cdot L^{-1}$$

$$c(HS^-)=1.14\times10^{-4}\ mol \cdot L^{-1}$$

$$c(S^{2-})=7.1\times10^{-15}\ mol \cdot L^{-1}$$

$$c(H^+)=1.14\times10^{-4}\ mol \cdot L^{-1}$$

$$pH=3.94$$

$$\alpha=\frac{1.14\times10^{-4}\ \mathrm{mol\cdot L^{-1}}}{0.100\ \mathrm{mol\cdot L^{-1}}}=0.114\%(一级离解)$$

例 7-4 0.50 $mol\cdot L^{-1}$ NaX 溶液有 0.1%水解，求弱酸 HX 的离解常数。

解：X^- 离解达平衡时

$$X^- + H_2O = HX + OH^-$$

X^-	+ H_2O =	HX	+ OH^-
0.50×99.9%		0.50×0.1%	0.50×0.1%

$$K_b^{\ominus}(X^-)=\frac{(0.50\times0.1\%)^2}{0.50\times99.9\%}\cdot\frac{1}{c^{\ominus}}=5.0\times10^{-7}$$

$$K_a^{\ominus}(HX)=\frac{K_w^{\ominus}}{K_b^{\ominus}(X^-)}=\frac{1.0\times10^{-14}}{5.0\times10^{-7}}=2.0\times10^{-8}$$

例 7-5 某一酸雨样品的 pH=4.07，假设样品的成分为 HNO_2，计算 HNO_2 的浓度。

解：查表得 $K_a^{\ominus}(HNO_2)=4.6\times10^{-4}$；由样品 pH=4.07，可知 $c(H^+)=8.5\times10^{-5}\ mol\cdot L^{-1}$。设样品中 $c(HNO_2)=x\ mol\cdot L^{-1}$，则有

	HNO_2	=	H^+	+	NO_2^-
开始浓度/($mol\cdot L^{-1}$)	x		0		0
平衡浓度/($mol\cdot L^{-1}$)	$x-c(H^+)$		$c(H^+)$		$c(H^+)$

平衡时有 $K_a^{\ominus}=\frac{[c(H^+)/c^{\ominus}][c(NO_2^-)/c^{\ominus}]}{c(HNO_2)/c^{\ominus}}$　　$K_a^{\ominus}=\frac{[c(H^+)/c^{\ominus}]^2}{[x-c(H^+)]/c^{\ominus}}$

解之得 $$x=1.0\times10^{-4}\ mol\cdot L^{-1}$$

答：该酸雨样品中 HNO_2 的浓度为 $1.0\times10^{-4}\ mol\cdot L^{-1}$。

例 7-6 计算 $c(H_2SO_4)=2.0\times10^{-4}\ mol\cdot L^{-1}$ 的 H_2SO_4 溶液的 pH。

解：H_2SO_4 的一级离解为完全离解，因此二级离解前体系组成可以看作：$2.0\times10^{-4}\ mol\cdot L^{-1}\ H^+ + 2.0\times10^{-4}\ mol\cdot L^{-1}\ HSO_4^{2-}$，$K_a^{\ominus}(HSO_4^-)=1.2\times10^{-2}$

设二级离解生成的 $c(H^+)=x\ mol\cdot L^{-1}$

	HSO_4^-	=	H^+	+	SO_4^{2-}
开始浓度/($mol\cdot L^{-1}$)	2.0×10^{-4}		2.0×10^{-4}		0
平衡浓度/($mol\cdot L^{-1}$)	$2.0\times10^{-4}-x$		$2.0\times10^{-4}+x$		x

$$K_a^{\ominus}=\frac{[c(H^+)/c^{\ominus}][c(SO_4^{2-})/c^{\ominus}]}{c(HSO_4^-)/c^{\ominus}}\qquad K_a^{\ominus}=\frac{(x/c^{\ominus})\cdot[(2.0\times10^{-4}+x)/c^{\ominus}]}{(2.0\times10^{-4}-x)/c^{\ominus}}$$

解得 $$x=1.94\times10^{-4}\ mol\cdot L^{-1}$$

$$c(H^+)=2.0\times10^{-4}\ mol\cdot L^{-1}+1.94\times10^{-4}\ mol\cdot L^{-1}=3.94\times10^{-4}\ mol\cdot L^{-1}$$

$$pH=3.40$$

例 7-7 $c(H_3AsO_4)=0.30\ mol\cdot L^{-1}\ H_3AsO_4$ 溶液中 $c(H^+)$、$c(H_2AsO_4^-)$、$c(HAsO_4^{2-})$、$c(AsO_4^{3-})$ 及 $c(H_3AsO_4)$ 各为多少？

解：查表得 H_3AsO_4：$K_{a1}^{\ominus}=5.62\times10^{-3}$，$K_{a2}^{\ominus}=1.7\times10^{-7}$，$K_{a3}^{\ominus}=3.95\times10^{-12}$。

设 H_3AsO_4 一、二、三级离解产生 $c(H^+)$ 及对应酸根浓度分别为 x,y,z

一级离解	H_3AsO_4	=	H^+	+	$H_2AsO_4^-$
开始浓度/($mol \cdot L^{-1}$)	0.30		0		0
平衡浓度/($mol \cdot L^{-1}$)	$0.30-x$		x		x

$$K_{a1}^{\ominus}=\frac{(x/c^{\ominus})^2}{(0.30-x)/c^{\ominus}}=5.62\times10^{-3}$$

解之得 $$x/c^{\ominus}=3.83\times10^{-2}$$

一级离解后 $c(H_2AsO_4^-)=c(H^+)=3.83\times10^{-2}\ mol \cdot L^{-1}$，

$c(H_3AsO_4)=0.30\ mol \cdot L^{-1}-3.83\times10^{-2}\ mol \cdot L^{-1}=0.26\ mol \cdot L^{-1}$

二级离解	$H_2AsO_4^-$	=	H^+	+	$HAsO_4^{2-}$
开始浓度/($mol \cdot L^{-1}$)	3.83×10^{-2}		3.83×10^{-2}		0
平衡浓度/($mol \cdot L^{-1}$)	$3.83\times10^{-2}-y$		$3.83\times10^{-2}+y$		y

$$K_{a2}^{\ominus}=\frac{[(3.83\times10^{-2}+y)/c^{\ominus}](y/c^{\ominus})}{(3.83\times10^{-2}-y)/c^{\ominus}}=1.7\times10^{-7}$$

则 $$y/c^{\ominus}=1.7\times10^{-7}$$

即得 $$c(HAsO_4^{2-})=1.7\times10^{-7}(mol \cdot L^{-1})$$

三级离解	$HAsO_4^{2-}$	=	H^+	+	AsO_4^{3-}
开始浓度/($mol \cdot L^{-1}$)	1.7×10^{-7}		3.83×10^{-2}		0
平衡浓度/($mol \cdot L^{-1}$)	$1.7\times10^{-7}-z$		$3.83\times10^{-2}+z$		z

$$K_{a3}^{\ominus}=\frac{[(3.83\times10^{-2}+z)/c^{\ominus}](z/c^{\ominus})}{(1.7\times10^{-7}-z)/c^{\ominus}}=3.95\times10^{-12}$$

$$z/c^{\ominus}=1.75\times10^{-17}$$

即 $c(AsO_4^{3-})=1.75\times10^{-17}\ mol \cdot L^{-1}$。

体系中 H^+ 主要来源于一级离解，$c(H^+)=3.83\times10^{-2}\ mol \cdot L^{-1}$。

例 7-8 多少质量的 NaAc($M=82.03$)溶于 100.0mL 水中使溶液 pH 为 9.00。

解：NaAc 离解后 pH=9.00，所以 $c(OH^-)=1.0\times10^{-5}\ mol \cdot L^{-1}$。

设 $c(NaAc)$ 为 $x(mol \cdot L^{-1})$。

	Ac^-	+	H_2O	=	HAc	+	OH^-
开始浓度/($mol \cdot L^{-1}$)	x				0		0
平衡浓度/($mol \cdot L^{-1}$)	$x-1.0\times10^{-5}$				1.0×10^{-5}		1.0×10^{-5}

查表得 $K_a^{\ominus}(HAc)=1.76\times10^{-5}$，

$$K_b^{\ominus}(Ac^-)=\frac{K_w^{\ominus}}{K_a^{\ominus}}=\frac{1.0\times10^{-14}}{1.76\times10^{-5}}=5.68\times10^{-10}$$

$$K_b^{\ominus}=\frac{[(1.0\times10^{-5})/c^{\ominus}]^2}{(x-1.0\times10^{-5})/c^{\ominus}}=5.68\times10^{-10}$$

得 $$x=0.176(mol \cdot L^{-1})$$

所以需要 NaAc 的质量为 $m=0.1\ L\times0.176\ mol \cdot L^{-1}\times82.03\ g \cdot mol^{-1}=1.44\ g$。

例 7-9 计算 $0.10\ mol \cdot L^{-1}$ 的 Na_2CO_3 溶液中各离子的浓度。

解：查表得 $K_{a1}^{\ominus}(H_2CO_3)=4.3\times10^{-7}$，$K_{a2}^{\ominus}(H_2CO_3)=5.61\times10^{-11}$，

所以
$$K_{b1}^{\ominus}(CO_3^{2-})=\frac{K_w^{\ominus}}{K_{a2}^{\ominus}}=\frac{1.0\times10^{-14}}{5.61\times10^{-11}}=1.78\times10^{-4}$$
$$K_{b2}^{\ominus}(CO_3^{2-})=\frac{K_w^{\ominus}}{K_{a1}^{\ominus}}=\frac{1.0\times10^{-14}}{4.3\times10^{-7}}=2.33\times10^{-8}$$

设 CO_3^{2-} 一级，二级离解产生 OH^- 及对应酸根（或酸）浓度分别为 x, y

一级离解	CO_3^{2-}	+	H_2O	=	OH^-	+	HCO_3^-
开始浓度/$(mol \cdot L^{-1})$	0.10				0		0
平衡浓度/$(mol \cdot L^{-1})$	$0.10-x$				x		x

$$K_{b1}^{\ominus}=\frac{(x/c^{\ominus})^2}{(0.10-x)/c^{\ominus}}=1.78\times10^{-4}$$
$$c(CO_3^{2-})/K_{b1}^{\ominus}(CO_3^{2-})=561>500$$

解之得，$x/c^{\ominus}=\sqrt{K_{b1}^{\ominus}\cdot\frac{c(CO_3^{2-})}{c^{\ominus}}}=\sqrt{1.78\times10^{-4}\times0.10}=4.2\times10^{-3}$。

一级离解后 $c(HCO_3^-)=c(OH^-)=4.2\times10^{-3}\ mol \cdot L^{-1}$，$c(CO_3{}^{2-})=0.096\ mol \cdot L^{-1}$

二级离解	HCO_3^-	+	H_2O	=	OH^-	+	H_2CO_3
开始浓度/$(mol \cdot L^{-1})$	4.2×10^{-3}				4.2×10^{-3}		0
平衡浓度/$(mol \cdot L^{-1})$	$4.2\times10^{-3}-y$				$4.2\times10^{-3}+y$		y

$$K_{b2}^{\ominus}=\frac{[(4.2\times10^{-3}+y)/c^{\ominus}](y/c^{\ominus})}{(4.2\times10^{-3}-y)/c^{\ominus}}=2.33\times10^{-8}$$

解之得
$$y/c^{\ominus}=2.33\times10^{-8}$$

所以二级离解达平衡时，因 y 很小，
$$c(HCO_3^-)=c(OH^-)=4.2\times10^{-3}\ mol \cdot L^{-1}$$
$$c(H_2CO_3)=2.33\times10^{-8}\ mol \cdot L^{-1}$$

例 7-10 将等体积的 $c(C_6H_5NH_2)=0.04\ mol \cdot L^{-1}$ 的苯胺与 $c(HNO_3)=0.04\ mol \cdot L^{-1}$ 的硝酸混合，计算所得溶液的 pH。已知 $K_b^{\ominus}(C_6H_5NH_2)=6.4\times10^{-10}$。

解：据题意，同浓度等体积的 $C_6H_5NH_2$（弱碱）与 HNO_3（强酸）混合后刚好完全中和生成离子型酸 $C_6H_5NH_3^+$，溶液中 $c(C_6H_5NH_3^+)=0.02\ mol \cdot L^{-1}$。

$$K_a^{\ominus}(C_6H_5NH_3^+)=\frac{K_w^{\ominus}}{K_b^{\ominus}(C_6H_5NH_2)}=\frac{1.0\times10^{-14}}{6.4\times10^{-10}}=1.56\times10^{-5}$$
$$c(C_6H_5NH_3^+)/K_a^{\ominus}(C_6H_5NH_3^+)=1\ 282>500$$

所以可作近似计算 $c(H^+)=\sqrt{K_a^{\ominus}(C_6H_5NH_3^+)\cdot\frac{c(C_6H_5NH_3^+)}{c^{\ominus}}}\cdot c^{\ominus}$

$$c(H^+)=\sqrt{1.56\times10^{-5}\times0.02}\times1.0\ mol \cdot L^{-1}=5.58\times10^{-4}\ mol \cdot L^{-1}$$
$$pH=3.25$$

例 7-11 将等体积的 $c(H_3PO_4)=0.2\ mol \cdot L^{-1}$ 的 H_3PO_4 与 $c(NaOH)=0.4\ mol \cdot L^{-1}$ 的 NaOH 混合，求溶液的 pH。

解：题中所给两溶液混合，恰好使 H_3PO_4 全部转化为 Na_2HPO_4，此两性物质溶液中

$$c(H^+)=\sqrt{K_{a2}^{\ominus}(H_3PO_4)\cdot K_{a3}^{\ominus}(H_3PO_4)}=\sqrt{6.23\times10^{-8}\times2.2\times10^{-13}}=1.17\times10^{-10}$$

$$pH=9.93$$

例 7-12 $c(HCl)=0.180\ mol\cdot L^{-1}$ 的 HCl 与 $c(Na_3PO_4)=0.120\ mol\cdot L^{-1}$ 的 Na_3PO_4 等体积混合，求其 $c(H^+)$ 和 pH。

解：HCl 的物质的量正好是 Na_3PO_4 的 1.5 倍，两溶液混合，首先 PO_4^{3-} 全部转化为 HPO_4^{2-}，进而还有一半的 HPO_4^{2-} 转化为 $H_2PO_4^-$，$c(HPO_4^{2-})=c(H_2PO_4^-)=0.030\ mol\cdot L^{-1}$。

$$H_2PO_4^-=H^++HPO_4^{2-}$$

$$K_{a2}^{\ominus}=\frac{c(H^+)\cdot c(HPO_4^{2-})}{c(H_2PO_4^-)}\cdot\frac{1}{c^{\ominus}}=6.23\times10^{-8}$$

$$c(H^+)=6.23\times10^{-8}\ mol\cdot L^{-1}$$

$$pH=7.20$$

例 7-13 10 mL $c(HCl)=0.2\ mol\cdot L^{-1}$ HCl 与 10 mL $c(NaAc)=0.5\ mol\cdot L^{-1}$ NaAc 混合后，溶液的 pH 是多少？若向此溶液中再加入 1 mL $c(NaOH)=0.5\ mol\cdot L^{-1}$ NaOH，溶液的 pH 又是多少？

解：$K_a^{\ominus}(HAc)=1.76\times10^{-5}$，$pK_a^{\ominus}(HAc)=4.75$，HCl 与 NaAc 等体积混合后，组成为：

$$0.1\ mol\cdot L^{-1}\ HAc+0.15\ mol\cdot L^{-1}\ NaAc$$

据
$$pH=pK_a^{\ominus}-\lg\frac{c(HAc)}{c(NaAc)}$$

得
$$pH=pK_a^{\ominus}-\lg\frac{0.1}{0.15}=4.93$$

若再加入 1 mL 0.5 $mol\cdot L^{-1}$ NaOH，

$$c(HAc)=\frac{20\times0.1-1\times0.5}{21}\ mol\cdot L^{-1}$$

$$c(NaAc)=\frac{20\times0.15+1\times0.5}{21}\ mol\cdot L^{-1}$$

$$pH=pK_a^{\ominus}-\lg\frac{20\times0.1-1\times0.5}{20\times0.15+1\times0.5}=4.75-\lg\frac{1.5}{3.5}=5.12$$

例 7-14 欲配制 500 mL pH=5.00 的缓冲溶液，问需要 $c(HAc)=1.0\ mol\cdot L^{-1}$ HAc 和 $c(NaAc)=6.0\ mol\cdot L^{-1}$ NaAc 溶液各多少毫升？

解：查表得 $K_a^{\ominus}(HAc)=1.76\times10^{-5}$，$pK_a^{\ominus}(HAc)=4.75$

$$pH=pK_a^{\ominus}-\lg\frac{c(HAc)}{c(NaAc)}$$

$$5.00=4.75-\lg\frac{c(HAc)}{c(NaAc)}$$

解之得
$$\frac{c(HAc)}{c(NaAc)}=0.562$$

设需要 x mL HAc，则 NaAc 体积为 $(500-x)$mL

$$\frac{c(HAc)}{c(NaAc)}=\frac{1.0\ mol\cdot L^{-1}\ x\ mL/500\ mL}{6.0\ mol\cdot L^{-1}(500-x)mL/500\ mL}=0.562$$

求解得

$$x=386\ \text{mL}$$

所以需要 386 mL HAc，114 mL NaAc。

例 7-15 欲配制 pH＝3.2 的缓冲溶液 0.50 L，应选用下列哪个缓冲对？若下列溶液的浓度均为 $0.2\text{mol}\cdot\text{L}^{-1}$ 需加入共轭酸（或碱）的体积是多少？

(1) HAc-NaAc；(2) HCOOH-HCOONa；(3) $NaHSO_3$-Na_2SO_3。

解：查表得 $K_a^{\ominus}(\text{HAc})=1.76\times10^{-5}$，$K_a^{\ominus}(\text{HCOOH})=1.77\times10^{-4}$，$K_a^{\ominus}(HSO_3^-)=1.02\times10^{-7}$，$pK_a^{\ominus}$ 依次为 4.75，3.75，6.99。

题中要求配制 pH＝3.2 的缓冲溶液，因此应选择 $2.2<pK_a^{\ominus}<4.2$；为获得最大缓冲能力，应尽量选择 $pK_a^{\ominus}$ 接近 3.2 的酸碱对。题中给出的三个选项中，(2) 最适宜。

设配制 0.50 L 该缓冲液，需要 x mL HCOOH，则 HCOONa 体积为 $(500-x)$mL，据：

$$\text{pH}=pK_a^{\ominus}-\lg\left[\frac{c(\text{CHOOH})}{c(\text{CHOO}^-)}\right]$$

$$3.2=3.75-\lg\frac{(0.20\ \text{mol}\cdot\text{L}^{-1}x\ \text{mL})/500\ \text{mL}}{[0.20\ \text{mol}\cdot\text{L}^{-1}\times(500-x)\text{mL}]/500\ \text{mL}}$$

解得

$$x=390\ \text{mL}$$

所以需要 HCOOH 390 mL，HCOONa 110 mL。

例 7-16 计算下列混合溶液的 pH。

(1) 50.0 mL $c(NH_4Cl)=0.1\ \text{mol}\cdot\text{L}^{-1}$ NH_4Cl 与 25.0 mL $c(\text{NaOH})=0.1\ \text{mol}\cdot\text{L}^{-1}$ NaOH；

(2) 25.0 mL $c(NH_4Cl)=0.1\ \text{mol}\cdot\text{L}^{-1}$ NH_4Cl 与 50.0 mL $c(\text{NaOH})=0.1\ \text{mol}\cdot\text{L}^{-1}$ NaOH。

解：查表得：$K_b^{\ominus}(NH_3\cdot H_2O)=1.77\times10^{-5}$，$pK_b^{\ominus}(NH_3\cdot H_2O)=4.75$。

(1) 50.0 mL 0.1 $\text{mol}\cdot\text{L}^{-1}$ NH_4Cl 与 25.0 mL 0.1 $\text{mol}\cdot\text{L}^{-1}$ NaOH 混合，强碱使一半的 NH_4^+ 转化为 $NH_3\cdot H_2O$，所以 $c(NH_4^+)=c(NH_3\cdot H_2O)$。

$$\text{pOH}=pK_b^{\ominus}-\lg\frac{c(NH_3\cdot H_2O)}{c(NH_4^+)}=4.75$$

$$\text{pH}=9.25$$

(2) 25.0 mL 0.1 $\text{mol}\cdot\text{L}^{-1}$ NH_4Cl 与 50.0 mL 0.1 $\text{mol}\cdot\text{L}^{-1}$ NaOH 混合，一半的强碱使 NH_4^+ 全部转化为 $NH_3\cdot H_2O$，所以

$$c(NH_3\cdot H_2O)=c(OH^-)=\frac{25\times0.1}{75}=0.033\ \text{mol}\cdot\text{L}^{-1}$$

$$K_b^{\ominus}=\frac{c(NH_4^+)\cdot c(OH^-)}{c(NH_3\cdot H_2O)}\cdot\frac{1}{c^{\ominus}}$$

因 OH^- 的同离子效应，$NH_3\cdot H_2O$ 的离解受到极大抑制，溶液中的 $c(OH^-)$ 变化不大，$c(OH^-)=0.033\ \text{mol}\cdot\text{L}^{-1}$，所以溶液 pH＝12.52。

单元测试

(一) 选择题

1. 按酸碱质子论，$HAc+H_2O=H_3O^++Ac^-$ 反应中是碱的物质为（　　）。

A. HAc 和 H_2O　　B. HAc 和 Ac^-　　C. H_2O 和 Ac^-　　D. H_3O^+ 和 Ac^-

2. pH=2 的溶液 $c(H^+)$ 是 pH=6 溶液 $c(H^+)$ 的(　　)倍。

A. 4　　B. 12　　C. 400　　D. 10 000

3. 某一元弱酸 HZ 的 0.20 $mol \cdot L^{-1}$ 溶液中，pH 正好为 3.0，则 HZ 的离解常数 $K_a^\ominus$ 为(　　)。

A. 0.6　　B. 1.0×10^{-3}　　C. 2.0×10^{-4}　　D. 5.0×10^{-6}

4. $c(NH_3 \cdot H_2O)=0.10\ mol \cdot L^{-1}$ 氨水中同时含有 NH_4Cl，已知 OH^- 浓度为 $3.6\times10^{-6}\ mol \cdot L^{-1}$，则 NH_4^+ 浓度为(　　)(氨水 $K_b^\ominus=1.8\times10^{-5}$)。

A. 0.50 $mol \cdot L^{-1}$　　B. 0.94 $mol \cdot L^{-1}$　　C. 0.64 $mol \cdot L^{-1}$　　D. 0.34 $mol \cdot L^{-1}$

5. $c(H_2S)=0.1\ mol \cdot L^{-1}$ H_2S 水溶液中 $c(S^{2-})$ 正确表示是(　　)。

A. $c(S^{2-})=c(H^+)$　　B. $c(S^{2-})=1/2c(H^+)$

C. $c(S^{2-})/c^\ominus=K_{a2}^\ominus$　　D. $c(S^{2-})=0.1\ mol \cdot L^{-1}$

6. $c(NaCN)=0.1\ mol \cdot L^{-1}$ NaCN 溶液比 $c(NaAc)=0.1\ mol \cdot L^{-1}$ NaAc 溶液的碱性强，它是由于(　　)。

A. HCN 是比 HAc 更弱的弱酸　　B. HCN 比 HAc 在水中的溶解度小

C. HAc 是比 HCN 更弱的弱酸　　D. NaCN 比 NaAc 在水中的溶解度小

7. 在 1 L 浓度为 $c(HAc)=0.1\ mol \cdot L^{-1}$ 的 HAc 溶液中加入 0.1 mol NaAc(s)，此溶液的 pH 将要(　　)。

A. 升高　　B. 降低　　C. 不变　　D. 无法判断

8. 在下列溶液中 HCN 离解度最大的是(　　)。

A. 0.10 $mol \cdot L^{-1}$ KCN　　B. 0.10 $mol \cdot L^{-1}$ KCl 和 0.10 $mol \cdot L^{-1}$ KCN

C. 0.20 $mol \cdot L^{-1}$ KCl　　D. 0.10 $mol \cdot L^{-1}$ HCl 和 0.20 $mol \cdot L^{-1}$ NaCl

9. 以何种比例(物质的量的比)混合 $NaHCO_3$ 与 Na_2CO_3，可配得到 pH=9.95 的缓冲溶液(　　)。

(H_2CO_3 的 $K_{a1}^\ominus=4.4\times10^{-7}$，$K_{a2}^\ominus=5.61\times10^{-11}$)

A. 2∶1　　B. 1∶1　　C. 1∶2　　D. 1∶3.9×10^3

10. 欲配制 pH=9.1 的缓冲溶液，则应选用下列弱酸或弱碱中的(　　)。

A. 羟氨(NH_2OH)$K_b^\ominus=1.0\times10^{-9}$　　B. 氨水 $K_b^\ominus=1.0\times10^{-5}$

C. 醋酸 $K_a^\ominus=1.0\times10^{-5}$　　D. 亚硝酸 $K_a^\ominus=5.1\times10^{-4}$

11. 水溶液中能大量共存的物质是(　　)。

A. H_3PO_4、PO_4^{3-}　　B. $H_2PO_4^-$、PO_4^{3-}

C. H_3PO_4、HPO_4^{2-}　　D. HPO_4^{2-}、PO_4^{3-}

12. 将 pH=4.00 的强酸溶液与 pH=12.00 的强碱溶液等体积混合，则混合后溶液的 pH 为(　　)。

A. 8.00　　B. 9.00　　C. 11.69　　D. 12.00

13. 配制 $SnCl_2$ 水溶液时，必须先将称好的 $SnCl_2(s)$ 溶于适量的(　　)。

A. HCl 溶液　　B. NaOH 溶液　　C. HNO_3 溶液　　D. KCl 溶液

(二)填空题

1. 根据酸碱质子论，$[Cr(H_2O)_5(OH)]^{2+}$的共轭酸是________，共轭碱是________，HNO_3的共轭酸是________，共轭碱是________。
2. 对于酸碱反应 $HA+HE=A^- +H_2E^+$ $K^{\ominus}=1\times10^{-2}$，根据酸碱质子论，反应中的强酸是________，强碱是________。
3. 已知 H_2CO_3 的 $K_{a1}^{\ominus}=4.4\times10^{-7}$，$K_{a2}^{\ominus}=5.61\times10^{-11}$。$H_2CO_3$ 的共轭碱是________，其 $K_b^{\ominus}=$________。0.10 $mol\cdot L^{-1}$ Na_2CO_3 溶液的 pH 为________；0.10 $mol\cdot L^{-1}$ $NaHCO_3$溶液的 pH 为________；两溶液等体积混合后溶液的 pH 是________。
4. 已知 $c(HCl)=0.4\ mol\cdot L^{-1}$的盐酸与 $c(HAc)=0.4\ mol\cdot L^{-1}$的醋酸($K_a^{\ominus}=1.8\times10^{-5}$)溶液，两溶液的 pH 分别为________和________；若将两溶液等体积混合，所得溶液的 pH 为________。
5. 在 0.1 $mol\cdot L^{-1}$的 $NH_3\cdot H_2O$ 中加入 NH_4Cl 固体，则 $NH_3\cdot H_2O$ 的离解度________，pH ________，这种作用称作________。加入 NH_4Cl 的前后 $NH_3\cdot H_2O$ 离解常数________。
6. 现有等浓度 HCl，HAc，NaOH，NaAc 各若干，配制 pH=4.44 的缓冲溶液，有三种配法，分别是$V(HAc):V(Ac^-)=$________；$V(HAc):V(NaOH)=$________；$V(HCl):V(NaAc)=$________。$K_a^{\ominus}(HAc)=1.8\times10^{-5}$。
7. 已知 H_3PO_4 的 $K_{a1}^{\ominus}=7.5\times10^{-3}$，$K_{a2}^{\ominus}=6.2\times10^{-8}$，$K_{a3}^{\ominus}=2.2\times10^{-13}$，欲用磷酸盐配制缓冲液，若 Na_2HPO_4 作为酸，可配制成 pH 为________至________范围的缓冲液；若 Na_2HPO_4 作为碱，可配制 pH 为________至________范围内的缓冲液。

(三)计算题

1. 298 K，$c(CH_3NH_2)=0.1\ mol\cdot L^{-1}$的甲胺($CH_3NH_2$)溶液在平衡时离解度是 6.9%，同浓度的 $NH_3\cdot H_2O$ 与甲胺哪个碱性更强？已知 $K_b^{\ominus}(NH_3\cdot H_2O)=1.8\times10^{-5}$。
2. 已知 $K_b^{\ominus}(NH_3\cdot H_2O)=1.8\times10^{-5}$，$K_a^{\ominus}(HF)=7.4\times10^{-5}$，求 NH_4F 溶液的 pH。
3. 欲用 $c(H_2C_2O_4)=0.1\ mol\cdot L^{-1}$ $H_2C_2O_4$ 与 $c(NaOH)=0.1\ mol\cdot L^{-1}$ NaOH 配制 500 mL pH=4.49 的缓冲溶液，所用两溶液的体积各为多少？($H_2C_2O_4$ 的 $K_{a1}^{\ominus}=5.9\times10^{-2}$，$K_{a2}^{\ominus}=6.4\times10^{-5}$)
4. H_2CO_3-HCO_3^- 作为血液中的缓冲溶液，其功能之一是快速除去运动之后产生的乳酸(HLac)已知 $K_a^{\ominus}(HLac)=1.8\times10^{-5}$，$H_2CO_3$ 的 $K_{a1}^{\ominus}=4.4\times10^{-7}$ $K_{a2}^{\ominus}=5.61\times10^{-11}$。
   (1)写出反应方程式，求其平衡常数 $K^{\ominus}$；
   (2)通常血液中 $c(H_2CO_3)=1.4\times10^{-3}\ mol\cdot L^{-1}$，$c(HCO_3^-)=2.7\times10^{-2}\ mol\cdot L^{-1}$，计算其 pH。

参考答案

(一)选择题

1.C 2.D 3.D 4.A 5.C 6.A 7.A 8.C 9.A 10.B 11.D 12.C 13.A

(二)填空题

1. $[Cr(H_2O)_6]^{3+}$，$[Cr(H_2O)_4(OH)_2]^+$，$H_2NO_3^+$，NO_3^-。

2. H_2E^+，A^-。

3. HCO_3^-，2.3×10^{-8}，11.6，8.3，10.25。

4. 0.40，2.57，0.70。

5. 减小，下降，同离子效应，不变。

6. $V(HAc):V(Ac^-)=2:1$，$V(HAc):V(NaOH)=3:1$，$V(HCl):V(NaAc)=2:3$。

7. 11.66～13.66；6.21～8.21。

(三)计算题

1. 解：根据稀释定律 $\alpha=\sqrt{\dfrac{K_b^\ominus\cdot c^\ominus}{c(NH_3)}}$

解得 $c=0.1\ mol\cdot L^{-1}$的 $NH_3\cdot H_2O$

$\alpha=1.34\%<\alpha(CH_3NH_2)=6.9\%$

所以，甲胺溶液碱性比氨的碱性强。

2. 解：NH_4F 由离子酸和离子碱组成，分别进行酸式和碱式离解，离解常数为 K_a 和 K_b

即

$$NH_4^+=NH_3+H^+$$

$$F^-+H_2O=HF+OH^-$$

$$pH=7+\frac{1}{2}pK_a^\ominus-\frac{1}{2}pK_b^\ominus=6.69$$

3. 解：根据题意由 $H_2C_2O_4$ 与 NaOH 反应配制的缓冲溶液的组成为

$$NaHC_2O_2-Na_2C_2O_4$$

根据
$$pH=pK_a^\ominus-\lg\frac{c(NaHC_2O_2)}{c(Na_2C_2O_4)}$$

将 $pH=4.49$，$pK_a^\ominus=4.19$ 代入上式，可以得出

$$\frac{c(NaHC_2O_2)}{c(Na_2C_2O_4)}=0.5$$

设所用 $0.1\ mol\cdot L^{-1}$ NaOH 与 $0.1\ mol\cdot L^{-1}$ $H_2C_2O_4$ 的体积分别为 V_1 和 V_2，由题意各物质之间的量的关系为：

$NaOH\quad+\quad H_2C_2O_2\quad=\quad NaHC_2O_2+H_2O$

$cV_1\qquad\qquad cV_2$

$cV_1-cV_2\qquad\qquad\qquad cV_2$

$NaOH\quad+\quad NaHC_2O_2\quad=\quad Na_2C_2O_4+H_2O$

$cV_1-cV_2\qquad cV_2$

$cV_2-(cV_1-cV_2)\qquad\qquad cV_1-cV_2$

$=2cV_2-cV_1$

$$\frac{c(NaHC_2O_2)}{c(Na_2C_2O_4)}=\frac{2cV_2-cV_1}{cV_1-cV_2}=0.5$$

又 $V_1+V_2=500\ mL$

由以上两式可以解得：$V_1=312.5\ mL$；$V_2=187.5\ mL$。即

187.5 mL $H_2C_2O_4$，312.5 mL NaOH。

4. 解：(1) $HLac + HCO_3^- = H_2CO_3 + Lac^-$

$$K^{\ominus} = \frac{c(H_2CO_3)c(Lac^-)}{c(HLac)c(HCO_3^-)} = \frac{K_a^{\ominus}(HLac)}{K_{a1}^{\ominus}(H_2CO_3)} = 40.91$$

(2) $H_2CO_3 = H^+ + HCO_3^-$

$$K_{a1}^{\ominus} = \frac{c(H^+)c(HCO_3^-)}{c(H_2CO_3)}$$

$$c(H_2CO_3) = 1.4\times10^{-3}\ mol\cdot L^{-1},\ c(HCO_3^-) = 2.7\times10^{-2}\ mol\cdot L^{-1}$$

代入上式，即可求出 $c(H^+) = 2.28\times10^{-8}\ mol\cdot L^{-1}$，$pH = 7.64$

Chapter 8 第8章

沉淀反应

Precipitation-dissolution Reaction

内容要点

1. 溶度积

(1)溶度积通式

$$A_nB_m(s) = nA^{m+}(aq) + mB^{n-}(aq)$$

$$K_{sp}^{\ominus}(A_nB_m) = [c(A)/c^{\ominus}]^n \cdot [c(B)/c^{\ominus}]^m$$

(2)溶度积与溶解度

AB 型化合物

$$AB(s) = A + B$$

$$K_{sp}^{\ominus} = [c(A)/c^{\ominus}][c(B)/c^{\ominus}] = (s/c^{\ominus})^2$$

AB_2 型或 A_2B 型化合物

$$AB_2(s) = A + 2B$$

$$K_{sp}^{\ominus} = [c(A)/c^{\ominus}][c(B)/c^{\ominus}]^2 = (s/c^{\ominus}) \cdot (2s/c^{\ominus})^2 = 4(s/c^{\ominus})^3$$

2. 溶度积规则

对于一般难溶电解质 A_nB_m，离子积可表示为：

$$Q = [c(A)/c^{\ominus}]^n[c(B)/c^{\ominus}]^m$$

若 $Q > K_{sp}^{\ominus}$，溶液为过饱和溶液，有沉淀析出；

若 $Q = K_{sp}^{\ominus}$，溶液为饱和溶液，达平衡状态；

若 $Q < K_{sp}^{\ominus}$，溶液为不饱和溶液，沉淀溶解。

3. 沉淀—溶解平衡的移动

(1)同离子效应　在难溶电解质的溶液中，加入含有与难溶电解质离解产物相同离子的强电解质而使难溶电解质溶解度降低的效应。

(2)酸碱反应　通过控制酸碱反应，生成难电离的弱电解质，如水、氨、硫化氢等，从而使沉淀溶解。

(3)配位反应　通过加入适当配位剂，生成配合物，使沉淀溶解。

(4)氧化还原反应　加入氧化剂或还原剂，使体系中相关离子发生氧化还原反应而降低其浓度，使沉淀溶解。

4. 分步沉淀

在一含有多种离子的溶液中，加入某沉淀剂时，可能生成多种沉淀。根据溶度积规则，在一定条件下，先满足 $Q>K_{sp}^{\ominus}$ 的沉淀先从溶液中析出。这种按先后次序沉淀的现象叫分步沉淀。利用分步沉淀，可进行溶液中离子的化学分离及滴定终点的指示。

5. 沉淀的转化

一般来说，溶解度较大的难溶电解质易于向溶解度较小的方向转化；而溶解度小的转化为溶解度大的则需要较高的条件，比如较大的转换剂浓度、用量。

典型例题

例 8-1　选择题：

(1)有一难溶强电解质 M_2X，其溶度积为 $K_{sp}^{\ominus}$，则其溶解度 s 的表示式为(　　)。

A. $s=K_{sp}^{\ominus}$　　B. $s=\sqrt[3]{\frac{K_{sp}^{\ominus}}{2}}$　　C. $s=\sqrt{K_{sp}^{\ominus}}$　　D. $s=\sqrt[3]{\frac{K_{sp}^{\ominus}}{4}}$

(2)难溶电解质 A_2B 的溶液中，有下列平衡

$$A_2B(s)\rightleftharpoons 2A^+(aq)+B^{2-}(aq),c(A^+)/c^{\ominus}=x,c(B^{2-})/c^{\ominus}=y,$$

则 A_2B 的 $K_{sp}^{\ominus}$ 可表示为(　　)。

A. $K_{sp}^{\ominus}=x^2\cdot\frac{1}{2}y$　　B. $K_{sp}^{\ominus}=x\cdot y^2$

C. $K_{sp}^{\ominus}=x^2\cdot y$　　D. $K_{sp}^{\ominus}=(2x)^2\cdot y$

(3)已知 $K_{sp}^{\ominus}(AgCl)=1.8\times10^{-10}$，AgCl 在 0.001 $mol\cdot L^{-1}$ NaCl 溶液中的溶解度为(　　)$mol\cdot L^{-1}$。

A. 1.8×10^{-10}　　B. 1.34×10^{-5}　　C. 0.001　　D. 1.8×10^{-7}

(4)向一含 Pb^{2+} 和 Sr^{2+} 的溶液中逐滴加入 Na_2SO_4，首先有 $SrSO_4$ 生成，由此可知(　　)。

A. $K_{sp}^{\ominus}(PbSO_4)>K_{sp}^{\ominus}(SrSO_4)$

B. $c(Pb^{2+})>c(Sr^{2+})$

C. $c(Pb^{2+})/c(Sr^{2+})>K_{sp}^{\ominus}(PbSO_4)/K_{sp}^{\ominus}(SrSO_4)$

D. $c(Pb^{2+})/c(Sr^{2+})<K_{sp}^{\ominus}(PbSO_4)/K_{sp}^{\ominus}(SrSO_4)$

解：(1)D；(2)C；(3)D；(4)D。

例 8-2　已知 $K_{sp}^{\ominus}(AgBr)=5.35\times10^{-13}$，求其在纯水和 0.01 $mol\cdot L^{-1}$KBr 溶液中的溶解度($g\cdot L^{-1}$)。

解：(1)设 AgBr 的溶解度为 s。

$$AgBr(s)=\underset{s}{Ag^+}(aq)+\underset{s}{Br^-}(aq)$$

$$K_{sp}^{\ominus}(AgBr)=[c(Ag^+)/c^{\ominus}]\cdot[c(Br^-)/c^{\ominus}]=(s/c^{\ominus})^2$$

$$s/c^{\ominus}=\sqrt{K_{sp}^{\ominus}}=\sqrt{5.35\times10^{-13}}=7.31\times10^{-7}$$

$$s=7.31\times10^{-7}\ \text{mol}\cdot\text{L}^{-1}\times188\ \text{g}\cdot\text{mol}^{-1}=1.37\times10^{-4}\ \text{g}\cdot\text{L}^{-1}$$

(2)

$$AgBr(s)=Ag^{+}(aq)+Br^{-}(aq)$$

$$s \qquad s+0.01$$

$$K_{sp}^{\ominus}(AgBr)=[c(Ag^{+})/c^{\ominus}]\cdot[c(Br^{-})/c^{\ominus}]=(s/c^{\ominus})\cdot[(s+0.01)/c^{\ominus}]$$

$$s=5.35\times10^{-11}\ \text{mol}\cdot\text{L}^{-1}$$

$$s=5.35\times10^{-11}\ \text{mol}\cdot\text{L}^{-1}\times188\ \text{g}\cdot\text{mol}^{-1}=1\times10^{-8}\ \text{g}\cdot\text{L}^{-1}$$

例 8-3 $PbCl_2$ 在 $c(PbNO_3)=0.13\ \text{mol}\cdot\text{L}^{-1}$ $PbNO_3$ 溶液中的溶解度为 $5.7\times10^{-3}\ \text{mol}\cdot\text{L}^{-1}$，计算该温度下 $PbCl_2$ 的 $K_{sp}^{\ominus}$。

解：

$$PbCl_2(s)=Pb^{2+}(aq)+2Cl^{-}(aq)$$

$$s+0.13 \qquad 2s$$

$$K_{sp}^{\ominus}(PbCl_2)=c(Pb^{2+})\cdot c^2(Cl^{-})=(s+0.13)\cdot(2s)^2$$

$$K_{sp}^{\ominus}(PbCl_2)=(0.13+5.7\times10^{-3})(2\times5.7\times10^{-3})^2=1.76\times10^{-5}$$

例 8-4 $K_{sp}^{\ominus}[Ca(OH)_2]=5.5\times10^{-6}$，试计算其饱和溶液的 pH。

解：AB_2 型

$$s/c^{\ominus}=\sqrt[3]{K_{sp}^{\ominus}/4}=\sqrt[3]{\frac{5.5\times10^{-6}}{4}}=0.011$$

$$c(OH^{-})=2s=0.022\ \text{mol}\cdot\text{L}^{-1}$$

$$pH=12.35$$

例 8-5 将 20 mL $c(MgCl_2)=0.5\ \text{mol}\cdot\text{L}^{-1}$ $MgCl_2$ 溶液与 20 mL $c(NH_3\cdot H_2O)=0.1\ \text{mol}\cdot\text{L}^{-1}$ 氨水混合，有无 $Mg(OH)_2$ 沉淀生成？为防止沉淀生成，应加入多少克 $NH_4Cl(s)$（忽略体积变化）？

解：已知 $K_{sp}^{\ominus}[Mg(OH)_2]=5.61\times10^{-12}$，$K_b^{\ominus}(NH_3\cdot H_2O)=1.77\times10^{-5}$。

(1)

$$c(Mg^{2+})=\frac{20\ \text{mL}}{40\ \text{mL}}\times0.5\ \text{mol}\cdot\text{L}^{-1}=0.25\ \text{mol}\cdot\text{L}^{-1}$$

$$c(NH_3)=\frac{20\ \text{mL}}{40\ \text{mL}}\times0.1\ \text{mol}\cdot\text{L}^{-1}=0.05\ \text{mol}\cdot\text{L}^{-1}$$

$$NH_3\cdot H_2O=NH_4^{+}+OH^{-}$$

平衡浓度/$(\text{mol}\cdot\text{L}^{-1})$ $0.05-x$ x x

做近似 $0.05-x\approx0.05$，则

$$K_b^{\ominus}(NH_3\cdot H_2O)=\frac{[c(NH_4^{+})/c^{\ominus}]\cdot[c(OH^{-})/c^{\ominus}]}{c(NH_3\cdot H_2O)/c^{\ominus}}=\frac{(x/c^{\ominus})^2}{0.05/c^{\ominus}}=1.77\times10^{-5}$$

得

$$x=9.41\times10^{-4}\ \text{mol}\cdot\text{L}^{-1}$$

故

$$c(OH^{-})=9.41\times10^{-4}\ \text{mol}\cdot\text{L}^{-1}$$

$$Q=[c(Mg^{2+})/c^{\ominus}]\cdot[c^2(OH^{-})/c^{\ominus}]=0.25\times(9.41\times10^{-4})^2=2.2\times10^{-7}>K_{sp}^{\ominus}[Mg(OH)_2]$$

故有 $Mg(OH_2)$ 沉淀生成。

(2)

$$c(Mg^{2+})\cdot c^2(OH^{-})\leqslant K_{sp}^{\ominus}[Mg(OH)_2]$$

$$c(OH^{-})/c^{\ominus}\leqslant\sqrt{\frac{K_{sp}^{\ominus}[Mg(OH)_2]}{c(Mg^{2+})/c^{\ominus}}}=\sqrt{\frac{5.6\times10^{-12}}{0.25}}=4.737\times10^{-6}$$

$$c(OH^{-})=4.737\times10^{-6}\ \text{mol}\cdot\text{L}^{-1}$$

$$\begin{array}{lcccc} & NH_3 \cdot H_2O & = & NH_4^+ & + & OH^- \\ \text{平衡浓度}/(mol \cdot L^{-1}) & 0.05-4.737\times10^{-6} & & y+4.737\times10^{-6} & & 4.737\times10^{-6} \\ & \approx 0.05 & & & & \end{array}$$

$$K_b^{\ominus}(NH_3 \cdot H_2O)=\frac{[c(NH_4^+)/c^{\ominus}]\cdot[c(OH^-)/c^{\ominus}]}{c(NH_3 \cdot H_2O)/c^{\ominus}}$$

$$1.77\times10^{-5}=\frac{4.737\times10^{-6}\times(y+4.737\times10^{-6})}{0.05}$$

则 $y=0.186\ mol \cdot L^{-1}$，故 $c(NH_4Cl)=0.186\ mol \cdot L^{-1}$。

所以 $m(NH_4Cl)=0.186\ mol \cdot L^{-1}\times53.5\ g \cdot mol^{-1}\times0.04\ L=0.4\ g$。

例 8-6 在 $0.02\ mol \cdot L^{-1}$ 的 Fe^{2+} 和 $0.02\ mol \cdot L^{-1}NH_3$ 的混合溶液中，要使 $Fe(OH)_2$ 不沉淀出来，最少需要多大浓度的 NH_4^+？

解：$K_{sp}^{\ominus}[Fe(OH)_2]=[c(Fe^{2+})/c^{\ominus}]\cdot\{c(OH^-)/c^{\ominus}]^2$，出现 $Fe(OH)_2$ 沉淀时的 $c(OH^-)$ 为：

$$c(OH^-)/c^{\ominus}=\sqrt{\frac{K_{sp}^{\ominus}[Fe(OH)_2]}{c(Fe^{2+})/c^{\ominus}}}=\sqrt{\frac{4.87\times10^{-17}}{0.02}}=4.9\times10^{-8}$$

$NH_3 \cdot H_2O$-NH_4Cl 形成缓冲溶液

$$c(OH^-)/c^{\ominus}=K_b^{\ominus}(NH_3 \cdot H_2O)\cdot\frac{c(NH_3 \cdot H_2O)/c^{\ominus}}{c(NH_4Cl)/c^{\ominus}}$$

$$4.9\times10^{-8}=1.77\times10^{-5}\times\frac{0.02\ mol \cdot L^{-1}}{c(NH_4Cl)}$$

$$c(NH_4Cl)=1.77\times10^{-5}\times0.02\ mol \cdot L^{-1}\times\frac{1}{4.9\times10^{-8}}=7.18\ mol \cdot L^{-1}$$

所以 $c(NH_4Cl)=7.18\ mol \cdot L^{-1}$。

例 8-7 某溶液中含有 Fe^{3+} 和 Fe^{2+}。它们的浓度都是 $0.01\ mol \cdot L^{-1}$，如果要求 $Fe(OH)_3$ 定性沉淀完全而 Fe^{2+} 不生成 $Fe(OH)_2$ 沉淀，溶液 pH 应控制在何范围？

解：查表知 $K_{sp}^{\ominus}[Fe(OH)_2]=4.87\times10^{-17}$，$K_{sp}^{\ominus}[Fe(OH)_3]=2.64\times10^{-39}$。

(1)先求 Fe^{3+} 被沉淀完全所需要的 OH^- 浓度：(沉淀完全时，$c(Fe^{3+})=1.0\times10^{-5}\ mol \cdot L^{-1}$)

$$c(OH^-)/c^{\ominus}=\sqrt[3]{\frac{K_{sp}^{\ominus}[Fe(OH)_3]}{c(Fe^{3+})/c^{\ominus}}}=\sqrt[3]{\frac{2.64\times10^{-39}}{1.0\times10^{-5}}}=6.42\times10^{-12}$$

$$pOH=-\lg[c(OH^-)/c^{\ominus}]=11.19$$

$$pH=14.00-pOH=14-11.19=2.81$$

(2)求 Fe^{2+} 开始沉淀时所需要的 OH^- 浓度：

$$c(OH^-)/c^{\ominus}=\sqrt{\frac{K_{sp}^{\ominus}[Fe(OH)_2]}{c(Fe^{2+})/c^{\ominus}}}=\sqrt{\frac{4.87\times10^{-17}}{0.01}}=6.98\times10^{-8}$$

$$pOH=-\lg[c(OH^-)/c^{\ominus}]=7.16$$

$$pH=14.00-pOH=14.00-7.16=6.84$$

溶液的 pH 控制在 2.81～6.84 之间，即可使 Fe^{3+} 沉淀完全而 Fe^{2+} 又不沉淀。

例 8-8 等体积的 $c(KCl)=0.1\ mol \cdot L^{-1}KCl$ 和 $c(K_2CrO_4)=0.1\ mol \cdot L^{-1}K_2CrO_4$ 相混合，逐滴加入 $AgNO_3$ 溶液时，问 $AgCl$ 和 Ag_2CrO_4 哪种沉淀先析出？

解：等体积混合后，Cl^- 和 CrO_4^{2-} 的浓度均为 0.05 mol·L^{-1}。

生成 AgCl 沉淀所需 Ag^+ 浓度最低需达到：

$$c(Ag^+)/c^{\ominus}=\frac{K_{sp}^{\ominus}(AgCl)}{c(Cl^-)}=\frac{1.77\times10^{-10}}{0.05}=3.54\times10^{-9}$$

生成 Ag_2CrO_4 沉淀所需 Ag^+ 浓度最低需达到：

$$c(Ag^+)/c^{\ominus}=\sqrt{\frac{K_{sp}^{\ominus}(Ag_2CrO_4)}{c(CrO_4^{2-})}}=\sqrt{\frac{1.12\times10^{-12}}{0.05}}=4.73\times10^{-6}$$

所以 AgCl 沉淀先析出。

例 8-9 欲使 $c(ZnS)=0.01$ mol ZnS 溶于 1.0 L 盐酸溶液中，问所需 HCl 的最低浓度为多少？

解：查知 $K_{sp}^{\ominus}(ZnS)=2.93\times10^{-25}$，$K_{a1}^{\ominus}(H_2S)=1.3\times10^{-7}$，$K_{a2}^{\ominus}(H_2S)=7.1\times10^{-15}$。

0.01 mol ZnS 完全溶解于 1.0 L 酸液达平衡：

$$ZnS+2H^+ \rightleftharpoons Zn^{2+}+H_2S$$

平衡浓度/(mol·L^{-1})　　x　　0.01　0.01

$$K^{\ominus}=\frac{[c(Zn^{2+})/c^{\ominus}]\cdot[c(H_2S)/c^{\ominus}]}{c^2(H^+)/c^{\ominus}}=\frac{K_{sp}^{\ominus}(ZnS)}{K_{a1}^{\ominus}(H_2S)K_{a2}^{\ominus}(H_2S)}$$

$$=\frac{2.93\times10^{-25}}{1.3\times10^{-7}\times7.1\times10^{-15}}=3.17\times10^{-4}$$

$$c(H^+)/c^{\ominus}=\sqrt{\frac{[c(Zn^{2+})/c^{\ominus}]\cdot[c(H_2S)/c^{\ominus}]}{K^{\ominus}}}=\sqrt{\frac{0.01\times0.01}{3.17\times10^{-4}}}=0.56$$

平衡时 $c(H^+)=0.56$ mol·L^{-1}，反应消耗 H^+ 0.02 mol·L^{-1}。

所需 HCl 的最低浓度为 $c(H^+)=0.56$ mol·L^{-1}+0.02 mol·L^{-1}=0.58 mol·L^{-1}。

例 8-10 混合溶液中含有 0.10 mol·L^{-1} Pb^{2+} 和 0.01 mol·L^{-1} Ba^{2+}，问能否用 K_2CrO_4 溶液将 Pb^{2+} 和 Ba^{2+} 有效分离？已知 $K_{sp}^{\ominus}(PbCrO_4)=1.77\times10^{-14}$，$K_{sp}^{\ominus}(BaCrO_4)=1.2\times10^{-10}$。

解：Pb^{2+} 沉淀为 $PbCrO_4$ 所需 $c(CrO_4^{2-})$ 为

$$c(CrO_4^{2-})/c^{\ominus}=\frac{K_{sp}^{\ominus}(PbCrO_4)}{c(Pb^{2+})}=\frac{1.77\times10^{-14}}{0.1}=1.77\times10^{-13}$$

需要 $c(CrO_4^{2-})/c^{\ominus}=1.77\times10^{-13}$ mol·L^{-1}。

Ba^{2+} 沉淀为 $BaCrO_4$ 所需 $c(CrO_4^{2-})$ 为

$$c(CrO_4^{2-})/c^{\ominus}=\frac{K_{sp}^{\ominus}(BaCrO_4)}{c(Ba^{2+})}=\frac{1.6\times10^{-10}}{0.01}=1.6\times10^{-8}$$

需要 $c(CrO_4^{2-})=1.6\times10^{-8}$ mol·L^{-1}。

所以 $PbCrO_4$ 先沉淀。当其沉淀完全时(定性)

$$c(CrO_4^{2-})/c^{\ominus}=\frac{K_{sp}^{\ominus}(PbCrO_4)}{c(Pb^{2+})}=\frac{1.77\times10^{-14}}{10^{-5}}=1.77\times10^{-9}$$

当 $c(CrO_4^{2-})=1.77\times10^{-9}$ mol·L^{-1} 时 $BaCrO_4$ 还没沉淀，故可以有效分离。

例 8-11 现有 0.1 mol $Mg(OH)_2$ 和 0.1 mol 的 $Fe(OH)_3$，问需用 1 L 多大浓度的铵盐才能使它们完全溶解？已知 $K_b^{\ominus}(NH_3)=1.8\times10^{-5}$，$K_{sp}^{\ominus}[Mg(OH)_2]=5.6\times10^{-12}$，$K_{sp}^{\ominus}[Fe(OH)_3]=$

2.64×10^{-39}。

解：$Mg(OH)_2$ 溶于 NH_4^+ 的平衡为

$$Mg(OH)_2+2NH_4^+=Mg^{2+}+2NH_3+2H_2O$$

平衡浓度/$(mol\cdot L^{-1})$　　c　　0.1　　2×0.1

$$K^\ominus=\frac{[c(Mg^{2+})/c^\ominus]\cdot[c^2(NH_3)/c^\ominus]}{c^2(NH_4^+)/c^\ominus}=\frac{K_{sp}^\ominus[Mg(OH)_2]}{[K_b^\ominus(NH_3)]^2}$$

$$=\frac{5.6\times10^{-12}}{(1.8\times10^{-5})^2}=0.017$$

$$c(NH_4^+)/c^\ominus=\sqrt{\frac{[c(Mg^{2+})/c^\ominus]\cdot[c^2(NH_3)/c^\ominus]}{K^\ominus}}=\sqrt{\frac{0.1\times(0.2)^2}{0.017}}=0.49$$

平衡时 $c(NH_4^+)=0.49\ mol\cdot L^{-1}$。

由于使 $Mg(OH)_2$ 完全溶解需用去 $(2\times0.1)mol\cdot L^{-1}$ NH_4^+，所以，共需用 NH_4^+ 为

$$0.2\ mol\cdot L^{-1}+0.49\ mol\cdot L^{-1}=0.69\ mol\cdot L^{-1}$$

同理，使 $Fe(OH)_3$ 完全溶解需用去 $(3\times0.1)\ mol\cdot L^{-1}$ NH_4^+，所以，设维持平衡 NH_4^+ 浓度为 c

$$Fe(OH)_3+3NH_4^+ = Fe^{3+}+3NH_3\cdot H_2O$$

平衡浓度/$(mol\cdot L^{-1})$　　c　　0.1　　3×0.1

$$K^\ominus=\frac{[c(Fe^{3+})/c^\ominus]\cdot[c^3(NH_3)/c^\ominus]}{c^3(NH_4^+)/c^\ominus}=\frac{K_{sp}^\ominus[Fe(OH)_3]}{[K_b^\ominus(NH_3)]^3}$$

$$=\frac{2.64\times10^{-39}}{(1.8\times10^{-5})^3}=4.53\times10^{-25}$$

$$c(NH_4^+)/c^\ominus=\sqrt[3]{\frac{[c(Fe^{3+})/c^\ominus]\cdot[c^3(NH_3)/c^\ominus]}{K^\ominus}}=\sqrt[3]{\frac{0.1\times(0.3)^3}{4.53\times10^{-25}}}=1.81\times10^7$$

计算结果表明，1 L 铵盐溶液无法溶解 0.1 mol $Fe(OH)_3$。

单元测试

(一)选择题

1. $La_2(C_2O_4)_3$ 的饱和溶液的浓度为 $1.1\times10^{-6}\ mol\cdot L^{-1}$，其溶度积为(　　)。
   A. 1.2×10^{-14}　B. 1.7×10^{-28}　C. 1.6×10^{-3}　D. 1.7×10^{-14}
2. $BaCO_3$ 在下列溶液中溶解度最小的是(　　)。
   A. HAc　B. 纯水　C. NaCl　D. Na_2CO_3
3. 已知 298 K 时，$K_{sp}^\ominus(AgCl)=1.77\times10^{-10}$，$K_{sp}^\ominus(AgBr)=5.35\times10^{-13}$，$K_{sp}^\ominus(Ag_2CrO_4)=1.12\times10^{-12}$，则在水中溶解度最小的为(　　)。
   A. AgCl　B. Ag_2CrO_4　C. AgBr　D. 无法判断
4. 欲使 $0.1\ mol\cdot L^{-1}$ 的 MnS 溶于 1 L 酸性溶液中，则该溶液 $c(H^+)$ 的最低起始浓度为(　　) $mol\cdot L^{-1}$。已知 $K_{sp}^\ominus(MnS)=4.65\times10^{-14}$，$K_{a1}^\ominus(H_2S)=1.3\times10^{-7}$，$K_{a2}^\ominus(H_2S)=$

7.1×10^{-15}。

A. 0.1　　B. 0.2　　C. 1.4×10^{-5}　　D. 0.3

5. 若已知 $K_{sp}^{\ominus}(AgCl)$ 和 $K_{sp}^{\ominus}(Ag_2S)$，则反应 $2AgCl+S^{2-} \rightleftharpoons Ag_2S+2Cl^-$ 的平衡常数 $K^{\ominus}$ 为（　　）。

A. $K_{sp}^{\ominus}(AgCl)+K_{sp}^{\ominus}(Ag_2S)$　　B. $K_{sp}^{\ominus}(AgCl)-K_{sp}^{\ominus}(Ag_2S)$

C. $K_{sp}^{\ominus}(AgCl)\times K_{sp}^{\ominus}(Ag_2S)$　　D. $[K_{sp}^{\ominus}(AgCl)]^2/K_{sp}^{\ominus}(Ag_2S)$

6. 在 1 L 极稀的 $AgNO_3$ 溶液中，加入 1 mL 1.0×10^{-4} $mol\cdot L^{-1}$ 的 NaCl 溶液，无沉淀析出时，溶液中两离子的关系为（　　）。

A. $c(Ag^+)=K_{sp}^{\ominus}(AgCl)/c(Cl^-)$　　B. $c(Ag^+)=K_{sp}^{\ominus}(AgCl)\cdot c(Cl^-)$

C. $c(Ag^+)=c(Cl^-)/K_{sp}^{\ominus}(AgCl)$　　D. $c(Ag^+)<K_{sp}^{\ominus}(AgCl)/c(Cl^-)$

7. 已知 $K_{sp}^{\ominus}(AB)=4.0\times10^{-10}$，$K_{sp}^{\ominus}(A_2B)=3.2\times10^{-11}$，则两物质在水中溶解度的关系为（　　）。

A. $s(AB)>s(A_2B)$　　B. $s(AB)<s(A_2B)$

C. $s(AB)=s(A_2B)$　　D. 无法确定

8. 已知 $K_{sp}^{\ominus}(Ag_2CrO_4)=1.12\times10^{-12}$，若 $AgNO_3$ 溶液浓度为 2.0×10^{-4} $mol\cdot L^{-1}$，$K_2C_rO_4$ 溶液浓度为 5.0×10^{-5} $mol\cdot L^{-1}$，则两者等体积混合后，溶液（　　）。

A. 有沉淀　　B. 处于饱和　　C. 无沉淀　　D. 无法判定

9. 将下列物质加入 AgCl 饱和溶液中，会使 AgCl 的溶解度增大的是（　　）。

A. NaCl(s)　　B. $NaNO_3$(s)　　C. $AgNO_3$(s)　　D. 水

10. 已知 $K_{sp}^{\ominus}(AgCl)=1.77\times10^{-10}$，AgCl 在 0.001 $mol\cdot L^{-1}$ NaCl 溶液中的溶解度为（　　）$mol\cdot L^{-1}$。

A. 1.77×10^{-10}　　B. 1.34×10^{-5}　　C. 0.001　　D. 1.77×10^{-7}

11. 在一混合离子溶液中，$c(Cl^-)=c(Br^-)=c(I^-)=0.01$ $mol\cdot L^{-1}$，若滴加 1.0×10^{-3} $mol\cdot L^{-1}$ $AgNO_3$ 溶液，则出现沉淀的顺序为（　　）。

A. AgBr，AgCl，AgI　　B. AgI，AgCl，AgBr

C. AgI，AgBr，AgCl　　D. AgCl，AgBr，AgI

12. 在下列叙述中错误的是（　　）。

A. 溶液中难溶物的 Q 等于该难溶电解质的 $K_{sp}^{\ominus}$ 时，为饱和溶液

B. 根据溶度积规则，$K_{sp}^{\ominus}$ 越小，则该难溶电解质的溶解度越小

C. CuS 不能溶于 HCl，但可溶于浓 HNO_3

D. 同离子效应使难溶电解质的溶解度降低

13. 在下列叙述中正确的是（　　）。

A. 欲使溶液中某离子沉淀完全，沉淀剂的加入量越多越好

B. 等物质的量的 NaCl 与 $AgNO_3$ 混合后，全部生成 AgCl 沉淀，因此溶液中无 Cl^- 和 Ag^+ 存在

C. 两种难溶电解质做比较时，$K_{sp}^{\ominus}$ 越小的溶解度必定小

D. 某离子沉淀完全是指溶质中离子的浓度小于 1.0×10^{-5} $mol\cdot L^{-1}$

14. 欲将 AgCl，AgBr，AgI 混合物中的 AgCl 分离出来，适宜的试剂是（　　）。

A. NH_3　　B. $Na_2S_2O_3$　　C. Zn　　D. $(NH_4)_2CO_3$

15. 下列物质，难溶于强酸的为(　　)。

A. $Co(OH)_3$　　B. $BaCrO_4$　　C. CuI　　D. CaC_2O_4

16. 洗涤 $BaSO_4$ 沉淀时，为了减少沉淀的损失，应用什么溶液洗涤最好(　　)。

A. 稀 HCl　　B. 稀 Na_2SO_4　　C. H_2SO_4　　D. 纯水

(二)填空题

1. 某难溶电解质 A_2B 在水中的溶解度为 1.0×10^{-4} mol·L^{-1}，则其饱和水溶液中 $c(A^+)=$________，$c(B^{2-})=$________，$K_{sp}^{\ominus}(A_2B)=$________。(设 A_2B 溶后完全离解，且无副反应发生)

2. 溶液中含有相同浓度(均为 0.1 mol·L^{-1})的 KBr、KCl、K_2CrO_4，向此溶液中逐滴加入 $AgNO_3$ 溶液，首先沉淀的是________，最后沉淀的是________。
$K_{sp}^{\ominus}(AgCl)=1.77\times10^{-10}$，$K_{sp}^{\ominus}(AgBr)=5.35\times10^{-13}$，$K_{sp}^{\ominus}(Ag_2CrO_4)=1.12\times10^{-12}$。

3. 已知 $K_{sp}^{\ominus}(Ag_2CrO_4)=1.12\times10^{-12}$，在 Ag_2CrO_4 饱和溶液中，当 $c(CrO_4^{2-})=2.0\times10^{-4}$ mol·L^{-1}时，平衡的$c(Ag^+)=$________，当 $c(Ag^+)=1.0\times10^{-6}$ mol·L^{-1}时，$c(CrO_4^{2-})=$________。

4. 在相同温度下，$PbSO_4$ 在 KNO_3 溶液中的溶解度较在纯水中__________这种现象称为__________。

5. 在 $Al_2(SO_4)_3$ 溶液中，滴加 Na_2CO_3 溶液，反应现象是________，其离子反应式为________。

6. PbI_2 在水中的溶解度为 1.2×10^{-3} mol·L^{-1}，其 $K_{sp}^{\ominus}=$________，若将 PbI_2 溶于 0.01 mol·L^{-1}的 KI 溶液中，其溶解度为________ mol·L^{-1}。

7. Ag_2S 可溶于 HNO_3，主要原因是______________，反应式为______________。

8. 在含有 Cl^-、Br^-、I^- 的混合溶液中，已知三种浓度均为 0.010 mol·L^{-1}，若向混合溶液中滴加 $AgNO_3$ 溶液，首先应沉淀出________，________沉淀最后析出($AgCl$、$AgBr$、AgI 的 $K_{sp}^{\ominus}$分别为 1.77×10^{-10}、5.35×10^{-13}和 8.51×10^{-17})。

9. 对于同一类型的难溶强电解质，溶度积________，利用分步沉淀来分离离子效果就越好。

10. 在 $BaSO_4$ 的平衡体系中，如加入 $BaCl_2$ 溶液，主要是________效应，溶解度________；如加入 NaCl 溶液，主要是________效应，溶解度________。

11. 在 I^- 和 Cl^- 共存的条件下，当溶液中同时析出 AgI 和 AgCl 沉淀时，溶液中 Ag^+ 浓度必然满足__________________。

12. 将 100 mL 0.1 mol·L^{-1}$BaCl_2$ 溶液加入 50 mL 0.3 mol·L^{-1}Na_2SO_4 溶液中，沉淀出 $BaSO_4$ 的物质的量为________ mol。

13. 在 0.01 mol·L^{-1}氨水溶液，0.01 mol·L^{-1}氯化钠溶液，纯水，0.01 mol·L^{-1}硝酸银溶液中，AgCl 固体溶解度最大的是________。

14. 25℃时 $K_{sp}^{\ominus}(AgCl)=1.77\times10^{-10}$，$K_{sp}^{\ominus}(Ag_2CO_3)=8.1\times10^{-22}$，AgCl 和 Ag_2CO_3 溶解度大小的关系是__________________。

(三)计算题

1. 常温下 $Mg(OH)_2$ 的溶度积 $K_{sp}^{\ominus}=5.61\times10^{-12}$，求该温度下其饱和水溶液的 pH。

2. 已知 PbI_2 的 $K_{sp}^{\ominus}=8.49\times10^{-9}$，把 200 mL 3.0×10^{-3} mol·L^{-1}的 KI 溶液加入到100 mL 3.0×10^{-3} mol·L^{-1}的 $Pb(NO_3)_2$ 溶液中，通过计算说明有无 PbI_2 沉淀生成。

3. 将 0.02 mol·L^{-1}Ba^{2+}溶液与 2.0×10^{-4} mol·L^{-1}HF 溶液等体积混合，然后调节混合液的 pH=1.0(设调节 pH 时溶液体积不变)。

(1)通过计算说明能否生成 BaF_2 沉淀；

(2)求出能生成 BaF_2 而不生成 $Ba(OH)_2$ 沉淀的 pH 范围。

已知 $K_{sp}^{\ominus}(BaF_2)=1.0\times10^{-6}$，$K_{sp}^{\ominus}[Ba(OH)_2]=5.0\times10^{-3}$，$K_a^{\ominus}(HF)=3.5\times10^{-4}$。

4. 水中铁盐会导致红棕色 $Fe(OH)_3$ 在瓷水槽里沉积，通常用草酸($H_2C_2O_4$)溶液去洗涤，以除去这种沉积物。试计算证明所列两个方程中，哪个更能表达 $Fe(OH)_3$ 的溶解原理。

(1)$2Fe(OH)_3(s)+3H_2C_2O_4(aq)=2Fe^{3+}(aq)+6H_2O+3C_2O_4^{2-}(aq)$

(2)$Fe(OH)_3(s)+3H_2C_2O_4(aq)=Fe(C_2O_4)_3^{3-}(aq)+3H_2O+3H^+(aq)$

已知 $K_{sp}[Fe(OH)_3]=2.6\times10^{-39}$，$K_f[Fe(C_2O_4)_3^{3-}]=1.0\times10^{20}$，$K_{a1}(H_2C_2O_4)=6.0\times10^{-2}$，$K_{a2}(H_2C_2O_4)=6.0\times10^{-5}$。

5. 在含有 2.0×10^{-3} mol·L^{-1}的 Mn^{2+}和 1.0 mol·L^{-1}的 $NH_3\cdot H_2O$ 溶液中，至少加入多少 mol·L^{-1} 的 NH_4Cl(设体积不变)，才不至于生成 $Mn(OH)_2$ 沉淀。已知 $K_{sp}^{\ominus}[Mn(OH)_2]=1.9\times10^{-13}$，$K_b^{\ominus}(NH_3\cdot H_2O)=1.76\times10^{-5}$。

6. 某溶液含有 CrO_4^{2-}，浓度为 0.010 mol·L^{-1}，逐滴加入 $AgNO_3$ 溶液使之生成 Ag_2CrO_4 沉淀，如果此时 pH 太高，可能生成 AgOH 沉淀，问 pH 最高不超过多少才不首先生成 AgOH 沉淀？已知 $K_{sp}^{\ominus}(Ag_2CrO_4)=1.12\times10^{-12}$，$K_{sp}^{\ominus}(AgOH)=2.0\times10^{-8}$。

7. 在海水中几种离子的浓度如下：

	Na^+	Mg^{2+}	Ca^{2+}	Al^{3+}	Fe^{3+}
c/mol·L^{-1}	0.46	0.050	0.010	4.0×10^{-7}	2.0×10^{-7}

求(1)OH^-浓度多大时，$Mg(OH)_2$ 开始析出？

(2)在该 OH^-浓度下，是否还有其他离子析出？

8. 某溶液中含有 Ag^+、Pb^{2+}、Ba^{2+}、Sr^{2+}，各离子浓度均为 0.10 mol·L^{-1}，如果加 K_2CrO_4 溶液，溶液体积忽略不计，通过计算说明上述离子的铬酸盐开始沉淀的顺序。

参考答案

(一)选择题

1.B 2.D 3.C 4.B 5.D 6.D 7.B 8.C 9.B 10.D 11.C 12.B 13.D 14.D 15.C 16.C

(二)填空题

1. 2.0×10^{-4}，1.0×10^{-4}，4×10^{-12}。

2. AgBr，Ag_2CrO_4。

3. 7.5×10^{-5} mol·L^{-1}，1.12 mol·L^{-1}。

4. 大，盐效应。

5. 气泡产生和沉淀生成，$Al^{3+}+CO_3^{2-}+2H_2O=Al(OH)_3\downarrow+CO_2\uparrow+H^+$。

6. 6.9×10^{-9}，6.9×10^{-5}。

7. HNO_3 将 S^{2-} 氧化为 S，降低了溶液中 $c(S^{2-})$，使 $c^2(Ag^+)\cdot c(S^{2-})\ll K_{sp}^{\ominus}(Ag_2S)$ 故 Ag_2S 溶于 HNO_3；$3Ag_2S+8HNO_3=6AgNO_3\downarrow+2NO\uparrow+4H_2O$。

8. AgI，AgCl。

9. 相差越大。

10. 同离子，减小，盐，增大。

11. $c(Ag^+)=K_{sp}^{\ominus}(AgCl)/c(Cl^-)=K_{sp}^{\ominus}(AgI)/c(I^-)$。

12. 0.01。

13. $0.01\ mol\cdot L^{-1}$ 氨水溶液。

14. $Ag_2CO_3<AgCl$。

(三)计算题

1. 解：溶解度 $s/c^{\ominus}=\sqrt[3]{\frac{K_{sp}}{4}}=\sqrt[3]{\frac{5.61\times10^{-12}}{4}}=1.12\times10^{-4}$

$$s=1.12\times10^{-4}\ mol\cdot L^{-1}$$

$$c(OH^-)=2s=2\times1.12\times10^{-4}\ mol\cdot L^{-1}=2.24\times10^{-4}\ mol\cdot L^{-1}$$

$$pOH=4-\lg2.24=3.65$$

$$pH=14-3.65=10.35$$

2. 解：

$$c(I^-)=\frac{200\ mL\times3\times10^{-3}\ mol\cdot L^{-1}}{300\ mL}=2.0\times10^{-3}\ mol\cdot L^{-1}$$

$$c(Pb^{2+})=\frac{200\ mL\times3\times10^{-3}\ mol\cdot L^{-1}}{300\ mL}=1.0\times10^{-3}\ mol\cdot L^{-1}$$

$$Q=\{c(Pb^{2+})/c^{\ominus}\}\{c(I^-)/c^{\ominus}\}^2$$
$$=4.6\times10^{-9}<K_{sp}$$

所以，无 PbI_2 沉淀生成。

3. 解：(1) pH=1.0 时

$$c(F^-)=K_a^{\ominus}(HF)\frac{c(HF)}{c(H^+)}\times c^{\ominus}=3.5\times10^{-4}\times\frac{\frac{0.2\times10^{-3}}{2}mol\cdot L^{-1}}{0.1\ mol\cdot L^{-1}}\times1.0\ mol\cdot L^{-1}$$
$$=3.5\times10^{-7}\ mol\cdot L^{-1}$$

$$Q=(3.5\times10^{-7}mol\cdot L^{-1}/1.0\ mol\cdot L^{-1})^2\times(\frac{0.02}{2}mol\cdot L^{-1}\times\frac{1}{1.0\ mol\cdot L^{-1}})$$
$$=1.23\times10^{-15}<K_{sp}^{\ominus}(BaF_2)$$

所以，没有沉淀生成。

(2) 要生成 BaF_2 难溶物，所需最小 F^- 浓度为

$$c(F^-)/c^{\ominus}=\sqrt{\frac{K_{sp}^{\ominus}}{c(Ba^{2+})/c^{\ominus}}}=\sqrt{\frac{1.0\times10^{-6}}{0.01}}=1.0\times10^{-2}$$

$$c(H^+)/c^{\ominus}=K_a^{\ominus}\frac{c(HF)}{c(F^-)}=3.5\times10^{-4}\times\frac{0.1\times10^{-3}\ mol\cdot L^{-1}}{1.0\times10^{-2}\ mol\cdot L^{-1}}=3.5\times10^{-6}$$

$$pH=5.46$$

若不生成 $Ba(OH)_2$ 难溶物，允许最高 OH^- 浓度为

$$c(OH^-)/c^{\ominus}=\sqrt{\frac{K_{sp}^{\ominus}}{c(Ba^{2+})/c^{\ominus}}}=\sqrt{\frac{5.0\times10^{-3}}{0.01}}=0.71$$

$$pOH=0.15$$

$$pH=13.85$$

因此，生成 BaF_2 难溶物而不生成 $Ba(OH)_2$ 难溶物的 pH 范围为 5.46～13.85。

4. 解：(1) $2Fe(OH)_3(s)+3H_2C_2O_4(aq)=2Fe^{3+}(aq)+6H_2O+3C_2O_4^{2-}(aq)$

$$K_1^{\ominus}=\frac{[c(Fe^{3+})/c^{\ominus}]^2[c(C_2O_4^{2-})/c^{\ominus}]^3}{[c(H_2C_2O_4)/c^{\ominus}]^3}$$

$$=\frac{\{K_{sp}^{\ominus}[Fe(OH)_3]\}^2(K_{a1}^{\ominus}\cdot K_{a2}^{\ominus})^3}{(K_w^{\ominus})^6}$$

$$=3.2\times10^{-10}$$

(2) $Fe(OH)_3(s)+3H_2C_2O_4(aq)=Fe(C_2O_4)_3^{3-}(aq)+3H_2O+3H^+(aq)$

$$K_2^{\ominus}=\frac{[c(Fe(C_2O_4)_3^{3-})/c^{\ominus}][c(H^+)/c^{\ominus}]^3}{[c(H_2C_2O_4)/c^{\ominus}]^3}$$

$$=\frac{K_f^{\ominus}[Fe(C_2O_4)_3^{3-}]K_{sp}^{\ominus}(Fe(OH)_3)(K_{a1}^{\ominus}\cdot K_{a2}^{\ominus})^3}{(K_w^{\ominus})^6}=1.2\times10^7$$

$$K_1^{\ominus}\gg K_2^{\ominus}$$

所以，方程式(2)更能表示 $Fe(OH)_3$ 溶于 $H_2C_2O_4$ 的反应原理。

5. 解：刚好出现 $Mn(OH)_2$ 沉淀时

$$c(OH^-)/c^{\ominus}=\sqrt{\frac{K_{sp}^{\ominus}[Mn(OH)_2]}{c(Mn^{2+})/c^{\ominus}}}=\sqrt{\frac{1.9\times10^{-13}}{2.0\times10^{-3}}}=9.7\times10^{-6}$$

$NH_3\cdot H_2O$—NH_4Cl 形成缓冲溶液

$$c(OH^-)/c^{\ominus}=K_b^{\ominus}(NH_3\cdot H_2O)\cdot\frac{c(NH_3\cdot H_2O)/c^{\ominus}}{c(NH_4Cl)/c^{\ominus}}$$

$$9.7\times10^{-6}=1.76\times10^{-5}\times\frac{0.1}{c(NH_4Cl)/c^{\ominus}}$$

$$c(NH_4Cl)/c^{\ominus}=1.76\times10^{-5}\times0.1\times\frac{1}{9.7\times10^{-6}}=0.18$$

$$c(NH_4Cl)=0.18\ mol\cdot L^{-1}$$

6. 解：根据题意

$$c(OH^-)/c^{\ominus}\leqslant\frac{2.0\times10^{-8}}{1.06\times10^{-5}}=1.89\times10^{-3}$$

$$c(OH^-)=1.89\times10^{-3}\ mol\cdot L^{-1}$$

$$pOH=2.72$$

$$pH=11.28$$

所以 $pH\leqslant11.28$。

7. 解：(1)根据题意，当 $c(Mg^{2+})=0.050\ mol\cdot L^{-1}$ 开始沉淀时

$$c(OH^-)/c^{\ominus}=\sqrt{\frac{K_{sp}^{\ominus}[Mg(OH)_2]}{c(Mg^{2+})/c^{\ominus}}}=\sqrt{\frac{5.61\times10^{-12}}{5.0\times10^{-2}}}=1.06\times10^{-5}$$

$c(OH^-)\geqslant1.06\times10^{-5}\ mol\cdot L^{-1}$ 时，开始生成 $Mg(OH)_2$ 沉淀。

(2)当 $c(OH^-)=1.06\times10^{-5}$ mol·L^{-1}时

$$Q[Al(OH)_3]=[c(Al^{3+})/c^{\ominus}][c(OH^-)/c^{\ominus}]^3$$
$$=4.0\times10^{-7}\times(1.06\times10^{-5})^3$$
$$=4.75\times10^{-22}>K_{sp}^{\ominus}[Al(OH)_3]=2.0\times10^{-33}$$
$$Q[Fe(OH)_3]=[c(Fe^{3+})/c^{\ominus}][c(OH^-)/c^{\ominus}]^3$$
$$=2.0\times10^{-7}\times(1.06\times10^{-5})^3$$
$$=2.38\times10^{-22}>K_{sp}^{\ominus}[Fe(OH)_3]=2.64\times10^{-39}$$

所以 Al^{3+}、Fe^{3+} 也会析出。

8. 解：根据题意，通过计算，Ag^+、Pb^{2+}、Ba^{2+}、Sr^{2+} 开始形成铬酸难溶物时，各自需要 CrO_4^{2-} 离子的浓度分别为

$c_{Ag^+}(CrO_4^{2-})=1.12\times10^{-10}$ mol·L^{-1}；$c_{Pb^{2+}}(CrO_4^{2-})=1.77\times10^{-13}$ mol·L^{-1}；$c_{Ba^{2+}}(CrO_4^{2-})=1.17\times10^{-8}$ mol·L^{-1}；$c_{Sr^{2+}}(CrO_4^{2-})=2.2\times10^{-4}$ mol·L^{-1}

所以沉淀先后顺序为 Pb^{2+}、Ag^+、Ba^{2+}、Sr^{2+}。

Chapter 9 第9章

氧化还原反应

Oxidation-reduction Reaction

内容要点

1. 氧化数

氧化数是假设把化学实体中的成键电子全部划归于电负性较大的原子时，各原子所带的电荷数，即形式电荷数。计算氧化数的规定：

(1)在单质中元素的氧化数为零。

(2)在简单离子型化合物中，原子的氧化数等于它的电荷数。如 $CaCl_2$ 中的钙的氧化数为+2，氯的氧化数为-1。

(3)氢在化合物中的氧化数一般为+1，但在活泼金属的氢化物(如 NaH、CaH_2)中为-1。

(4)氧在化合物中的氧化数一般为-2，但在过氧化物(如 H_2O_2，BaO_2)中氧的氧化数为-1，在超氧化物(如 KO_2)中为 $-\frac{1}{2}$。

(5)中性化合物中，所有原子氧化数的代数和等于0；复杂离子中，各原子氧化数的代数和等于离子的电荷数。

2. 氧化还原反应的基本概念

氧化还原反应是元素氧化数发生变化的反应。

(1)在氧化还原反应中，失去电子氧化数升高被氧化的物质是还原剂；得到电子氧化数降低被还原的物质是氧化剂。氧化与还原同时发生，元素氧化数升高与降低的总数相等。

(2)氧化还原反应是由还原剂被氧化和氧化剂被还原这两个“半反应”组成的。在“半反应”中，同一元素高氧化数的物种被称为氧化型，低氧化数的物种被称为还原型，氧化型与还原型组成“电对”，“电对”与“半反应”是相互对应的。

3. 氧化还原反应方程式配平

配平氧化还原方程式的方法有多种，如“氧化数法”“离子电子法”等。利用“离子电子法”配平时，主要步骤为：将反应分为氧化半反应和还原半反应；分别配平半反应中等号两边的原子数；用电子配平电荷数；根据氧化剂与还原剂得失电子相等的原则，调整各半反应物质的系数，相加并消去电子，即得配平的氧化还原反应。利用氧化数法配平时，总原则为：氧化剂中元素氧化数的变化等于还原剂中元素氧化数的变化。

4. 原电池、电动势与电极电势

原电池是一种将化学能转变为电能的装置，是研究电化学的最基本的物理模型。原电池由两个“半电池”(正极和负极)组成。在正极上(氧化剂)得到电子被还原，在负极上(还原剂)失去电子被氧化。

半电池反应，又叫作电极反应。氧化还原的总反应称为电池反应。两个“半反应”之间通过导线和盐桥等连接起来，才能产生电流。表示原电池的符号叫作电池符号。

如 Zn - Cu 原电池的电池符号为：(－)Zn(s) | $ZnSO_4$(1 mol·L^{-1}) ‖ $CuSO_4$(1 mol·L^{-1}) | Cu(s)(＋)。电池符号书写有如下的规定：

(1)“|”表示物质间有一界面；“‖”表示盐桥；

(2)负极写在盐桥的左边，正极写在盐桥的右边；

(3)用化学式表示电池物质的组成，并要注明物质的状态，如气体要注明其分压，溶液要注明其浓度。

电动势是原电池正、负两极的电极电势之差。即

$$\varepsilon = \varphi_{正} - \varphi_{负}$$

式中：ε 为电动势，$\varphi_{正}$ 为正极的电极电势，$\varphi_{负}$ 为负极的电极电势。

当各物质都处于标准状态时的电极电势称为标准电极电势。若原电池中的各物质均处于标准状态，则其电动势称为标准电动势。此时，有

$$\varepsilon^{\ominus} = \varphi_{正}^{\ominus} - \varphi_{负}^{\ominus}$$

式中：$\varepsilon^{\ominus}$ 为标准电动势，$\varphi_{正}^{\ominus}$、$\varphi_{负}^{\ominus}$ 为标准电极电势。

5. 氧化还原反应自发进行方向的判断

由热力学可推导出，摩尔吉布斯自由能变与原电池电动势的关系为

$$\Delta_r G_m = -nF\varepsilon$$

式中：ε 为电动势，F 为法拉第常数，n 为反应电荷数。若反应在标准状态下进行，则

$$\Delta_r G_m^{\ominus} = -nF\varepsilon^{\ominus}$$

因此，对一个氧化还原反应来说，可直接利用其原电池的电动势来判断反应自发进行的方向，即

$\varepsilon > 0$　正向反应自发

$\varepsilon = 0$　反应处于平衡状态

$\varepsilon < 0$　逆向反应自发

若反应在标准状态下进行，有

$\varepsilon^{\ominus} > 0$　正向反应自发

$\varepsilon^{\ominus} = 0$　反应处于平衡状态

$\varepsilon^{\ominus} < 0$　逆向反应自发

因为　$-nF\varepsilon^{\ominus} = -RT\ln K^{\ominus}$，

所以，

$$\varepsilon^{\ominus}=\frac{RT}{nF}\ln K^{\ominus}=\frac{2.303\ RT}{nF}\lg K^{\ominus}$$

6. 能斯特(Nernst)方程式

影响电极电势的因素有温度、压力、浓度等，一般忽略温度对电极电势的影响。

对于一般的电极反应：$a\mathrm{Ox}+ne=b\mathrm{Re}$，Nernst 方程式可简化为

$$\varphi=\varphi^{\ominus}-\frac{2.303RT}{nF}\lg\left\{\frac{[c(\mathrm{Re})/c^{\ominus}]^{b}}{[c(\mathrm{Ox})/c^{\ominus}]^{a}}\right\}$$

当增大氧化型浓度(或降低还原型浓度)，φ 增大，氧化型氧化能力增强，还原型还原能力降低。当降低氧化型浓度(或增大还原型浓度)，φ 降低，氧化型氧化能力降低，还原型还原能力增强。

如果电极反应中氧化型或还原型物种形成难溶电解质、配合物、弱酸或弱碱时，都能使电极电势改变。

7. 电极电势的应用

(1)判断氧化剂、还原剂的相对强弱　$\varphi^{\ominus}$ 或 φ 大的电对，其氧化型是相对强的氧化剂(其还原型是相对弱的还原剂)；$\varphi^{\ominus}$ 或 φ 小的电对，其还原型是相对强的还原剂(其氧化型是相对弱的氧化剂)。

(2)推断氧化还原反应进行的方向　根据 Gibbs 自由能(变)判据和 $\Delta_r G_m$ 与 ε 的关系式可以得到氧化还原反应的电动势判据：

$\Delta_r G_m<0$，$\varepsilon>0$，反应正向进行；

$\Delta_r G_m>0$，$\varepsilon<0$，反应逆向进行；

$\Delta_r G_m=0$，$\varepsilon=0$，反应处于平衡状态。

总之，氧化还原反应是由 φ 大的电对的氧化型(较强氧化剂)与 φ 小的电对的还原型(较强的还原剂)反应生成 φ 大的电对的还原型(较弱的还原剂)和 φ 小的电对的氧化型(较弱的氧化剂)。

(3)计算标准平衡常数 $K^{\ominus}$

$$\varepsilon^{\ominus}=\frac{2.303RT}{nF}\lg K^{\ominus}$$

应用上式，可以求 $K_{sp}^{\ominus}$、$K_f^{\ominus}$、$K_a^{\ominus}$。

8. 元素电势图

将同一元素不同氧化数的物种组成的各电对的标准电极电势以图的形式(从左到右，氧化数由高而低)表示出来，即为元素电势图。

$$\mathrm{A}\ \frac{\varphi_1^{\ominus}}{(n_1)}\ \mathrm{B}\ \frac{\varphi_2^{\ominus}}{(n_2)}\ \mathrm{C}\ \frac{\varphi_3^{\ominus}}{(n_3)}\ \mathrm{D}$$

$$\underbrace{\qquad\qquad\qquad\qquad\qquad}_{\varphi_4^{\ominus}\quad n_4}$$

元素电势图的应用主要有：

(1)判断标准状态下，水溶液中能否发生歧化反应

如：$A_1\overset{\varphi_{左}^{\ominus}}{\text{——}}A_2\overset{\varphi_{右}^{\ominus}}{\text{——}}A_3$

若 $\varphi^{\ominus}_{右}>\varphi^{\ominus}_{左}$，则 A_2 能发生歧化反应，生成 A_1 与 A_3。若 $\varphi^{\ominus}_{右}<\varphi^{\ominus}_{左}$，$A_2$ 不能发生歧化反应，能发生反歧化反应，即 A_1 与 A_3 能发生反应生成 A_2。所以歧化反应判断依据为 $\varphi^{\ominus}_{右}>\varphi^{\ominus}_{左}$。

(2)由多个已知电对的 $\varphi^{\ominus}$ 求某电对的未知 $\varphi^{\ominus}$

$$\mathrm{A}\ \frac{\varphi_1^{\ominus}}{(n_1)}\ \mathrm{B}\ \frac{\varphi_2^{\ominus}}{(n_2)}\ \mathrm{C}\ \frac{\varphi_3^{\ominus}}{(n_3)}\ \mathrm{D}$$

$$\underbrace{\qquad\qquad\qquad\qquad}_{\varphi_4^{\ominus}\quad n_4}$$

有
$$\varphi_4^{\ominus}=\frac{n_1\varphi_1^{\ominus}+n_2\varphi_2^{\ominus}+n_3\varphi_3^{\ominus}}{n_4}=\frac{n_1\varphi_1^{\ominus}+n_2\varphi_2^{\ominus}+n_3\varphi_3^{\ominus}}{n_1+n_2+n_3}$$

典型例题

例 9-1 写出下列化合物中 S 原子的氧化数：

H_2SO_4 $Na_2S_2O_3$ $S_4O_6^{2-}$ $K_2S_2O_8$

解：S 的氧化数分别是 H_2SO_4 中为+6；$Na_2S_2O_3$ 中为+2；$S_4O_6^{2-}$ 中为+2.5；$K_2S_2O_8$ 中为+7。

例 9-2 配平下列电极反应：

(1)$MnO_4^- \longrightarrow Mn^{2+}$（酸性介质）

(2)$MnO_4^- \longrightarrow MnO_2$（中性介质）

(3)$H_2O_2 \rightarrow O_2$（碱性介质）

(4)$I_2 \rightarrow IO_3^-$（碱性介质）

解：(1)$MnO_4^- +8H^+ +5e^- = Mn^{2+} +4H_2O$

(2)$MnO_4^- +2H_2O+3e^- = MnO_2 +4OH^-$

(3)$Cr_2O_7^{2-} +14H^+ +6e^- = 2Cr^{3+} +7H_2O$

(4)$H_2O_2 +2OH^- = O_2 +2H_2O+2e^-$

(5)$I_2 +12OH^- = 2IO_3^- +6H_2O+10e^-$

例 9-3 用离子电子法配平下列在酸性溶液中所发生的反应方程式：

(1)$Fe^{2+} +NO_3^- \longrightarrow Fe^{3+} +NO_2$

(2)$Cr_2O_7^{2-} +H_2O_2 \longrightarrow Cr^{3+} +O_2$

(3)$MnO_4^{2-} \longrightarrow MnO_4^- +MnO_2$

(4)$Sn^{2+} +O_2 \longrightarrow Sn^{4+} +H_2O$

(5)$CuS+NO_3^- \longrightarrow Cu^{2+} +SO_4^{2-} +NO$

解：(1)首先写出并配平两个半反应

$$Fe^{2+} = Fe^{3+} +e^- \qquad ①$$

$$NO_3^- +2H^+ +e^- = NO_2 +H_2O \qquad ②$$

根据得失电子总数相同的原则，①+②得到总反应

$$Fe^{2+} +NO_3^- +2H^+ = Fe^{3+} +NO_2 +H_2O$$

(2) $$Cr_2O_7^{2-}+14H^++6e^- = 2Cr^{3+}+7H_2O \quad ①$$

$$H_2O_2 = O_2+2H^++2e^- \quad ②$$

①+3② 得

$$Cr_2O_7^{2-}+3H_2O_2+8H^+ = 2Cr^{3+}+3O_2+7H_2O$$

(3) $$MnO_4^{2-} = MnO_4^-+e^- \quad ①$$

$$MnO_4^{2-}+4H^++2e^- = MnO_2+2H_2O \quad ②$$

2①+② 得

$$3MnO_4^{2-}+4H^+ = 2MnO_4^-+MnO_2+2H_2O$$

(4) $$Sn^{2+} = Sn^{4+}+2e^- \quad ①$$

$$O_2+4H^++4e^- = 2H_2O \quad ②$$

2①+②得

$$2Sn^{2+}+O_2+4H^+ = 2Sn^{4+}+2H_2O$$

(5) $$CuS+4H_2O = Cu^{2+}+SO_4^{2-}+8H^++8e^- \quad ①$$

$$NO_3^-+4H^++3e^- = NO+2H_2O \quad ②$$

3①+8②得

$$3CuS+8NO_3^-+12H_2O+32H^+ = 3Cu^{2+}+3SO_4^{2-}+24H^++8NO+16H_2O$$

整理后得

$$3CuS+8NO_3^-+8H^+ = 3Cu^{2+}+3SO_4^{2-}+8NO+4H_2O$$

例 9-4 用离子电子法配平下列在碱性溶液中所发生的反应方程式

(1)$Al+NO_3^- \longrightarrow Al(OH)_4^-+NH_3$

(2)$CuO+NH_3 \longrightarrow Cu+N_2$

(3)$Fe(OH)_2+H_2O_2 \longrightarrow Fe(OH)_3$

(4)$MnO_2+H_2O_2 \longrightarrow MnO_4^{2-}$

解:(1) $$Al+4OH^- = Al(OH)_4^-+3e^- \quad ①$$

$$NO_3^-+6H_2O+8e^- = NH_3+9OH^- \quad ②$$

8①+3②得

$$8Al+3NO_3^-+18H_2O+5OH^- = 8Al(OH)_4^-+3NH_3$$

(2) $$CuO+H_2O+2e^- = Cu+2OH^- \quad ①$$

$$2NH_3+6OH^- = N_2+6H_2O+6e^- \quad ②$$

3①+②得

$$3CuO+2NH_3 = 3Cu+N_2+3H_2O$$

(3) $$Fe(OH)_2+OH^- = Fe(OH)_3+e^- \quad ①$$

$$H_2O_2+2e^- = 2OH^- \quad ②$$

2①+②得

$$2Fe(OH)_2+H_2O_2 = 2Fe(OH)_3$$

(4) $$MnO_2+4OH^- = MnO_4^{2-}+2H_2O+2e^- \quad ①$$

$$H_2O_2+2e^- = 2OH^- \quad ②$$

①+②得

$$MnO_2+H_2O_2+2OH^-=\!=\!=MnO_4^{2-}+2H_2O$$

例 9-5 对于反应 $A(s)+B^{2+}(aq)=A^{2+}(aq)+B(s)$，已知初始系统中只有 B(s)和 A^{2+}，且 A^{2+} 的初始浓度为 0.06 mol·L^{-1}，平衡时 B^{2+} 的浓度为 0.02 mol·L^{-1}，计算上述反应在 298 K 时的 $K^\ominus$、$\varepsilon^\ominus$、$\Delta_r G_m^\ominus$。

解：

	$A(s)+B^{2+}(aq)=$	$A^{2+}(aq)+B(s)$
初始浓度/(mol·L^{-1})	0	0.06
平衡浓度/(mol·L^{-1})	0.02	0.04

$$K^\ominus=\frac{c(A^{2+})/c^\ominus}{c(B^{2+})/c^\ominus}=\frac{0.04}{0.02}=2$$

$$\varepsilon^\ominus=\frac{2.303RT}{nF}\lg K^\ominus=\frac{2.303RT}{2F}\lg 2=8.91\times 10^{3}\ V$$

$$\Delta_r G_m^\ominus=-nF\varepsilon^\ominus=-2\times 96\ 500\ J\cdot mol^{-1}\cdot V^{-1}\times 8.91\times 10^{-3}\ V=-1\ 719.6\ J\cdot mol^{-1}$$

例 9-6 原电池(−)Co|$Co^{2+}(c_1)$‖$Ni^{2+}(c_2)$|Ni(+)，计算它的 $\varepsilon^\ominus$；Co^{2+} 浓度增大至 Ni^{2+} 浓度的多少倍时，电动势 ε 为零？已知 $\varphi^\ominus(Ni^{2+}/Ni)=-0.257$ V，$\varphi^\ominus(Co^{2+}/Co)=-0.277$ V。

解：$\varepsilon^\ominus=\varphi^\ominus(Ni^{2+}/Ni)-\varphi^\ominus(Co^{2+}/Co)=-0.257\ V-(-0.277\ V)=0.02\ V$

$$\varepsilon=\varphi(Ni^{2+}/Ni)-\varphi(Co^{2+}/Co)$$

$$=\left[\varphi^\ominus(Ni^{2+}/Ni)+\frac{2.303RT}{2F}\lg[c(Ni^{2+})/c^\ominus]\right]-\left\{\varphi^\ominus(Co^{2+}/Co)+\frac{2.303RT}{2F}\lg[c(Co^{2+})/c^\ominus]\right\}$$

$$=\varepsilon^\ominus-\frac{0.059\ V}{2}\lg\frac{c(Co^{2+})}{c(Ni^{2+})}$$

ε=0 时

$$\varepsilon^\ominus-\frac{2.303RT}{2F}\lg\frac{c(Co^{2+})}{c(Ni^{2+})}=0$$

$$\lg\frac{c(Co^{2+})}{c(Ni^{2+})}=\frac{2\times 0.02\ V}{0.059\ V}=0.676$$

$$\frac{c(Co^{2+})}{c(Ni^{2+})}=4.74$$

Co^{2+} 浓度增大至 Ni^{2+} 浓度的 4.74 倍时，电动势 ε 值为零。

例 9-7 将锌片插在盛有 0.2 mol·L^{-1} 的 $ZnSO_4$ 溶液中，银片插在有 0.5 mol·L^{-1} 的 $AgNO_3$ 溶液中组成原电池。

(1)写出该原电池符号；

(2)写出电极反应和电池反应；

(3)求该电池的电动势。

解：(1)(−)Zn(s) | Zn^{2+}(0.2 mol·L^{-1}) ‖ Ag^+(0.5 mol·L^{-1}) | Ag(s)(+)

(2)正极　$Ag^++e^-=Ag$

　负极　$Zn=Zn^{2+}+2e^-$

原电池　$2Ag^++Zn=2Ag+Zn^{2+}$

(3)$\varphi(Ag^+/Ag)=\varphi^\ominus(Ag^+/Ag)+\dfrac{2.303RT}{F\lg[c(Ag^+)/c^\ominus]}$

$$=0.7996\ V+0.059\ V\lg 0.5=0.782\ V$$

$$\varphi(Zn^{2+}/Zn)=\varphi^{\ominus}(Zn^{2+}/Zn)+\frac{2.303RT}{2F}\lg[c(Zn^{2+})/c^{\ominus}]$$

$$=-0.7618\ V+\frac{0.059\ V}{2}\lg 0.2=-0.782\ V$$

$$\varepsilon=\varphi^{\ominus}(Ag^{+}/Ag)-\varphi^{\ominus}(Zn^{2+}/Zn)=0.782\ V-(-0.782\ V)=1.564\ V$$

例 9-8 由电极 $H^{+}(0.1\ mol\cdot L^{-1})\mid H_2(100\ kPa)$ 和电极 $H^{+}(x\ mol\cdot L^{-1})\mid H_2(100\ kPa)$ 组成原电池（浓差电池），测得电动势为 0.012 V，若①为正极时，①为负极时，x 各为多少？

解：①的电极电势 $\varphi_1=\varphi^{\ominus}(H^{+}/H_2)-\dfrac{2.303RT}{2F}\lg\dfrac{p(H_2)/p^{\ominus}}{[c(H^{+})/c^{\ominus}]^2}$

$$=0-\frac{0.059\ V}{2}\lg\frac{100/100}{(0.1/1.0)^2}=-0.059\ V$$

②的电极电势 $\varphi_2=\varphi^{\ominus}(H^{+}/H_2)-\dfrac{2.303RT}{2F}\lg\dfrac{p(H_2)/p^{\ominus}}{[c(H^{+})/c^{\ominus}]^2}$

$$=0\ V-\frac{0.059\ V}{2}\lg\frac{100/100}{(x/1.0)^2}=0.059\lg x\ V$$

①为正极时 $\varphi_-=\varphi_2=\varphi_1-\varepsilon=-0.059\ V-0.012\ V=-0.071\ V$

$$0.059\ V\lg(x/c^{\ominus})=-0.071\ V$$

$$\lg(x/c^{\ominus})=-\frac{0.071}{0.059}=-1.20$$

$$x=0.063$$

①为负极时 $\varphi_+=\varphi_2=\varepsilon+\varphi_1=0.012\ V-0.0592\ V=-0.0472\ V$

$$0.059\ V\lg(x/c^{\ominus})=-0.0472\ V$$

$$\lg(x/c^{\ominus})=-\frac{0.0472}{0.0592}=-0.80$$

$$x=0.16$$

电极①为正极时 x 等于 0.063 $mol\cdot L^{-1}$，电极①为负极时 x 等于 0.16 $mol\cdot L^{-1}$。

例 9-9 计算电对 $Cr_2O_7^{2-}/Cr^{3+}$ 在 H^{+} 浓度为 0.10 $mol\cdot L^{-1}$，$Cr_2O_7^{2-}$、Cr^{3+} 浓度均为 1.0 $mol\cdot L^{-1}$ 时的电极电势，并指出在此条件下 $Cr_2O_7^{2-}$ 能否将浓度均为 1.0 $mol\cdot L^{-1}$ 的 Cl^-、Br^-、I^- 氧化？

解：
$$Cr_2O_7{}^{2-}+14H^{+}+6e^{-}=2Cr^{3+}+7H_2O$$

$$\varphi(Cr_2O_7^{2-}/Cr^{3+})=\varphi^{\ominus}(Cr_2O_7^{2-}/Cr^{3+})+\frac{2.303RT}{6F}\lg\frac{[c(Cr_2O_7^{2-})/c^{\ominus}][c^{14}(H^{+})/c^{\ominus}]}{[c(Cr^{3+})/c^{\ominus}]^2}$$

$$=1.232\ V+\frac{0.059\ V}{6}\lg\frac{1.0\times(0.1)^{14}}{1.0^2}=1.094\ V$$

查表得：$\varphi^{\ominus}(Cl_2/Cl^-)=1.358\ V$，$\varphi^{\ominus}(Br_2/Br^-)=1.066\ V$，$\varphi^{\ominus}(I_2/I^-)=0.5355\ V$。

因为 $\varphi^{\ominus}(Cl_2/Cl^-)>\varphi(Cr_2O_7^{2-}/Cr^{3+})$，所以 $Cr_2O_7^{2-}$ 不能氧化 Cl^-。而 $\varphi^{\ominus}(Br_2/Br^-)$、$\varphi^{\ominus}(I_2/I^-)$ 均小于 $\varphi(Cr_2O_7^{2-}/Cr^{3+})$，所以 $Cr_2O_7^{2-}$ 可以将 Br^- 和 I^- 氧化。

例 9-10 如果向 $Ag^{+}+e^{-}=Ag$ 电极溶液中加入 K_2CrO_4，当 Ag_2CrO_4 达沉淀溶解平衡

时，CrO_4^{2-} 浓度为 1 $mol \cdot L^{-1}$，求 $\varphi^{\ominus}(Ag_2CrO_4/Ag)$。

解：
$$\varphi^{\ominus}(Ag_2CrO_4/Ag)=\varphi^{\ominus}(Ag^+/Ag)+\frac{2.303RT}{F}\lg[c(Ag^+)/c^{\ominus}]$$
$$=\varphi^{\ominus}(Ag^+/Ag)+\frac{2.303RT}{F}\lg[K_{sp}^{\ominus}(Ag_2CrO_4)]^{\frac{1}{2}}$$
$$=0.799\,6\ V+0.059\ \lg(1.12\times10^{-12})^{\frac{1}{2}}$$
$$=0.446\ V$$

例 9-11 计算反应 $Hg_2^{2+}=Hg^{2+}+Hg$ 在 298 K 时标准平衡常数及溶液中 Hg^{2+} 与 Hg_2^{2+} 浓度之比。

解：
$$\varepsilon^{\ominus}=\varphi^{\ominus}(Hg_2^{2+}/Hg)-\varphi^{\ominus}(Hg^{2+}/Hg_2^{2+})=0.797\,3\ V-0.920\ V=-0.122\,7\ V$$
$$\lg K^{\ominus}=\frac{nF\varepsilon^{\ominus}}{2.303\ RT}=\frac{1\times(-0.122\,7)V}{0.059\ V}=-\ 2.073$$
$$K^{\ominus}=8.45\times10^{-3}$$
$$\frac{c(Hg^{2+})}{c(Hg_2^{2+})}=K^{\ominus}=8.45\times10^{-3}$$

例 9-12 已知在碱性条件下碘元素的电势图

$$H_5IO_6\ \xrightarrow{0.70\ V}\ IO_3^-\ \xrightarrow{0.14\ V}\ IO^-\ \xrightarrow{0.45\ V}\ I_2$$

试回答：

(1)碘的哪种氧化态能发生歧化反应？写出歧化反应方程式。

(2)求 $\varphi^{\ominus}(H_5IO_6/I_2)$。

解：(1)因为 $\varphi^{\ominus}(IO^-/I_2)>\varphi^{\ominus}(IO_3^-/IO^-)$，所以 IO^- 可以发生歧化反应，反应方程式为：

$$5IO^-+2H_2O=IO_3^-+2I_2+4OH^-$$

(2)
$$\varphi^{\ominus}(H_5IO_6/I_2)=\frac{n_1\varphi_1+n_2\varphi_2+n_3\varphi_3}{n_1+n_2+n_3}$$
$$=\frac{2\times0.70\ V+4\times0.14\ V+1\times0.45\ V}{2+4+1}=0.34\ V$$

单元测试

(一)选择题

1. 在 $H_4P_2O_7$ 中，P 的氧化数是(　　)。

A. +2　　B. +4　　C. +5　　D. +7

2. 原电池反应为 $Zn+2Ag^+=Zn^{2+}+2Ag$，欲使其电动势增大，可采取的措施有(　　)。

A. 增大 Zn^{2+} 的浓度　　B. 增大 Ag^+ 的浓度

C. 加大 Zn 板的面积　　D. 降低 Ag^+ 的浓度

3. 电极反应 $MnO_4^-+8H^++5e^-=Mn^{2+}+4H_2O$ 电极电势 φ 为(　　)。

A. $\varphi(MnO_4^-/Mn^{2+})=\varphi^{\ominus}(MnO_4^-/Mn^{2+})+\frac{2.303RT}{5F}\lg\frac{[c(MnO_4^-)/c^{\ominus}][c(H^+)/c^{\ominus}]^8}{[c(Mn^{2+})/c^{\ominus}][c(H_2O)/c^{\ominus}]^4}$

B. $\varphi(MnO_4^-/Mn^{2+})=\varphi^\ominus(MnO_4^-/Mn^{2+})+\frac{2.303RT}{5F}\lg\frac{[c(MnO_4^-)/c^\ominus][c(H^+)/c^\ominus]^8}{c(Mn^{2+})/c^\ominus}$

C. $\varphi(MnO_4^-/Mn^{2+})=\varphi^\ominus(MnO_4^-/Mn^{2+})+\frac{2.303RT}{5F}\lg\frac{c(Mn^{2+})/c^\ominus}{[c(MnO_4^-)/c^\ominus][c(H^+)/c^\ominus]^8}$

D. $\varphi(MnO_4^-/Mn^{2+})=\varphi^\ominus(MnO_4^-/Mn^{2+})+\frac{2.303RT}{5F}\lg\frac{[c(Mn^{2+})/c^\ominus][c(H_2O)/c^\ominus]^4}{[c(MnO_4^-)/c^\ominus][c(H^+)/c^\ominus]^8}$

4. Pt | H^+(1 mol·L^{-1} HAc) | H_2(100 kPa)的电极电势(　　)。
A. 大于 0　　B. 等于 0　　C. 小于 0　　D. 无法确定

5. 增加介质的 $c(H^+)$,氧化能力增强的物质是(　　)。
A. Cl_2　　B. $Cr_2O_7^{2-}$　　C. Fe^{3+}　　D. Cu^{2+}

6. 在(−)Zn(s) | $Zn^{2+}(c_1)$ ‖ $Ag^+(c_2)$ | Ag(s)(+)原电池中,向 Ag^+ 溶液中加入氨水,则电池电动势将(　　)。
A. 增大　　B. 降低　　C. 不会发生改变　　D. 无法确定

7. 两铅棒分别插入浓度不同的 $Pb(NO_3)_2$ 水溶液中,测得 φ(Ⅰ)=−0.11 V,φ(Ⅱ)=−0.12 V,说明两溶液中 $c(Pb^{2+})$的关系是(　　)。
A. Ⅰ>Ⅱ　　B. Ⅰ=Ⅱ　　C. Ⅰ<Ⅱ　　D. Ⅰ=2Ⅱ

8. 已知 $Sn^{4+}+2e^-=Sn^{2+}$,$\varphi^\ominus$=0.15 V,测定一个 Sn^{4+}/Sn^{2+} 电极 φ=0.05 V,则溶液中必定是(　　)。
A. $c(Sn^{4+})>1$　　B. $c(Sn^{2+})<1$
C. $c(Sn^{4+})/c(Sn^{2+})>1$　　D. $c(Sn^{4+})/c(Sn^{2+})<1$

9. 已知 $\varphi^\ominus(Fe^{3+}/Fe^{2+})=0.77$ V,$\varphi^\ominus(Br_2/Br^-)=1.07$ V,$\varphi^\ominus(I_2/I^-)=0.54$ V。在标准状态下,下列能共存的物质是(　　)。
A. Br_2 和 I^-　　B. Fe^{2+} 和 I_2　　C. Fe^{3+} 和 I^-　　D. Fe^{2+} 和 Br_2

10. 反应 $Cr_2O_7^{2-}+3Sn^{2+}+14H^+=2Cr^{3+}+3Sn^{4+}+7H_2O$ 在 298 K 时标准平衡常数的对数 $\lg K^\ominus$ 等于(　　)。
A. $\frac{2\varepsilon^\ominus}{0.059}$　　B. $\frac{3\varepsilon^\ominus}{0.059}$　　C. $\frac{6\varepsilon^\ominus}{0.059}$　　D. $\frac{12\varepsilon^\ominus}{0.059}$

11. $MA(s)+e^-=M(s)+A^-(aq)$,若难溶电解质 MA 溶解度越低,$\varphi^\ominus$(MA/M)将(　　)。
A. 越高　　B. 越低　　C. 不会发生改变　　D. 无法确定

12. 下列电极,标准电极电势最高的是(　　)。
A. $\varphi^\ominus$(AgCl/Ag)　　B. $\varphi^\ominus$(AgBr/Ag)　　C. $\varphi^\ominus$(AgI/Ag)　　D. $\varphi^\ominus(Ag^+/Ag)$

13. 已知 $\varphi^\ominus(Cu^{2+}/Cu)=0.34$ V,$\varphi^\ominus(Zn^{2+}/Zn)=-0.76$ V。实验测得 $Cu^{2+}+Zn=Cu+Zn^{2+}$ 电池电动势为 1.00 V,则两电极溶液中(　　)。
A. $c(Cu^{2+})=c(Zn^{2+})$　　B. $c(Cu^{2+})>c(Zn^{2+})$
C. $c(Cu^{2+})<c(Zn^{2+})$　　D. $c(Cu^{2+})$、$c(Zn^{2+})$关系不能确定

(二)填空题

1. 电极的 $\varphi(M^{n+}/M)$越大,表明 M^{n+} 是________氧化剂。

2. 若溶液中 $c(MnO_4^-)=c(Mn^{2+})=1$ mol·L^{-1},则酸度增大 $\varphi(MnO_4^-/Mn^{2+})$将________。

3. 酸性条件下 $\varphi_A^\ominus(Cl_2/Cl^-)$ ________ 碱性条件下 $\varphi_B^\ominus(Cl_2/Cl^-)$。

4. 将 $Pb+H^+(0.1\ mol\cdot L^{-1})=Pb^{2+}(1.0\ mol\cdot L^{-1})+H_2(100\ kPa)$设计成电池，电池符号为________。

5. 已知 $Fe^{3+}+e^-=Fe^{2+}$ 的标准电极电势 $\varphi^\ominus=0.77\ V$，则 $2Fe^{3+}+2e^-=2Fe^{2+}$ 的标准电极电势等于________。

6. 利用氧化还原反应组成原电池的电动势来判断氧化还原反应的方向。若 ε ________ 0 时，$\Delta_r G_m$ ________ 0，反应将正向自发进行。

7. (1)向 $ZnSO_4$ 溶液中加入少量的 NaOH 溶液，铜锌原电池的电动势将__________；
(2)向 $CuSO_4$ 溶液中加入少量的 NH_3 水，铜锌原电池的电动势将________。

8. 根据 $\varphi^\ominus(AgI/Ag)<\varphi^\ominus(AgCl/Ag)$可以合理判断，$K_{sp}^\ominus(AgI)$ ________ $K_{sp}^\ominus(AgCl)$。

9. 反应 $Cl_2+2OH^-=ClO^-+Cl^-+H_2O$ 是属于氧化还原反应中的________反应，此类反应的特点是________________。

10. 已知 $\varphi^\ominus(Fe^{3+}/Fe^{2+})=0.771\ V$，$\varphi^\ominus(Fe^{2+}/Fe)=-0.447\ V$，则 Fe^{2+} ________歧化反应。

(三)用离子电子法配平化学反应方程式

(1) $As_2S_3+ClO_3^- \longrightarrow Cl^-+H_2AsO_4^-+SO_4^{2-}$ （酸性介质）

(2) $Zn+NO_3^- \longrightarrow Zn^{2+}+NH_4^+$ （酸性介质）

(3) $CuS+NO_3^- \longrightarrow Cu^{2+}+SO_4^{2-}+NO$ （酸性介质）

(4) $H_2O_2+Cr_2O_7^{2-} \longrightarrow Cr^{3+}+O_2$ （酸性介质）

(5) $Fe^{2+}+NO_2^- \longrightarrow Fe^{3+}+NO$ （酸性介质）

(6) $MnO_4^-+H_2O_2 \longrightarrow Mn^{2+}+O_2$ （酸性介质）

(7) $HPO_3^{2-}+BrO^- \longrightarrow Br^-+PO_4^{3-}$ （碱性介质）

(8) $S^{2-}+ClO_3^- \longrightarrow Cl^-+S$ （碱性介质）

(9) $MnO_4^-+Cl^- \longrightarrow MnO_2+Cl_2$ （碱性介质）

(10) $Cr(OH)_4^-+H_2O_2 \longrightarrow CrO_4^{2-}+H_2O$ （碱性介质）

(11) $Zn+OH^- \longrightarrow Zn(OH)_4^{2-}+H_2$ （碱性介质）

(12) $MnO_4^-+SO_3^{2-} \longrightarrow MnO_4^{2-}+SO_4^{2-}$ （碱性介质）

(四)计算题

1. 计算反应 $Ag^+ + Fe^{2+} = Ag + Fe^{3+}$ 在 298 K 时的标准平衡常数，若反应开始时 Ag^+ 浓度为 1.0 mol·L^{-1}，Fe^{2+} 浓度为 0.1 mol·L^{-1}，那么达平衡时 Fe^{3+} 浓度为多少？
2. 如果电池 (－)Cu(s) | Cu^{2+}(c) ‖ Ag^+(0.20 mol·L^{-1}) | Ag(s)(＋)的电动势是 0.446 V，求 $c(Cu^{2+})$是多少？
3. 若溶液中 MnO_4^- 和 Mn^{2+} 浓度相等，当溶液酸度分别为 pH＝3 和 pH＝6 时，能否氧化浓度均为 1.0 mol·L^{-1}的 I^- 和 Br^-？
4. $MnO_2(s) + 4HCl(aq) = MnCl_2(aq) + Cl_2(g) + 2H_2O(l)$，求 (1)在标准状态下；(2)浓 HCl (12 mol·L^{-1})，其他浓度均为 1 mol·L^{-1}，氯气分压为 100 kPa 时，反应能否自发进行。
5. 实验测得电池 (－)Ag(s) | AgBr(s) | Br^-(1 mol·L^{-1}) ‖ Ag^+(1 mol·L^{-1}) | Ag(s)(＋)的电动势为 0.724 V，计算 AgBr 的 $K_{sp}^{\ominus}$。
6. 将 $Cd(s) + I_2(s) = Cd^{2+}(1.0\ mol \cdot L^{-1}) + 2I^-(1.0\ mol \cdot L^{-1})$ 反应设计成原电池。写出电池符号，计算电池在 298 K 时标准电动势 $\varepsilon^{\ominus}$、反应的标准自由能变 $\Delta_r G_m^{\ominus}$ 和标准平衡常数 $K^{\ominus}$。已知 $\varphi^{\ominus}(Cd^{2+}/Cd) = -0.403$ V，$\varphi^{\ominus}(I_2/I^-) = 0.536$ V。
7. 已知氯在碱性介质中的标准电极电势图

$$ClO_3^- \text{———} ClO^- \xrightarrow{\ 0.40\ V\ } Cl_2 \xrightarrow{\ 1.36\ V\ } Cl^-$$

$$\underbrace{ClO_3^- \text{———————} Cl_2}_{0.48\ V}$$

(1)计算 $\varphi^{\ominus}(ClO_3^-/ClO^-)$及 $\varphi^{\ominus}(ClO^-/Cl^-)$。

(2)氯的哪种氧化态能发生歧化反应？写出歧化反应方程式。

参考答案

(一)选择题

1.C 2.B 3.B 4.C 5.B 6.B 7.A 8.D 9.B 10.C 11.B 12.D 13.C

(二)填空题

1. 越强的。
2. 增大。
3. 等于。
4. (－)Pb(s) | Pb^{2+}(1.0 mol·L^{-1}) ‖ H^+(0.1 mol·L^{-1}) | H_2(100 kPa) | Pt(＋)。
5. 0.77 V。
6. 大于；小于。
7. 增大；减小。
8. 小于。
9. 歧化；得失电子发生在同一化合物的同一元素上。
10. 不能发生。

(三)用离子电子法配平化学反应方程式

(1)$3As_2S_3 + 14ClO_3^- + 18H_2O = 14Cl^- + 6H_3AsO_4^- + 9SO_4^{2-} + 18H^+$

(2) $4Zn+NO_3^-+10H^+ = 4Zn^{2+}+NH_4^++3H_2O$

(3) $3CuS+8NO_3^-+8H^+ = 3Cu^{2+}+3SO_4^{2-}+8NO+4H_2O$

(4) $3H_2O_2+Cr_2O_7^{2-}+8H^+ = 2Cr^{3+}+3O_2+7H_2O$

(5) $Fe^{2+}+NO_2^-+2H^+ = Fe^{3+}+NO+H_2O$

(6) $2MnO_4^-+5H_2O_2+6H^+ = 2Mn^{2+}+5O_2+8H_2O$

(7) $HPO_3^{2-}+BrO^-+OH^- = Br^-+PO_4^{3-}+H_2O$

(8) $3S^{2-}+ClO_3^-+3H_2O = Cl^-+3S+6OH^-$

(9) $2MnO_4^-+6Cl^-+4H_2O = 2MnO_2+3Cl_2+8OH^-$

(10) $2Cr(OH)_4^-+3H_2O_2+2OH^- = 2CrO_4^{2-}+8H_2O$

(11) $Zn+2OH^-+2H_2O = Zn(OH)_4^{2-}+H_2$

(12) $2MnO_4^-+SO_3^{2-}+2OH^- = 2MnO_4^{2-}+SO_4^{2-}+H_2O$

(四)计算题

1. 解：$\varepsilon^\ominus=\varphi^\ominus(Ag^+/Ag)-\varphi^\ominus(Fe^{3+}/Fe^{2+})=0.7996\ V-(0.771\ V)=0.029\ V$

$$\lg K^\ominus=\frac{nF\varepsilon^\ominus}{2.303RT}=\frac{0.029\ V}{0.059\ V}=0.483$$

$$K^\ominus=3.04$$

$$K^\ominus=\frac{c(Fe^{3+})/c^\ominus}{[c(Ag^+)/c^\ominus][c(Fe^{2+})/c^\ominus]}=\frac{x}{(1.0-x)(0.1-x)}=3.04$$

解方程得 $x_1=0.074\quad x_2=1.36$(不合理，舍去)

平衡时 Fe^{3+} 的浓度为 $0.074\ mol\cdot L^{-1}$。

2. 解：$\varphi(Ag^+/Ag)=\varphi^\ominus(Ag^+/Ag)+\frac{2.303RT}{F}\lg[c(Ag^+)/c^\ominus]$

$$=0.7996\ V+0.059\ V\lg 0.20=0.758\ V$$

$$\varphi(Cu^{2+}/Cu)=\varphi^\ominus(Ag^+/Ag)-\varepsilon=0.758\ V-0.446\ V=0.312\ V$$

$$\varphi(Cu^{2+}/Cu)=\varphi^\ominus(Cu^{2+}/Cu)+\frac{2.303RT}{2F}\lg[c(Cu^{2+})/c^\ominus]$$

$$0.312\ V=0.3419\ V+\frac{0.059\ V}{2}\lg[c(Cu^{2+})/c^\ominus]$$

$$\lg[c(Cu^{2+})/c^\ominus]=\frac{2}{0.059\ V}(0.312\ V-0.3419\ V)=-1.010$$

$$c(Cu^{2+})=0.098\ mol\cdot L^{-1}$$

Cu^{2+} 的浓度为 $0.98\ mol\cdot L^{-1}$。

3. 解：

$$\varphi^\ominus(MnO_4^-/Mn^{2+})=1.507\ V$$

$$\varphi^\ominus(Br_2/Br^-)=1.066\ V$$

$$\varphi^\ominus(I_2/I^-)=0.536\ V$$

$$\varphi(MnO_4^-/Mn^{2+})=\varphi^\ominus(MnO_4^-/Mn^{2+})+\frac{2.303RT}{5F}\lg\frac{[c(MnO_4^-)/c^\ominus][c(H^+)^8/c^\ominus]}{c(Mn^{2+})/c^\ominus}$$

pH=3 时 $\varphi(MnO_4^-/Mn^{2+})=1.507\ V+\frac{0.059\ V}{5}\lg(10^{-3})^8=1.223\ V$

$\varphi(MnO_4^-/Mn^{2+})$ 比 $\varphi^\ominus(Br_2/Br^-)$ 和 $\varphi^\ominus(I_2/I^-)$ 都大，MnO_4^- 能氧化 I^- 和 Br^-。

pH=6 时 $\varphi(MnO_4^-/Mn^{2+})=1.507\ V+\frac{0.059\ V}{5}\lg(10^{-6})^8=0.939\ V$

因为 $\varphi(MnO_4^-/Mn^{2+})<\varphi^\ominus(Br_2/Br^-)$ $\varphi(MnO_4^-/Mn^{2+})>\varphi^\ominus(I_2/I^-)$，所以 MnO_4^- 只能氧化 I^-，不能氧化 Br^-。

4.解：原电池中

正极：$MnO_2+4H^++2e^-=Mn^{2+}+2H_2O(l)$ $\varphi^\ominus(MnO_2/Mn^{2+})=1.224\ V$

负极：$2Cl^-=Cl_2+2e^-$ $\varphi^\ominus(Cl_2/Cl^-)=1.358\ V$

(1)在标准状态下

$$\varepsilon^\ominus=\varphi^\ominus(MnO_2/Mn^{2+})-\varphi^\ominus(Cl_2/Cl^-)=1.224\ V-1.358\ V=-0.134\ V<0$$

所以此反应不能自发进行。

(2)在浓盐酸中 $c(H^+)=c(Cl^-)=12\ mol\cdot L^{-1}$

$$\varphi(MnO_2/Mn^{2+})=\varphi^\ominus(MnO_2/Mn^{2+})+\frac{2.303RT}{2F}\lg\frac{[c(H^+)/c^\ominus]^4}{c(Mn^{2+})/c^\ominus}$$

$$=1.224\ V+\frac{0.059\ V}{2}\lg 12^4=1.352\ V$$

$$\varphi(Cl_2/Cl^-)=\varphi^\ominus(Cl_2/Cl^-)+\frac{2.303RT}{2F}\lg\frac{p(Cl_2)/p^\ominus}{[c(Cl^-)/c^\ominus]^2}$$

$$=1.358\ V+\frac{0.059\ V}{2}\lg\frac{100/100}{12^2}=1.294\ V$$

$$\varepsilon=\varphi(MnO_2/Mn^{2+})-\varphi(Cl_2/Cl^-)=1.352\ V-1.294\ V=0.058\ V>0$$

所以反应自发进行。

5.解：因为电池中各物质处于标准状态，所以

$$\varepsilon^\ominus=\varphi^\ominus(Ag^+/Ag)-\varphi^\ominus(AgBr/Ag)$$

而 $$\varphi^\ominus(AgBr/Ag)=\varphi^\ominus(Ag^+/Ag)+\frac{2.303RT}{F}\lg K_{sp}^\ominus(AgBr)$$

所以 $$\varepsilon^\ominus=\varphi^\ominus(Ag^+/Ag)-\varphi^\ominus(Ag^+/Ag)-\frac{2.303RT}{F}\lg K_{sp}^\ominus(AgBr)$$

$$=-\frac{2.303RT}{F}\lg K_{sp}^\ominus(AgBr)$$

$$\lg K_{sp}^\ominus=-\frac{F\varepsilon^\ominus}{2.303RT}=-\frac{0.724\ V}{0.059\ V}=-12.23$$

$$K_{sp}^\ominus(AgBr)=5.89\times10^{-13}$$

6.解：$\varphi^\ominus(Cd^{2+}/Cd)=-0.403\ V$ $\varphi^\ominus(I_2/I^-)=0.536\ V$

电池符号：(−)Cd(s) | $Cd^{2+}(1.0\ mol\cdot L^{-1})$ ‖ $I^-(1.0\ mol\cdot L^{-1})$ | $I_2(s)$ | Pt(+)

$$\varepsilon^\ominus=\varphi^\ominus(I_2/I^-)-\varphi^\ominus(Cd^{2+}/Cd)=0.535\ 5\ V-(-0.403\ V)=0.938\ 5\ V$$

$$\Delta_rG_m^\ominus=-nF\varepsilon^\ominus=-2\times96\ 500\times0.938\ 5=-181.13\ kJ\cdot mol^{-1}$$

$$\Delta_rG_m^\ominus=-RT\ln K^\ominus=-8.314\times10^{-3}\times298\ \ln K^\ominus$$

$$\ln K^\ominus-73.11$$

$$K^\ominus=5.64\times10^{31}$$

7.解：(1)$\varphi^\ominus(ClO_3^-/Cl_2)=\frac{n_1\varphi^\ominus(ClO_3^-/ClO^-)+n_2\varphi_2^\ominus(ClO^-/Cl_2)}{n_1+n_2}$

$$0.48\ \text{V}=\frac{4\varphi^{\ominus}(ClO_3^-/ClO^-)+1\times 0.40\ \text{V}}{4+1}$$

$$\varphi^{\ominus}(ClO_3^-/ClO^-)=0.50\ \text{V}$$

$$\varphi^{\ominus}(ClO^-/Cl^-)=\frac{n_1\varphi^{\ominus}(ClO^-/Cl_2)+n_2\varphi^{\ominus}(Cl_2/Cl^-)}{n_1+n_2}$$

$$=\frac{1\times 0.40\ \text{V}+1\times 0.36\ \text{V}}{1+1}=0.88\ \text{V}$$

$$\varphi^{\ominus}(ClO^-/Cl^-)=0.88\ \text{V}$$

(2)Cl_2 可以发生歧化反应，方程式为

$$Cl_2+2OH^-=ClO^-+Cl^-+H_2O$$

ClO^-可以发生歧化反应，方程式为

$$3ClO^-=ClO_3^-+2Cl^-$$

Chapter 10 第10章

配位反应

Coordination Reaction

内容要点

1. 配合物及其组成

配位化合物是由可以给出孤对电子的一定数目的个体(离子或分子)与具有能够接受孤对电子的空轨道的中心原子之间以配位键结合,并按一定的组成和空间构型所形成的化合物。如$[Cu(NH_3)_4]SO_4$和$Fe(CO)_5$。

配合物化学式中,方括号内是配位化合物的内界,方括号以外是配位化合物的外界。如图 10-1 所示:

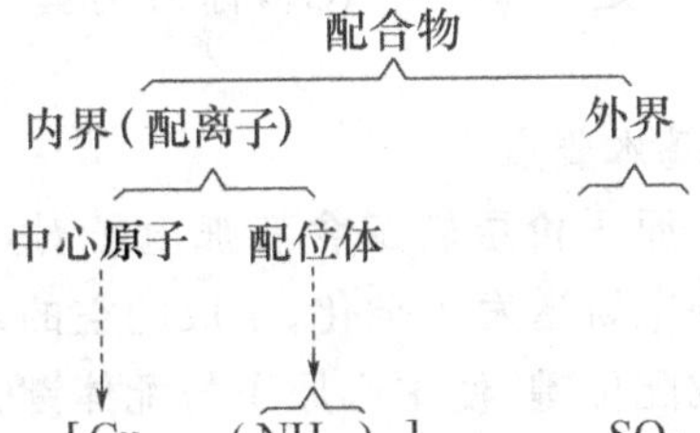

图 10-1 配合物的组成

内界是配位化合物的主要特征部分,中心原子是内界的核心部分,也称为形成体。在配位化合物内界中与中心原子结合的离子或分子,称为配位体。其直接与中心原子成键的原子,称为配位原子,如:配位体NH_3中的N原子就是配位原子。

只含有一个配位原子的配体称为单齿配体,含有两个或多个配位原子的配体称为多齿配体。乙二胺(en)、草酸根($C_2O_4^{2-}$)、乙二胺四乙酸(EDTA)等均为多齿配体。多齿配体与中心原子形成的具有环状结构的配合物称为螯合物,所以多齿配体又称为螯合剂。螯环中五元环和六元环是较为稳定的结构。螯合物通常比简单配合物稳定。

直接与中心原子结合的配位原子的数目称为中心原子的配位数。对于单齿配体,配位数等于中心原子周围配体的个数。对于多齿配体,配位数不等于配体的个数,如

$[Cu(en)_2]^{2+}$中，每个乙二胺分子含有两个配位原子，故 Cu^{2+} 的配位数等于 4。中心原子的配位数一般为 2，4，6，而以 4 和 6 为最常见。

2. 单核配位化合物的命名

配位化合物的命名与无机化合物命名相似，按中国化学会《无机化学命名原则》，配位化合物的命名顺序为：阴离子在前，阳离子在后，叫作某化某、某酸某、某酸等；配离子或中性配位化合物的命名顺序为：配体数（汉字）—配体—合—中心原子及其氧化数（罗马数字）。若外界为氢离子，则在配阴离子后缀以"酸"字。

若内界中有两种以上的配体，命名时则规定：无机配体列在前，有机配体列在后；先列阴离子配体，后列阳离子、中性分子配体；同类配体按配位原子元素符号的英文顺序排列，如氨在前，水在后；配位原子相同时，含原子数目少的配体列在前面；不同配体以中点"·"间隔开。

例如：

$[Cu(NH_3)_4]SO_4$	硫酸四氨合铜(Ⅱ)
$K_3[Fe(CN)_6]$	六氰合铁(Ⅲ)酸钾
$K_4[Fe(CN)_6]$	六氰合铁(Ⅱ)酸钾
$H_2[PtCl_6]$	六氯合铂(Ⅳ)酸
$[CoCl_2(NH_3)_3(H_2O)]Cl$	氯化二氯·三氨·水合钴(Ⅲ)
$[Ni(CO)_4]$	四羰基合镍
$[Pt(NH_3)_6][PtCl_4]$	四氯合铂(Ⅱ)酸六氨合铂(Ⅱ)

命名时应注意有些配位体化学式相同，但配位原子不同，命名也不同。如配位体 SCN^-：当配位原子是 S 时，—SCN，称为硫氰酸根；当配位原子是 N 时，—NCS，称为异硫氰酸根。又如 NO_2^-：当配位原子是 N 时，$—NO_2$，称为硝基；当配位原子是 O 时，—ONO，称为亚硝酸根。

3. 配位化合物价键理论的基本要点

价键理论认为：配体中配位原子价层轨道含有孤电子对，而中心原子价层含有空轨道。生成配合物时，中心原子价层的空轨道发生杂化，生成的空的杂化轨道与配体中配位原子中含有孤电子对的轨道叠加，形成配位键，使中心原子与配体键合。

(1)外轨型配合物　若中心原子全部以外层轨道（ns、np、nd 等）参与杂化和成键作用，这样得到的配合物称为外轨型配位化合物。在形成外轨型配合物时，中心原子的电子排布不受配体的影响，保持其原有的价电子构型。

(2)内轨型配合物　若中心原子有 $(n-1)d$ 等内层轨道参与杂化和成键作用，这样得到的配合物称为内轨型配位化合物。在形成内轨型配合物时，中心原子的电子排布受配体的影响发生重排，其原有的价电子构型发生变化，未成对电子数可能减少。

(3)影响因素　形成内轨型、外轨型配合物主要与中心原子的电子层构型、配位原子的电负性等因素有关。如 Al^{3+}、Ag^+、Zn^{2+}、Hg^{2+} 等内层没有 d 电子或 d 轨道全满（d^{10}）的离子，只形成外轨型配合物，其他构型的副族元素离子，既可形成外轨型亦可形成内轨型配合物。一般来说，配位原子与中心原子电负性差值越大，越易于生成外轨型配合物。如 F^-、OH^-、H_2O 等配体的配位原子倾向于生成外轨型配合物；CN^-、CO 等配体中的配位原子

(C)易形成内轨型配合物；而 NH_3、Cl^- 等配体可生成外轨型配合物，也可生成内轨型配合物。

(4)在性质上的差异

①外轨型和内轨型配合物在性质上有差异：内轨型配合物的稳定性一般比外轨型配合物稳定性好，其在水溶液中的稳定常数也一般比较大。

②外轨型和内轨型配合物在磁性上也有差异：外轨型配合物多表现为顺磁性，磁矩高；内轨型配合物的未成对电子很少甚至完全没有，因此，它们是弱的顺磁性物质，或是抗(反)磁性物质，磁矩小或为零。确定一个配合物究竟是外轨型还是内轨型，磁矩是重要的依据。磁矩 μ(单位为玻尔磁子，表示为 B. M.)与未成对电子数 n 的关系为：$\mu=\sqrt{n(n+2)}$。

4. 配位平衡

配离子在水溶液存在配位-离解平衡，其标准平衡常数可用 $K_f^\ominus$ 表示，例如：

$$Cu^{2+}(aq)+4NH_3(aq)=[Cu(NH_3)]_4^{2+}(aq)$$

此反应的标准平衡常数

$$K_f^\ominus=\frac{c([Cu(NH_3)_4]^{2+})/c^\ominus}{\{c(Cu^{2+})/c^\ominus\}\cdot\{c(NH_3)/c^\ominus\}^4}$$

$K_f^\ominus$ 称为 $Cu(NH_3)_4^{2+}$ 配离子的稳定常数。配离子稳定常数越大，说明配位反应进行得越完全，离解反应越不容易发生，配离子越稳定。

配位反应实际上是分步进行的，每一步有其平衡常数。如上述配位反应可表示为

$$Cu^{2+}(aq)+NH_3(aq)=[Cu(NH_3)]^{2+}(aq)$$

$$k_1^\ominus=\frac{c([Cu(NH_3)]^{2+})/c^\ominus}{\{c(Cu^{2+})/c^\ominus\}\cdot\{c(NH_3)/c^\ominus\}}$$

$$[Cu(NH_3)]^{2+}(aq)+NH_3(aq)=[Cu(NH_3)_2]^{2+}(aq)$$

$$k_2^\ominus=\frac{c([Cu(NH_3)_2]^{2+})/c^\ominus}{\{c([Cu(NH_3)]^{2+})/c^\ominus\}\cdot\{c(NH_3)/c^\ominus\}}$$

$$[Cu(NH_3)_2]^{2+}(aq)+NH_3(aq)=[Cu(NH_3)_3]^{2+}(aq)$$

$$k_3^\ominus=\frac{c([Cu(NH_3)_3]^{2+})/c^\ominus}{\{c([Cu(NH_3)_2]^{2+})/c^\ominus\}\cdot\{c(NH_3)/c^\ominus\}}$$

$$[Cu(NH_3)_3]^{2+}(aq)+NH_3(aq)=[Cu(NH_3)_4]^{2+}(aq)$$

$$k_4^\ominus=\frac{c([Cu(NH_3)_4]^{2+})/c^\ominus}{\{c([Cu(NH_3)_3]^{2+})/c^\ominus\}\cdot\{c(NH_3)/c^\ominus\}}$$

$k_1^\ominus$、$k_2^\ominus$、$k_3^\ominus$、$k_4^\ominus$ 分别称为第一、二、三、四级稳定常数。配合物的稳定常数等于各级稳定常数的乘积，$K_f^\ominus=k_1^\ominus\cdot k_2^\ominus\cdot k_3^\ominus\cdot k_4^\ominus$。逐级稳定常数彼此相差不很大，在溶液中有过量的配体存在时，可做近似处理，认为平衡趋向于生成最高配位数形式的配合物，其他配位数的各级配离子浓度可以忽略不计。

5. 配位平衡的移动

(1)酸度对配位平衡的影响(配体的酸效应和中心原子的水解效应) 由于酸度升高，使配合物稳定性降低的作用称为配体酸效应。很多配合物的配体如 F^-、NH_3、CN^-、$C_2O_4^{2-}$、Y^{4-} 等属于质子碱，当系统中 H^+ 浓度增大时，这些配体就与 H^+ 之间发生酸碱反应使系统中配体的浓度降低，从而使配位化合物的稳定性降低。酸效应对配合物稳定性影响程度，与配

合物、配体的及介质酸度有关。

当系统中 H^+ 浓度减小时，有些中心原子则会在较高 pH 的介质中生成氢氧化物、碱式盐等沉淀，亦会使配合物的稳定性降低，此种现象称为配合物中心原子的水解效应。因此，为使配位反应顺利进行，往往必须严格控制溶液酸度。

(2)沉淀对配位平衡的影响　在 $AgNO_3$ 溶液中，滴加 NaCl 溶液，产生 AgCl 白色沉淀；再向沉淀中滴加氨水，AgCl 溶解，生成 $[Ag(NH_3)_2]^+$；再加入 KBr 溶液，又产生淡黄色 AgBr 沉淀；若再滴入 $Na_2S_2O_3$ 溶液，则又溶解生成 $[Ag(S_2O_3)_2]^{3-}$；再滴入 KI 溶液，又生成黄色 AgI 沉淀。

利用配位反应可使沉淀转变为配合物，如

$$AgCl(s)+2NH_3(aq)=[Ag(NH_3)_2]^+(aq)+Cl^-$$

反应的标准平衡常数为

$$K^\ominus=K_{sp}^\ominus(AgCl)\cdot K_f^\ominus([Ag(NH_3)_2]^+)$$

利用沉淀反应可使配合物转变为沉淀，如

$$[Ag(NH_3)_2]^+(aq)+I^-(aq)=AgI(s)+2NH_3(aq)$$

反应的标准平衡常数为

$$K^\ominus=\frac{1}{K_f^\ominus([Ag(NH_3)_2]^+)\cdot K_{sp}^\ominus(AgI)}$$

对于配合物与沉淀间相互转化的反应，自发方向及反应的完成程度主要由配合物稳定常数的大小、沉淀溶度积的大小以及离子浓度决定，反应易于向生成较稳定的物质方向自发进行。

可见，配位反应与沉淀反应是相互影响的，可利用沉淀反应破坏配合物，也可利用配位反应使沉淀溶解。

(3)配位反应与氧化还原反应　根据能斯特方程可知，电极电势与组成电极的氧化态物质、还原态物质的浓度有关。若加入配位剂与氧化态或还原态物质形成稳定的配合物，可使溶液中游离的氧化态或还原态物质的浓度明显降低，使电极电势明显改变。因此，配位反应可影响氧化还原反应的完成程度，甚至可影响氧化还原反应的方向。例如在利用氧化还原测定 Fe 含量时，加 H_3PO_4 使 Fe^{3+} 转化为 $[Fe(HPO_4)_2]^-$，降低 Fe^{3+}/Fe^{2+} 电对的电极电势，减小测定误差。当然，氧化还原反应也可影响配位反应的进行。

(4)配合物的转化　在一种配合物溶液中，加入另一种配位剂，使其能与中心原子生成更稳定的配合物时，配合物就发生转化。例如：

$$[Ag(NH_3)_2]^+(aq)+2CN^-(aq)=[Ag(CN)_2]^-(aq)+2NH_3(aq)$$

此反应的标准平衡常数为

$$K^\ominus=\frac{K_f^\ominus([Ag(CN)_2]^-)}{K_f^\ominus([Ag(NH_3)_2]^+)}=1.2\times10^{14}$$

由于反应的标准平衡常数很大，上述反应将向生成 $[Ag(CN)_2]^-$ 方向进行。配合物的转化取决于配合物的稳定性和试剂浓度。配合物的转化易于向着生成更稳定的配合物方向进行。

典型例题

例 10-1 关于配合物中心原子的配位数,下列说法错误的是(　　)。

A. 直接与中心原子配合的配体数目

B. 直接与中心原子配合的配位原子数目

C. 中心原子接受配体的孤电子对数

D. 中心原子与配位原子间所形成的σ配位键数

解:(A)中心原子配位数,指直接与中心原子连接的配位原子数目。多齿配体形成配合物时,配位数与配体个数不同。配合物是中心原子提供空轨道接受配位原子的孤电子对,形成的配位键是σ键。

例 10-2 $[CaY]^{2-}$配离子中,Ca^{2+}的配位数为(　　)。

A. 1　　B. 2　　C. 4　　D. 6

解:(D) Y^{4-}是6齿配体,Ca^{2+}可利用sp^3d^2杂化轨道与之键合,故为6。

例 10-3 配合物$[Cr(OH)(H_2O)(C_2O_4)(en)]$的名称是(　　)。

A. 乙二胺·草酸·水·羟合铬(Ⅲ)

B. 水·羟基·草酸·一(乙二胺)合铬(Ⅲ)

C. 羟基·水·草酸根·(乙二胺)合铬(Ⅲ)

D. 羟基·水·草酸根·(乙二胺)合铬(Ⅱ)

解:(C)命名时,配体按先无机配体后有机配体,先离子后分子的顺序。

例 10-4 Ni^{2+}形成的八面体型配合物(　　)。

A. 只可能是外轨型　　B. 只可能是内轨型

C. 可能是内轨型也可能是外轨型　　D. 是抗磁性物质

解:(A)八面体型配合物,中心离子杂化轨道只可能是d^2sp^3或sp^3d^2。Ni^{2+}的电子构型为$3d^8$,不可能提供2条3d轨道,形成的八面体型配合物只可能是外轨型;中心原子内层电子不会重排,故有2个未成对的电子,是顺磁性物质。

例 10-5 $[Cu(NH_3)_4]^{2+}$和$[Zn(NH_3)_4]^{2+}$,分别为正方形和正四面体,中心原子采用的杂化轨道分别是(　　)。

A. sp^3　sp^3　　B. dsp^2　sp^3　　C. dsp^2　dsp^2　　D. sp^3　dsp^2

解:(B)

例 10-6 向$[Zn(NH_3)_4]^{2+}$溶液中通入氨气,则(　　)。

A. $K_f^\ominus([Zn(NH_3)_4]^{2+})$增大　　B. $K_f^\ominus([Zn(NH_3)_4]^{2+})$减小

C. 溶液中$c(Zn^{2+})$增大　　D. 溶液中$c(Zn^{2+})$减小

解:(D)标准平衡常数与浓度无关,不会因浓度变化增大或减小。同离子效应使配合物离解度降低,故$c(Zn^{2+})$减小。

例 10-7 下列说法是否正确?不正确的请说明理由。

(1)配合物必须由内界和外界两部分组成;

解:(×)有些配合物无外界,如$[CrCl_2(NH_3)_4]$。

(2)只有金属离子才能作为配合物的中心原子;

解:(×)金属原子或某些高氧化数的非金属离子也可作配合物的中心原子。如$Ni(CO)_4$,$[SiF_6]^{2-}$。

(3)配体的数目就是中心原子的配位数;

解:(×)多齿配体形成的螯合物中,配体的数目不等于中心原子的配位数。如$[CaY]^{2-}$,配体数为1,但配位数是6。

(4)配离子的电荷数等于中心原子的电荷数;

解:(×)配离子的电荷数是中心原子的电荷数与所有配体电荷的代数和。

(5)配离子的几何构型取决于中心原子所采用的杂化轨道类型;

解:(√)

(6)对于两个配离子,$K_f^{\ominus}$大的配离子的稳定性大;

解:(×)对于不同类型的配离子,不能用$K_f^{\ominus}$大小直接比较配离子的稳定性。

(7)配位剂浓度越大,生成配离子的配位数就越大;

解:(×)中心原子都有一个最高配位数。当已经达到最高配位数后,即使增加配位剂的浓度,配位数也不会增加。

(8)螯合物的稳定性比具有相同配位原子的简单配合物要高;

解:(√)

(9)内轨型配合物一定比外轨型配合物稳定。

解:(×)不一定。

例 10-8 命名下列配合物,并指明中心原子及其配位数和配体:

$[Ni(NH_3)_4]Cl_2$	$[CrCl_2(H_2O)_4]Cl$	$[Co(NH_3)_4(H_2O)_2]SO_4$
$K_2Na[Co(ONO)_6]$	$[Co(en)_3]Cl_3$	$Ni(CO)_4$
$K_2[PtCl_6]$	$[Ni(C_2O_4)(NH_3)_2]$	$[CrCl_3(H_2O)(Py)_2]$

解:配合物的名称	配体	配位原子	配位数
氯化四氨合镍(Ⅱ)	NH_3	N	4
氯化二氯·四水合铬(Ⅲ)	Cl^-,H_2O	Cl,O	6
硫酸四氨·二水合钴(Ⅱ)	H_2O,NH_3	O,N	6
六亚硝酸根合钴(Ⅲ)酸钠二钾	ONO^-	O	6
三氯化三(乙二胺)合钴(Ⅲ)	en	N	6
四羰基合镍(0)	CO	C	4
六氯合铂(Ⅳ)酸钾	Cl^-	Cl	6
草酸根·二氨合镍(Ⅱ)	NH_3,$C_2O_4^{2-}$	N,O	4
三氯·水·二吡啶合铬(Ⅲ)	Py,H_2O,Cl^-	N,O,Cl	6

例 10-9 根据下列配合物的名称写出它们的化学式：

二硫代硫酸合银(Ⅰ)酸钠　　三硝基·三氨合钴(Ⅲ)

二水合溴化二溴·四水合铬(Ⅲ)　　六氯合锑(Ⅴ)酸氨

二氯·二羟·二氨合铂(Ⅳ)　　氯化二氯·四水合钴(Ⅲ)

解：$Na_2[Ag(S_2O_3)_2]$　$[Co(NO_2)_3(NH_3)_3]$　$[CrBr_2(H_2O)_4]Br\cdot 2H_2O$

$NH_4[SbCl_6]$　$[PtCl_2(OH)_2(NH_3)_2]$　$[CoCl_2(H_2O)_4]Cl$

例 10-10 下列物质在强酸介质能稳定存在的是(　　)。

A. $[HgI_4]^{2-}$　B. $[Ag(S_2O_3)_2]^{3-}$　C. $[Zn(NH_3)_4]^{2+}$　D. $[Co(ONO)_3]^{3-}$

解：(A)由于B、C、D配离子中配体均为弱碱，在强酸介质中会发生酸碱反应，促进配离子的解离。HI是强酸，I^-碱性极弱，不易接受质子，强酸对以其为配体的配离子的稳定性影响甚微。

例 10-11 根据下列配离子的空间构型，指出它们的中心原子以何种杂化轨道成键，估计其磁矩各约为多少 B. M.，判断是内轨型还是外轨型配合物？

$[CuCl_2]^-$(直线型)　$[Zn(CN)_4]^{2-}$(四面体)　$[Cu(NH_3)_4]^{2+}$(平面正方形)　$[Co(NH_3)_6]^{3+}$(正八面体)　$[Fe(CO)_5]$(三角双锥)

解：配合物	杂化类型	磁矩(B. M.)	内轨或外轨
$[CuCl_2]^-$	sp	0	外轨
$[Zn(CN)_4]^{2-}$	sp^3	0	外轨
$[Cu(NH_3)_4]^{2+}$	dsp^2	1.73	内轨
$[Co(NH_3)_6]^{3+}$	d^2sp^3	0	内轨
$[Fe(CO)_5]$	dsp^3	0	内轨

例 10-12 已知四种钴氨配合物的组成如下：

$CoCl_3\cdot 6NH_3$　(橙黄色)　$CoCl_3\cdot 4NH_3$　(绿色)

$CoCl_3\cdot 5NH_3$　(紫色)　$CoCl_3\cdot 3NH_3$　(绿色)

若用 $AgNO_3$ 溶液沉淀上述各配合物中的 Cl^-，所得沉淀的含氯量依次相当于总含氯量的3/3、1/3、2/3、0。根据这一实验事实确定这四种钴氨配合物的化学式及名称。

解：橙黄色 $[Co(NH_3)_6]Cl_3$　三氯化六氨合钴(Ⅲ)

绿色 $[CoCl_2(NH_3)_4]Cl$　氯化二氯·四氨合钴(Ⅲ)

紫色 $[CoCl(NH_3)_5]Cl_2$　二氯化氯·五氨合钴(Ⅲ)

绿色 $[CoCl_3(NH_3)_3]$　三氯·三氨合钴(Ⅲ)

例 10-13 计算下列反应的平衡常数并判断标准状态下反应进行的方向。

(1) $Ag_2S+4CN^- = 2[Ag(CN)_2]^- + S^{2-}$

(2) $[Cu(NH_3)_4]^{2+} + 4H^+ = Cu^{2+} + 4NH_4^+$

(3) $[Ag(S_2O_3)_2]^{3-} + Cl^- = AgCl + 2S_2O_3^{2-}$

解：(1) $K^\ominus = K_{sp}^\ominus(Ag_2S)\cdot\{K_f^\ominus([Ag(CN)_2]^-)\}^2$

$= 6.69\times 10^{-50}\times(1.3\times 10^{21})^2 = 1.13\times 10^{-7}$

标准状态下，反应的反应商 $Q=1, Q>K^{\ominus}$，因此反应向左进行。

(2) $K^{\ominus}=\dfrac{\{K_w^{\ominus}/K_b^{\ominus}(NH_3\cdot H_2O)\}^4}{K_f^{\ominus}([Cu(NH_3)_4]^{2+})}=\dfrac{(1.0\times10^{14}/1.77\times10^5)^4}{2.1\times10^{13}}=4.85\times10^{-51}$

标准状态下，反应的反应商 $Q=1, Q>K^{\ominus}$，因此反应向左进行。

(3) $K^{\ominus}=\dfrac{1}{K_f^{\ominus}([Ag(S_2O_3)_2]^{3-})\cdot K_{sp}^{\ominus}(AgCl)}=\dfrac{1}{2.9\times10^{13}\times1.77\times10^{-10}}=1.93\times10^{-4}$

标准状态下反应的反应商 $Q=1, Q>K^{\ominus}$，因此反应向左进行。

例 10-14 在 1 L 浓度为 0.1 $mol\cdot L^{-1}$ 的 $[Ag(NH_3)_2]^+$ 溶液中，加入 0.2 mol 的 KCN 晶体，讨论在体系达平衡时，溶液中 $[Ag(NH_3)_2]^+$、$[Ag(CN)_2]^-$、CN^-、NH_3 的浓度。

解：

$$[Ag(NH_3)_2]^+ + 2CN^- = [Ag(CN)_2]^- + 2NH_3$$

$$K^{\ominus}=\frac{K_f^{\ominus}([Ag(CN)_2]^-)}{K_f^{\ominus}([Ag(NH_3)_2]^+)}=\frac{1.3\times10^{21}}{1.1\times10^7}=1.18\times10^{14}$$

反应向右进行很彻底，故 $c([Ag(CN)_2]^-)\approx0.1\ mol\cdot L^{-1}$ $c(NH_3)\approx0.2\ mol\cdot L^{-1}$。

设平衡时 $[Ag(NH_3)_2]^+$ 的浓度是 $x\ mol\cdot L^{-1}$，则 CN^- 的浓度是 $2x\ mol\cdot L^{-1}$

$$1.18\times10^{14}=\frac{\{c([Ag(CN)_2]^+)/c^{\ominus}\}\{c(NH_3)/c^{\ominus}\}^2}{\{c([Ag(NH_3)_2]^+)/c^{\ominus}\}\{c(CN)/c^{\ominus}\}^2}=\frac{0.1\times0.2^2}{x(2x)^2}$$

$$x=2.04\times10^{-6}$$

即溶液中 $[Ag(NH_3)_2]^+$ 的浓度是 $2.04\times10^{-6}\ mol\cdot L^{-1}$，$CN^-$ 的浓度是 $4.08\times10^{-6}\ mol\cdot L^{-1}$。

例 10-15 计算 100 mL 浓度为 1.0 $mol\cdot L^{-1}$ 的氨水中能溶解固体 AgBr 多少克？

解：设能溶解 x mol AgBr

	$AgBr(s)$ +	$2NH_3$	= $[Ag(NH_3)_2]^+$ +	Br^-
反应前		1.0	0	0
平衡时		$1.0-2x/0.1$	$x/0.1$	$x/0.1$

$$K^{\ominus}=K_{sp}^{\ominus}(AgBr)\cdot K_f^{\ominus}([Ag(NH_3)_2]^+)=5.35\times10^{-13}\times1.1\times10^7=5.9\times10^{-6}$$

$$5.9\times10^{-6}=\frac{\{c([Ag(NH_3)_2]^+)/c^{\ominus}\}\cdot\{c(Br^-)/c^{\ominus}\}}{c(NH_3)/c^{\ominus}}=\frac{(x/0.1)^2}{(1.0-2x/0.1)^2}=\frac{100x^2}{(1-20x)^2}$$

$$x=2.4\times10^{-4}\ mol$$

可溶解 AgBr(M =188 g/mol)的质量

$$m=2.4\times10^{-4}mol\times188\ g\cdot mol^{-1}=0.045\ g$$

例 10-16 10 mL 0.05 $mol\cdot L^{-1}$ $[Ag(NH_3)_2]^+$ 溶液与 1.0 mL 0.10 $mol\cdot L^{-1}$ 的 NaCl 溶液混合，问此混合液中 NH_3 浓度至少要多大，才不至于使 AgCl 沉淀析出？

解：溶液混合后

$$c([Ag(NH_3)_2]^+)=0.05\times10/(10+1)=0.045\ mol\cdot L^{-1}$$

$$c(Cl^-)=0.10\times1.0/(10+1)=9.1\times10^{-3}\ mol\cdot L^{-1}$$

要使溶液中 AgCl 无沉淀产生，Ag^+ 的最大浓度为

$$c(Ag^+)=\frac{K_{sp}^{\ominus}(AgCl)}{c(Cl^-)/c^{\ominus}}=\frac{1.77\times10^{-10}}{9.1\times10^{-3}}=1.94\times10^{-8}\ mol\cdot L^{-1}$$

设此时溶液中 NH_3 的浓度为 x mol·L^{-1}，则

$$c([Ag(NH_3)_2]^+)=0.045-1.94\times10^{-8}\approx0.045\ \text{mol}\cdot\text{L}^{-1}$$

$$K_f^{\ominus}([Ag(NH_3)_2]^+)=0.045/(1.94\times10^{-8}\times x^2)=1.1\times10^7$$

$$x=0.45\ \text{mol}\cdot\text{L}^{-1}$$

即溶液中氨的浓度至少应为 0.145 mol·L^{-1}，才不至于析出 AgCl 沉淀。

例 10-17 有一混合溶液含有 0.1 mol·L^{-1} 的 NH_3、0.01 mol·L^{-1} NH_4Cl 和 0.15 mol·L^{-1} $[Cu(NH_3)_4]^{2+}$，试问这个溶液中有无 $Cu(OH)_2$ 沉淀生成？

解：

$$pOH=pK_b^{\ominus}(NH_3\cdot H_2O)-\lg\frac{c_b}{c_a}=4.74-\lg\frac{0.1}{0.01}=3.74$$

$$c(OH^-)=10^{-3.74}\ \text{mol}\cdot\text{L}^{-1}=1.8\times10^{-4}\ \text{mol}\cdot\text{L}^{-1}$$

设 $[Cu(NH_3)_4]^{2+}$ 解离产生 Cu^{2+} 浓度为 x mol·L^{-1}

$$Cu^{2+}\ +\ 4NH_3\ =\ [Cu(NH_3)_4]^{2+}\quad K_f^{\ominus}=2.1\times10^{13}$$

	Cu^{2+}	$4NH_3$	$[Cu(NH_3)_4]^{2+}$
解离前		0.1	0.15
解离平衡	x	$0.1+4x$	$0.15-x$

$$K_f^{\ominus}=\frac{c([Cu(NH_3)_4]^{2+})/c^{\ominus}}{\{c(Cu^{2+})/c^{\ominus}\}\cdot\{c(NH_3)/c^{\ominus}\}^4}=\frac{0.15-x}{x\cdot(0.1+4x)^4}=2.1\times10^{13}$$

因 $[Cu(NH_3)_4]^{2+}$ 的 $K_f^{\ominus}$ 较大，且有 0.1 mol·L^{-1} NH_3 存在，抑制其解离，所以 x 极小，可做近似，$0.1+4x\approx0.1$，$0.15-x\approx0.15$

解得

$$x=7.1\times10^{-11}$$

$$Q=c(Cu^{2+})\,c(OH^-)^2=7.1\times10^{-11}\times(1.8\times10^{-4})^2=2.3\times10^{-18}$$

$$K_{sp}^{\ominus}\{Cu(OH)_2\}=2.2\times10^{-20}$$

$Q>K_{sp}^{\ominus}\{Cu(OH)_2\}$，所以混合溶液中有 $Cu(OH)_2$ 沉淀生成。

例 10-18 将铜电极浸在含有 1.00 mol·L^{-1} 氨水和 1.00 mol·L^{-1} $[Cu(NH_3)_4]^{2+}$ 配离子的溶液中，用标准氢电极作正极，测得两电极间的电势差（即该原电池的电动势）为 0.030 V，计算 $[Cu(NH_3)_4]^{2+}$ 的稳定常数是多少？

解：查表 $\varphi^{\ominus}(Cu^{2+}/Cu)=0.340$ V

由 $\varepsilon=\varphi_+-\varphi_-=0.030$ V，其中 $\varphi_+=\varphi^{\ominus}(H^+/H_2)=0.000$ V，故 $\varphi_-=\varphi(Cu^{2+}/Cu)=-0.030$ V

对于电极反应 $Cu^{2+}+2e=Cu$

$$\varphi(Cu^{2+}/Cu)=\varphi^{\ominus}(Cu^{2+}/Cu)-\frac{2.303RT}{2F}\lg[\frac{1}{c(Cu^{2+})/c^{\ominus}}]$$

得

$$c(Cu^{2+})=3.16\times10^{-13}\ \text{mol}\cdot\text{L}^{-1}$$

据

$$Cu^{2+}+4NH_3=[Cu(NH_3)_4]^{2+}$$

$$K_f^{\ominus}=\frac{c([Cu(NH_3)_4]^{2+})/c^{\ominus}}{\{c(Cu^{2+})/c^{\ominus}\}\cdot\{c(NH_3)/c^{\ominus}\}^4}$$

NH_3 和 $[Cu(NH_3)_4]^{2+}$ 的浓度均为 $1.00\ mol \cdot L^{-1}$

$$1/K_f^{\ominus}=c(Cu^{2+})$$

$$K_f^{\ominus}([Cu(NH_3)_4]^{2+})=3.16\times10^{12}$$

例 10-19 实验测得 $[Mn(CN)_6]^{4-}$ 的磁矩为 $\mu\approx1.8$ B.M.，请推测配离子：

(1)空间构型；(2)未成对电子数；(3)中心原子杂化类型；(4)是外轨型还是内轨型配合物。

解：(1)空间构型为六配位的八面体。

(2)根据 $\mu\approx1.8$，$n\approx1$，即 1 个未成对电子。

(3) Mn^{2+} 的价电子结构为 $3d^5 4s^0 4p^0$，含 5 个未成对电子，$[Mn(CN)_6]^{4-}$ 含一个未成对电子，说明中心离子电子构型发生变化，d 电子重排，故 Mn^{2+} 采取 d^2sp^3 杂化。

(4)属内轨型配合物。

例 10-20 在血液中，许多微量的金属离子与氨基酸和小的缩氨酸（肽）形成配合物，如氨基乙酸根离子（$H_2NCH_2COO^-$）就是一个二齿配体。已知氨基乙酸电离常数为：$K_{a1}^{\ominus}=2.34$，$K_{a2}^{\ominus}=9.60$。

(1)要保持阴离子形式为主要存在形态，pH 应在什么范围？

(2)离子中哪个原子与中心原子形成配位键？

(3) $[Pt(H_2NCH_2COO^-)_2]$ 有几种可能的异构体？属于何种构型？

(4) $[Pt(H_2NCH_2COO^-)_2]$ 与 $[Zn(H_2NCH_2COO^-)_2]$ 哪个是平面四方形构型？哪个是四面体构型？

解：(1)要保持阴离子形式为主要存在形态，则 pH>9.6。

(2)离子中 N 原子和羧基 O 原子与中心原子形成配位键。

(3) $[Pt(H_2NCH_2COO^-)_2]$ 的构型为平面四方形，其有顺反两种异构体。

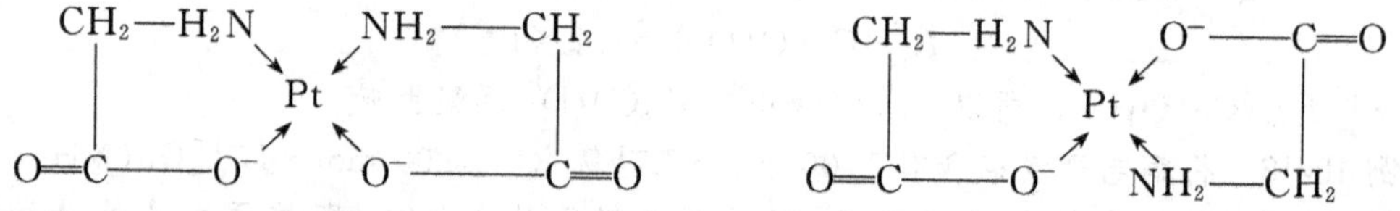

(4) $[Pt(H_2NCH_2COO^-)_2]$ 是平面四方形构型，Pt^{2+} 采用 dsp^2 杂化；$[Zn(H_2NCH_2COO^-)_2]$ 是四面体构型，Zn^{2+} 采用 sp^3 杂化。

单元测试

(一)选择题

1. 在 $[Co(C_2O_4)_2(en)]$ 配离子中，中心原子的配位数为（　　）。

A. 3　　B. 4　　C. 5　　D. 6

2. Al^{3+} 与乙二胺四乙酸(EDTA)形成（　　）。

A. 螯合物　　B. 聚合物　　C. 简单配合物　　D. 复盐

3. 下列物质中，不可能作为配合物中配体的为(　　)。

A. C_2H_6　　B. CO　　C. NO_2^-　　D. CH_3COO^-

4. 在 $K[CoCl_4(NH_3)_2]$ 中，Co 的氧化数和配位数分别为(　　)。

A. +2 和 4　　B. +4 和 6　　C. +3 和 6　　D. +3 和 4

5. 化合物 $[CoCl_2(NH_3)_4]Br$ 的名称是(　　)。

A. 溴化二氯·四氨合钴酸盐(Ⅱ)　　B. 溴化二氯·四氨合钴酸盐(Ⅲ)

C. 溴化二氯·四氨合钴(Ⅱ)　　D. 溴化二氯·四氨合钴(Ⅲ)

6. 在 $FeCl_3$ 溶液中滴加 KSCN 试剂，则溶液(　　)，继续加入足量 NaF 后溶液(　　)。

A. 变红　颜色加深　　B. 变红　颜色褪去

C. 颜色变浅　产生沉淀　　D. 无变化　颜色加深

7. 已知 $[PtCl_2(OH)_2]$ 有两种顺反异构体，成键电子所占据的杂化轨道应该是(　　)。

A. sp^3　　B. d^2sp^3　　C. dsp^2　　D. sp^3d^2

8. 欲分离 AgCl、AgBr、AgI 并使之变成溶液，需要的试剂和加入的先后次序是(　　)。

A. $(NH_4)_2CO_3$、$Na_2S_2O_3$、KCN　　B. KCN、$NH_3\cdot H_2O$、$Na_2S_2O_3$

C. $NH_3\cdot H_2O$、KCN、$Na_2S_2O_3$　　D. $Na_2S_2O_3$、$NH_3\cdot H_2O$、KCN

9. 对于 Cu^{2+}/Cu 电对，加入配位剂 $NH_3\cdot H_2O$ 后，其电极电势将(　　)。

A. 增大　　B. 减小　　C. 不变　　D. 无法确定

10. 对于 Fe^{3+}/Fe^{2+} 电对，加入 NaF 后，Fe^{2+} 的还原能力将(　　)。

A. 增强　　B. 减弱　　C. 不变　　D. 无法确定

11. 已知某金属离子形成的八面体配合物的磁矩为 4.90 B. M.，而同一氧化态的该金属离子形成的另一八面体配合物的磁矩为零，则此金属离子可能为(　　)。

A. Cr(Ⅲ)　　B. Mn(Ⅱ)　　C. Fe(Ⅱ)　　D. Mn(Ⅲ)

12. 已知 $K_f^{\ominus}(Fe(CN)_6)^{3-} > K_f^{\ominus}(Fe(CN)_6)^{4-}$，$\varphi^{\ominus}(Fe^{3+}/Fe^{2+}) = 0.77\ V$，则 $\varphi^{\ominus}(Fe(CN)_6)^{3-}/Fe(CN)_6)^{4-})$ 将(　　)。

A. 等于 0.77 V　　B. 小于 0.77 V　　C. 大于 0.77 V　　D. 无法确定

13. 配离子 $[CuCl_4]^{3-}$ 的磁矩等于零，则其空间构型和 Cu^+ 使用的杂化轨道分别是(　　)。

A. 四面体和 sp^3　　B. 正方形和 dsp^2

C. 八面体和 d^2sp^3　　D. 八面体和 sp^3d^2

14. 已知 $K_{sp}^{\ominus}(AgI)=K_1$，$K_f^{\ominus}([Ag(CN)_2]^-)=K_2$，则下列反应的平衡常数为(　　)。

$$AgI + 2CN^- = [Ag(CN)_2]^- + I^-$$

A. $K_1\cdot K_2$　　B. K_1/K_2　　C. K_2/K_1　　D. K_1+K_2

15. $K_f^{\ominus}([Ag(NH_3)_2]^+)=1.0\times10^7$，则在含有 0.2 mol·L^{-1} $[Ag(NH_3)_2]^+$ 和 0.2 mol·L^{-1} NH_3 水的混合溶液中，Ag^+ 的浓度(mol·L^{-1})为(　　)。

A. 2.0×10^{-7}　　B. 5.0×10^{-7}　　C. 2.0×10^{-6}　　D. 5.0×10^{-6}

16. 下列反应中配离子作为氧化剂的反应是(　　)。

A. $[Ag(NH_3)_2]Cl + KI = AgI\downarrow + KCl + 2NH_3$

B. $2[Ag(NH_3)_2]OH + CH_3CHO = CH_3COOH + 2Ag\downarrow + 4NH_3 + H_2O$

C. $[Cu(NH_3)_4]^{2+} + S^{2-} = CuS\downarrow + 4NH_3$

D. $3[Fe(CN)_6]^{4-}+4Fe^{3+}=Fe_4[Fe(CN)_6]_3$

17. 在含有过量氨的 0.2 mol·$L^{-1}$$[Ag(NH_3)_2]Cl$ 溶液中，加入等体积的水稀释(忽略离子强度的影响)，则下列物质的浓度为原来浓度的 1/2 的是(　　)。

A. $[Ag(NH_3)_2]Cl$　　B. 解离达到平衡时 $c(Ag^+)$

C. 解离达到平衡时 $c(NH_3)$　　D. $c(Cl^-)$

18. 下列配合物能在强酸介质中稳定存在的是(　　)。

A. $[Ag(NH_3)_2]^+$　　B. $[FeCl_4]^-$

C. $[Fe(C_2O_4)_3]^{3-}$　　D. $[Ag(S_2O_3)_2]^{3-}$

19. 下列离子中既能形成内轨型配合物，又能形成外轨型配合物的是(　　)。

A. Cr^{3+}　　B. Fe^{2+}　　C. Ag^+　　D. Zn^{2+}

20. $[Ag(NH_3)_2]^+$、$[Ag(SCN)_2]^-$、$[Ag(S_2O_3)_2]^{3-}$、$[Ag(CN)_2]^-$ 的 $\lg K_f^\ominus$ 分别等于 7.03、7.57、13.46、21.10。下列电极的标准电极电势最高的(　　)。

A. $[Ag(NH_3)_2]^+/Ag$　　B. $[Ag(SCN)_2]^-/Ag$

C. $[Ag(S_2O_3)_2]^{3-}/Ag$　　D. $[Ag(CN)_2]^-/Ag$

(二)填空题

1. $[CoCl(NH_3)(en)_2]Cl_2$ 的系统命名为________，中心原子是________，配位体是________，配位原子为________，配位数是________，配位体数是________。

2. 写出$[Fe(SCN)_6]^{3-}$配离子在溶液中的平衡方程________，加入 $SnCl_2$，由于________，平衡向________移动。

3. 配合物价键理论认为，配位体中配位原子的电负性较小时，易形成________轨型配合物。

4. $[Ni(CN)_4]^{2-}$ 的空间构型为________，它具有________磁性，其中心原子采取________杂化轨道与 CN^- 成键，配位原子是________。

5. $K_3[Fe(CN)_6]$ 中 K^+ 与$[Fe(CN)_6]^{3-}$以________键结合，Fe^{3+} 与 CN^- 以________键结合。$K_3[Fe(CN)_6]$有弱的顺磁性，则 Fe^{3+} 以________杂化轨道成键，其空间构型为________。

6. 下列各对配位离子稳定性大小关系是(用“>”或“<”表示)：

(1)$[Cu(NH_3)_4]^{2+}$________$[Cu(en)_2]^{2+}$

(2)$[Ag(S_2O_3)_2]^{3-}$________$[Ag(NH_3)_2]^+$

(3)$[FeF_6]^{3-}$________$[Fe(CN)_6]^{3-}$

(4)$[Co(NH_3)_6]^{3+}$________$[Co(NH_3)_6]^{2+}$

7. 人体内的血红素是________的螯合物，植物中的叶绿素是________的螯合物，维生素 B_{12} 是________的螯合物，胰岛素是________的螯合物。

8. 照相技术中的废液含有大量的$[Ag(S_2O_3)_2]^{3-}$离子，在此溶液中加 Na_2S，发生的反应为____________。用 HNO_3 将产物________氧化制得 $AgNO_3$ 溶液，再经浓缩结晶可得到 $AgNO_3$ 晶体。

9. 实验室中常用 SCN^- 来鉴定 Co^{2+}，但若有 Fe^{3+} 存在，生成血红色的________妨碍 Co^{2+} 的检出，可加入________溶液使 Fe^3 生成________，将 Fe^3 掩蔽。

10. 在 $HgCl_2$ 溶液中，加入 KI 溶液，则生成____色的________沉淀；继续加入过量的 KI 溶液，则形成________色的__________________溶液(写化学式)。

(三)计算题

1. 将 50 mL 0.2 mol·L^{-1} $AgNO_3$ 溶液与 50 mL 6 mol·L^{-1} 氨水混合后，加入 0.5 mL 2 mol·L^{-1} KI 溶液，问能否析出 AgI 沉淀？（忽略加入 KI 引起的体积变化，$K_{sp}^{\ominus}(AgI)=8.3\times10^{-17}$ $K_f^{\ominus}[Ag(NH_3)_2]^+=1.6\times10^7$）
2. 0.40 mol·L^{-1} 氨水溶液 25 mL 与 0.20 mol·L^{-1} HCl 溶液 25 mL 混合后，加入等体积的 0.20 mol·L^{-1} $[Cu(NH_3)_4]Cl_2$ 溶液，问混合溶液中有无 $Cu(OH)_2$ 沉淀生成？（$K_{sp}^{\ominus}\{Cu(OH)_2\}=2.2\times10^{-20}$，$K_f^{\ominus}([Cu(NH_3)_4]^{2+})=4.8\times10^{12}$，$K_b^{\ominus}(NH_3)=1.8\times10^{-5}$）
3. 25℃时，200 mL 6.0 mol·L^{-1} 氨水可以溶解多少摩尔 AgCl 固体（忽略体积变化，$K_f^{\ominus}([(Ag(NH_3)_2]^+)=1.0\times10^7$，$K_{sp}^{\ominus}(AgCl)=1.8\times10^{-10}$。）
4. 将 0.2 mol·L^{-1} $K[Ag(CN)_2]$ 溶液与 0.2 mol·L^{-1} KI 溶液等体积混合，欲不产生 AgI 沉淀，则溶液中至少应含有多少游离 CN^- 离子？（$K_f^{\ominus}([Ag(CN)_2]^-)=1.0\times10^{21}$，$K_{sp}^{\ominus}(AgI)=8.3\times10^{-17}$）
5. 已知电对 $Cu^{2+}+2e=Cu$ $\varphi^{\ominus}=0.34$ V

   $[Cu(NH_3)_4]^{2+}+2e^-=Cu+4NH_3$ $\varphi^{\ominus}=-0.03$ V

   计算的 $K_f^{\ominus}([Cu(NH_3)_4]^{2+})$。
6. 水中铁盐会导致红棕色 $Fe(OH)_3$ 在瓷水槽里沉积，通常用草酸（$H_2C_2O_4$）溶液去洗涤，以除去这种沉积物。试计算证明所列两个方程中，哪个更能表达 $Fe(OH)_3$ 的溶解原理。

   (1)$2Fe(OH)_3(s)+3H_2C_2O_4(aq)=2Fe^{3+}(aq)+6H_2O+3C_2O_4^{2-}(aq)$

   (2)$Fe(OH)_3(s)+3H_2C_2O_4(aq)=[Fe(C_2O_4)_3]^{3-}(aq)+3H_2O+3H^+(aq)$

   已知 $K_{sp}^{\ominus}[Fe(OH)_3]=2.6\times10^{-39}$，$K_f^{\ominus}([Fe(C_2O_4)_3]^{3-})=1.0\times10^{20}$，$K_{a1}^{\ominus}(H_2C_2O_4)=6.0\times10^{-2}$，$K_{a2}^{\ominus}(H_2C_2O_4)=6.0\times10^{-5}$。

参考答案

(一)选择题

1. D 2. A 3. A 4. C 5. D 6. B 7. C 8. A 9. B 10. A 11. C 12. B 13. A 14. A 15. B 16. B 17. D 18. B 19. B 20. A

(二)填空题

1. 二氯化氯·氨·二乙二氨合钴(Ⅲ)，Co^{3+}，Cl^-、NH_3、en，Cl、N、N，6，4。
2. $Fe^{3+}+SCN^-=[Fe(SCN)_6]^{3-}$，发生氧化还原反应，左。
3. 内。
4. 平面正方形，反（逆），dsp^2，C 原子。
5. 离子，配位，d^2sp^3，正八面体。
6. <，>，<，>。
7. 铁，镁，钴，锌。
8. $2[Ag(S_2O_3)_2]^{3-}+S^{2-}=Ag_2S+4S_2O_3^{2-}$，$Ag_2S$。
9. $[Fe(SCN)_6]^{3-}$，NaF，$[FeF_6]^{3-}$。
10. 橘红，HgI_2，无色，$[HgI_4]^{2-}$。

(三)计算题

1. 解：三种溶液混合后，尚未反应时溶液中

$c(Ag^+)=0.1\ mol\cdot L^{-1}$，$c(NH_3\cdot H_2O)=0.3\ mol\cdot L^{-1}$，$c(I^-)=0.01\ mol\cdot L^{-1}$

反应后生成

$$c([Ag(NH_3)_2]^+)\approx 0.1\ mol\cdot L^{-1},\quad c(NH_3\cdot H_2O)\approx 2.8\ mol\cdot L^{-1}$$

据
$$K_f^{\ominus}=\frac{c([Ag(NH_3)_2]^+)/c^{\ominus}}{\{c(Ag^+)/c^{\ominus}\}\{c(NH_3)/c^{\ominus}\}^2}$$

$$\frac{0.1}{\{c(Ag^+)/c^{\ominus}\}\times 2.8^2}=1.6\times 10^7$$

解之得
$$c(Ag^+)=8.0\times 10^{-10}\ mol\cdot L^{-1}$$

$$Q=\{c(Ag^+)/c^{\ominus}\}\cdot\{c(I^-)/c^{\ominus}\}=8.0\times 10^{-10}\times 0.01=8.0\times 10^{-12}$$

$$Q>K_{sp}^{\ominus}(AgI)$$

所以 有 AgI 沉淀产生。

2. 溶液混合后，各反应均未进行时

$c(HCl)=0.05\ mol\cdot L^{-1}$，$c(NH_3\cdot H_2O)=0.1\ mol\cdot L^{-1}$，$c([Cu(NH_3)_4]^{2+})=0.05\ mol\cdot L^{-1}$

$0.05\ mol\cdot L^{-1}$ HCl 与 $0.1\ mol\cdot L^{-1}\ NH_3\cdot H_2O$ 反应后溶液中组成为：

$0.05\ mol\cdot L^{-1}\ NH_4{}^+$ 与 $0.1\ mol\cdot L^{-1}\ NH_3\cdot H_2O$

$$K_b^{\ominus}=\frac{\{c(NH_4^+)/c^{\ominus}\}\{c(OH^-)/c^{\ominus}\}}{c(NH_3\cdot H_2O)/c^{\ominus}}=1.8\times 10^{-5}$$

计算可得：$c(OH^-)=1.8\times 10^{-5}\ mol\cdot L^{-1}$

设$[Cu(NH_3)_4]^{2+}$解离生成 Cu^{2+} 浓度 $x\ mol\cdot L^{-1}$

	$[Cu(NH_3)_4]^{2+}$	=	Cu^{2+}	+	$4NH_3$
反应前	0.05		0		0.05
平衡时	$0.05-x$		x		$0.05+4x$

$$K_f^{\ominus}=\frac{c([Cu(NH_3)_4]^{2+})/c^{\ominus}}{\{c(Cu^{2+})/c^{\ominus}\}\{c(NH_3)/c^{\ominus}\}^4}$$

$$\frac{0.05-x}{x\ (0.05+4x)^4}=4.8\times 10^{12}$$

近似求解：$x=1.7\times 10^{-9}\ mol\cdot L^{-1}$

$$Q=\{c(Cu^{2+})/c^{\ominus}\}\cdot\{c(OH^-)/c^{\ominus}\}^2=1.7\times 10^{-9}\times(1.8\times 10^{-5})^2=5.5\times 10^{-19}$$

$$Q>K_{sp}^{\ominus}\{Cu(OH)_2\}$$

所以有 $Cu(OH)_2$ 沉淀产生。

3. 解：

$$AgCl+2NH_3=[Ag(NH_3)_2]^++Cl^-$$

反应总平衡常数

$$K^{\ominus}=K_f^{\ominus}([Ag(NH_3)_2]^+)\times K_{sp}^{\ominus}(AgCl)$$
$$=1.0\times 10^7\times 1.8\times 10^{-10}$$

$$=1.8\times10^{-3}$$

设 200 mL 6.0 mol·L^{-1}氨水可以溶解 x mol AgCl，

$$AgCl + 2NH_3 = [Ag(NH_3)_2]^+ + Cl^-$$

初始时		6.0		
平衡时		$6-2x/0.2$	$x/0.2$	$x/0.2$

$$K^{\ominus}=\frac{\{c([Ag(NH_3)_2]^+)/c^{\ominus}\}\cdot\{c(Cl^-)/c^{\ominus}\}}{\{c(NH_3)/c^{\ominus}\}^2}$$

$$\frac{(x/0.2)^2}{(6.0-2x/0.2)^2}=1.8\times10^{-3}$$

解之得 $x=0.047$ mol

4.解：0.2 mol·L^{-1} $K[Ag(CN)_2]$溶液与 0.2 mol·L^{-1} KI 溶液等体积混合 $c([Ag(CN)_2]^-)=0.1$ mol·L^{-1}，$c(I^-)=0.1$ mol·L^{-1}

不生成 AgI 沉淀，Ag^+最大溶液为

$$c(Ag^+)=K_{sp}^{\ominus}(AgI)/\{c(I^-)/c^{\ominus}\}$$
$$=8.3\times10^{-17}/0.1=8.3\times10^{-16}$$

依据 $$K_f^{\ominus}=\frac{c([Ag(CN)_2]^-)/c^{\ominus}}{\{c(Ag^+)/c^{\ominus}\}\cdot\{c(CN^-)/c^{\ominus}\}^2}$$

所需要游离 CN^- 离子浓度为

$$c(CN^-)=\sqrt{\frac{0.1}{8.3\times10^{-16}\times1\times10^{21}}}$$

$$c(CN^-)=3.47\times10^{-4}\ \text{mol}\cdot\text{L}^{-1}$$

5.解：$\varphi^{\ominus}(Cu^{2+}/Cu)=0.34$ V

$$\varphi^{\ominus}\{[Cu(NH_3)_4]^{2+}/Cu\}=0.03\ \text{V}$$

据 Nernst 公式得

$$\varphi^{\ominus}\{[Cu(NH_3)_4]^{2+}/Cu\}=\varphi^{\ominus}(Cu^{2+}/Cu)+\frac{RT}{2F}\ln c(Cu^{2+})$$

$$-0.03=0.34+\frac{8.314\times298}{2\times96\ 500}\ln c(Cu^{2+})$$

解得 $$c(Cu^{2+})=3.04\times10^{-13}\ \text{mol}\cdot\text{L}^{-1}$$

$$K_f^{\ominus}([Cu(NH_3)_4]^{2+})=1/c(Cu^{2+})=3.29\times10^{12}。$$

6.解： $$K_1^{\ominus}=\frac{\{c(Fe^{3+})/c^{\ominus}\}\{c^3(C_2O_4^{2-})/c^{\ominus}\}}{c^3(H_2C_2O_4)/c^{\ominus}}=\frac{(K_{sp}^{\ominus})^2\cdot(K_{a1}^{\ominus}K_{a2}^{\ominus})^3}{(K_w^{\ominus})^6}=3.2\times10^{-10}\ (1)$$

$$K_2^{\ominus}=\frac{\{c[Fe(C_2O_4)_3^{3-}]/c^{\ominus}\}\cdot\{c^3(H^+)/c^{3\ominus}\}}{c^3(H_2C_2O_4)/c^{\ominus}}=\frac{K_f^{\ominus}\cdot K_{sp}^{\ominus}\cdot(K_{a1}^{\ominus}\cdot K_{a2}^{\ominus})^3}{(K_w^{\ominus})^6}=1.2\times10^7\ (2)$$

方程式(2)表示 $Fe(OH)_3$溶于 $H_2C_2O_4$ 的反应原理。

模拟试卷
Simulated Test

期末考试模拟试卷 1

一、选择题(共 15 小题,每小题 2 分,共 30 分)

1. 浓度均为 0.1 $mol \cdot kg^{-1}$ NaCl、Na_2SO_4、CH_3COOH、蔗糖溶液,渗透压由大到小的顺序为(　　)。

   A. CH_3COOH>蔗糖>NaCl>Na_2SO_4　　B. NaCl >Na_2SO_4>CH_3COOH>蔗糖

   C. Na_2SO_4> NaCl>CH_3COOH>蔗糖　　D. 蔗糖>CH_3COOH>NaCl>Na_2SO_4

2. 催化剂加快反应速率的本质原因是(　　)。

   A. 减少了活化分子数目　　B. 减慢逆反应速率

   C. 降低了反应活化能　　D. 降低了活化分子百分数

3. 根据质子酸碱理论,下列属于两性物质的是(　　)。

   A. H_2O　　B. PO_4^{3-}　　C. NH_4^+　　D. H_3PO_4

4. 在含相同浓度的 Mn^{2+}、Zn^{2+}、Fe^{2+}、Cu^{2+} 溶液中,通入 H_2S 最先沉淀的是(　　)。($K_{sp}^{\ominus}$: MnS 4.65×10^{-14}　ZnS 2.93×10^{-25}　FeS 1.59×10^{-19}　CuS 1.27×10^{-36})

   A. Mn^{2+}　　B. Zn^{2+}　　C. Fe^{2+}　　D. Cu^{2+}

5. 欲配制 pH=10.00 的缓冲溶液,应选用缓冲对(　　)。

   A. HCOOH-HCOONa ($pK_a^{\ominus}$(HCOOH)=3.75)

   B. HAc-NaAc ($pK_a^{\ominus}$(HAc)=4.74)

   C. NaH_2PO_4-Na_2HPO_4 ($pK_{a2}^{\ominus}$(H_3PO_4)=7.21)

   D. NH_3-NH_4Cl ($pK_b^{\ominus}$(NH_3)=4.75)

6. 298 K 时,下列物理量不等于零的是(　　)。

   A. $\Delta_f G_m^{\ominus}(H_2, g)$　　B. $\Delta_f H_m^{\ominus}(H_2O, l)$

   C. $S_m^{\ominus}(H^+, aq)$　　D. $\Delta_f H_m^{\ominus}(O_2, g)$

7. 已知某一可逆反应 AX(g)=A(g)+X(g),$\Delta_r H_m^{\ominus}<0$,在反应达到平衡后,能使平衡向右移动的是(　　)。

   A. 降温、减压　　B. 升温、加压

C. 升温、减压　　　　D. 降温、加压

8. 在 Cu-Zn 原电池中，若要使电池电动势减小，应采取的措施是(　　)。

A. 降低 $ZnSO_4$ 的浓度　　　　B. 降低 $CuSO_4$ 的浓度

C. 在 $ZnSO_4$ 溶液中通入 H_2S 气体　　　　D. 在 $ZnSO_4$ 溶液中加氨水至沉淀溶解

9. $Ni(en)_2$ 中中心原子的配位数为(　　)。

A. 2　　B. 4　　C. 6　　D. 8

10. 在某个多电子原子中，具有下列量子数的电子中能量最高的是(　　)。

A. 3,2,+1,+(1/2)　　　　B. 2,1,+1,−(1/2)

C. 3,1,0,+(1/2)　　　　D. 3,1,−1,−(1/2)

11. 下列电对中 Ag 单质的还原能力最大的是(　　)。

A. $\varphi^{\ominus}(Ag^+/Ag)$　　　　B. $\varphi^{\ominus}(AgCl/Ag)$

C. $\varphi^{\ominus}(AgBr/Ag)$　　　　D. $\varphi^{\ominus}([Ag(NH_3)_2]^+/Ag)$

($K_{sp}^{\ominus}(AgCl)=2\times10^{-10}$, $K_{sp}^{\ominus}(AgBr)=5.35\times10^{-13}$, $K_f^{\ominus}([Ag(NH_3)_2]^+)=1.6\times10^7$)

12. 下列叙述正确的是(　　)。

A. 2s 轨道可以和 3p 轨道混合组成 sp^2 杂化轨道

B. 1 个 s 轨道与 1 个 p 轨道杂化后得到 1 个 sp 杂化轨道

C. 烯烃中的碳碳双键由 1 个 σ 键和 1 个 π 键组成

D. 基态铍原子的 4 个价电子均为成对电子，因此它不能与其他原子形成化学键

13. 升高温度一定增大的是(　　)。

A. $\Delta_r G_m^{\ominus}$　　　　B. 反应商 Q

C. 液体的饱和蒸汽压　　　　D. 平衡常数 $K^{\ominus}$

14. 一个化学反应达到平衡时，下列说法正确的是(　　)。

A. 各物质浓度(分压)不随时间变化而改变

B. $\Delta_r G_m^{\ominus}=0$

C. 正逆反应速率常数相等

D. 各物质浓度(分压)相等

15. 在下列体系中，AgCl(s)溶解度最大的是(　　)。

A. 纯水　　　　B. 0.01 $mol\cdot L^{-1}$ NaCl 溶液

C. 0.01 $mol\cdot L^{-1}$ $CaCl_2$ 溶液　　　　D. 0.01 $mol\cdot L^{-1}$ KNO_3 溶液

二、填空题(共 10 空，每空 2 分，共 20 分)

1. 在 40 g 水中溶有 0.56 g 某非电解质，测其凝固点为−0.2℃ ($K_f=1.86℃\cdot mol^{-1}\cdot kg$)，则此物质的摩尔质量为________。

2. 在常温常压下，HCl(g)的生成热为−92.3 $kg\cdot mol^{-1}$，生成反应的活化能为 113 $kJ\cdot mol^{-1}$，则其逆反应的活化能为______________。

3. BF_3 中 B 原子的杂化轨道类型为________。

4. 已知 $K_b^{\ominus}(NH_3\cdot H_2O)$ 为 1.8×10^{-5}，常温下 0.1 $mol\cdot L^{-1}$ NH_4Cl 水溶液的 pH 为________。

5. 命名化合物$[Co(NH_3)_4(H_2O)_2]SO_4$ ______________。

6. 已知① $Cu(s)+Cl_2(100\ kPa)=Cu^{2+}(1\ mol\cdot L^{-1})+2Cl^-(1\ mol\cdot L^{-1})$

② $1/2Cu(s)+1/2Cl_2(100\ kPa)=1/2Cu^{2+}(1\ mol\cdot L^{-1})+Cl^-(1\ mol\cdot L^{-1})$

则 $\dfrac{\Delta_r G^\ominus_{m(1)}}{\Delta_r G^\ominus_{m(2)}}=$____，$\dfrac{\lg K_1^\ominus}{\lg K_2^\ominus}=$____。

7. 25℃时鲜牛奶 5 h 变酸，则存放于冰箱 5℃时，鲜牛奶____小时变酸，牛奶变酸的活化能为 75 kJ·mol^{-1}。

8. 写出铬元素基态原子的电子排布式为________________。

9. $H_2C_2O_4$ 的共轭碱的 $K_b^\ominus=$________。已知 $H_2C_2O_4$ 的 $K_{a1}^\ominus=6.0\times10^{-2}$，$K_{a2}^\ominus=6.4\times10^{-5}$。

三、简答题(共 2 小题，每题 5 分，共 10 分)

1. Cu 元素的电极电势图如下：Cu^{2+}—Cu^+—Cu，已知 $\varphi^\ominus(Cu^{2+}/Cu)=0.342$ V，$\varphi^\ominus(Cu^{2+}/Cu^+)=0.163$ V，求 $\varphi^\ominus(Cu^+/Cu)$，并判断 Cu^+ 的稳定性。

2. 进行粗食盐提纯时，为什么必须将加入 $BaCl_2$ 后生成的 $BaSO_4$ 等沉淀过滤后，才能再加入 Na_2CO_3 以除去杂质阳离子？

四、计算题(共 5 小题，每小题 8 分，共 40 分)

1. 已知反应 $MgCO_3(s)=CO_2(g)+MgO(s)$，试判断：

(1)标准状态，500 K 时，此反应能否自发进行？

(2)该反应自发进行的温度是多少？(假设 $\Delta_r H_m^\ominus$，$\Delta_r S_m^\ominus$ 不随温度而改变)在 298 K 时的有关数据如下：

$\Delta_f H_m^\ominus(MgCO_3,s)=-1\ 013$ kJ·moL^{-1}，$\Delta_f G_m^\ominus(MgCO_3,s)=-1\ 029$ kJ·moL^{-1}

$\Delta_f H_m^\ominus(CO_2,g)=-393.5$ kJ·moL^{-1}，$\Delta_f G_m^\ominus(CO_2,g)=-394.4$ kJ·moL^{-1}

$\Delta_f H_m^\ominus(MgO,s)=-601.8$ kJ·moL^{-1}，$\Delta_f G_m^\ominus(MgO,s)=-569.6$ kJ·moL^{-1}

2. 100 mL NH_4Cl 与氨水的混合溶液，NH_4Cl 与氨水的浓度均为 0.10 mol·L^{-1}。

(1)计算溶液的 pH。

(2)若向此溶液中加入 2 mL 0.50 mol·L^{-1}的 NaOH 溶液，则溶液的 pH 变为多少？

(3)若向此溶液中加入 20 mL 0.50 mol·L^{-1}的 HCl 溶液，则溶液的 pH 变为多少？($K_b^\ominus(NH_3\cdot H_2O)=1.8\times10^{-5}$)

3. 浓度均为 0.01 mol·L^{-1}的 Cl^- 和 CrO_4^{2-} 的混合溶液中，逐滴加入 $AgNO_3$ 溶液，计算说明何种离子先沉淀？第二种离子开始沉淀时，第一种离子浓度为多少？

($K_{sp}^\ominus(AgCl)=2\times10^{-10}$，$K_{sp}^\ominus(Ag_2CrO_4)=1\times10^{-12}$)

4. 在 298 K 时，将反应 $2I^-(aq)+2Fe^{3+}(aq)=I_2(s)+2Fe^{2+}(aq)$ 设计为原电池：其中 $\varphi^\ominus(I_2/I^-)=0.535\ 5$ V，$\varphi^\ominus(Fe^{3+}/Fe^{2+})=0.771$ V

(1)写出正、负极电极反应，计算说明标准状态下反应能否正向进行。

(2)计算当 $c(I^-)=1.0\times10^{-2}$ mol·L^{-1}；$c(Fe^{3+})=0.1$ mol·L^{-1}，其余物质均为标准状态时，原电池的电动势。

5. 将 50 mL 0.2 mol·L^{-1} $AgNO_3$ 与 50 mL 6 mol·L^{-1} 氨水混合后，再加入 0.5 mL 2 mol·L^{-1}KI 溶液，问能否析出 AgI 沉淀？

已知 $K_f^\ominus([Ag(NH_3)_2]^+)=1.6\times10^7$，$K_{sp}^\ominus(AgI)=8.3\times10^{-17}$。

期末考试模拟试卷 1 答案

一、选择题(共 15 小题,每小题 2 分,共 30 分)

1.C 2.C 3.A 4.D 5.D 6.C 7.A 8.B 9.B 10.A 11.C 12.C 13.C 14.A 15.D

二、填空题(共 10 空,每空 2 分,共 20 分)

1. $130.2\ g \cdot mol^{-1}$;
2. $205.3\ kJ \cdot mol^{-1}$;
3. sp^2 杂化;
4. 5.03;
5. 硫酸四氨・二水合钴(Ⅱ);
6. 2 ,2;
7. 44;
8. $[Ar]3d^5 4s^1$;
9. 1.6×10^{-13}。

三、简答题(共 2 小题,每小题 5 分,共 10 分)

1.答:$\varphi^{\ominus}(Cu^+/Cu)=2\times\varphi^{\ominus}(Cu^{2+}/Cu)-\varphi^{\ominus}(Cu^{2+}/Cu^+)=0.521\ V$

由于 $\varphi^{\ominus}(Cu^+/Cu)>\varphi^{\ominus}(Cu^{2+}/Cu^+)$,所以 Cu^+ 不稳定,能发生歧化反应

$$2Cu^+ = Cu^{2+} + Cu$$

2.答:防止下列沉淀转化反应发生,使阴离子沉淀不完全:

$$BaSO_4 + CO_3^{2-} = BaCO_3 + SO_4^{2-}$$

四、计算题(共 5 小题,每小题 8 分,共 40 分)

1.解:(1)该反应 298 K 时,$\Delta_r H_m^{\ominus}=107.7\ kJ \cdot mol^{-1}$;$\Delta_r G_m^{\ominus}=65\ kJ \cdot mol^{-1}$;

因为
$$\Delta_r G_m^{\ominus}=\Delta_r H_m^{\ominus}-T\Delta_r S_m^{\ominus}$$
$$\Delta_r S_m^{\ominus}=176.8\ J \cdot K^{-1} \cdot mol^{-1}$$

$\Delta_r G_m^{\ominus}(500\ K)=\Delta_r H_m^{\ominus}-T\Delta_r S_m^{\ominus}=107.7\ kJ \cdot mol^{-1}-500\ K\times176.8\times10^{-3}\ J \cdot K^{-1} \cdot mol^{-1}$
$=29.3\ kJ \cdot mol^{-1}$

因为 $\Delta_r G_m^{\ominus}(500\ K)>0$,所以,该反应此温度下不能自发进行。

(2)反应的转化温度

$$T_{转}=107.7\ kJ \cdot mol^{-1}\times10^3/176.8\ J \cdot K^{-1} \cdot mol^{-1}=665.7\ K$$

温度大于转化温度 665.7 K,反应都可自发进行。

2.解:(1)体系为缓冲溶液,且共轭酸碱对 NH_4^+-NH_3 浓度比为 1,

则
$$pH=pK_a^{\ominus}=14-pK_b^{\ominus}=9.26$$

(2)加入 2 mL 0.50 $mol \cdot L^{-1}$ 的 NaOH 溶液,共轭酸碱对 NH_4^+-NH_3 浓度比

$c_a/c_b=(0.1\ mol \cdot L^{-1}\times100\ mL-2\ mL\times0.5\ mol \cdot L^{-1})/(0.1\ mol \cdot L^{-1}\times100\ mL+2\ mL\times0.5\ mol \cdot L^{-1})=9/10=0.818$

$$pH=pK_a^{\ominus}-lg(c_a/c_b)=9.26-lg(9/10)=9.35。$$

(3)加入 20 mL 0.50 mol·L^{-1} 的 HCl 溶液，HCl 与 NH_3 恰好等物质的量反应，生成 NH_4^+ 10 mmol，所以体系为一元弱酸 NH_4^+ 体系，$c(NH_4^+)=(0.1\ mol\cdot L^{-1}\times 100\ mL+10\ mmol)/120\ mL=1/6\ mol\cdot L^{-1}=0.167\ mol\cdot L^{-1}$

$$K_a^\ominus(NH_4^+)=K_w^\ominus/K_b^\ominus(NH_3)=1.0\times10^{-14}/1.8\times10^{-5}=5.56\times10^{-10}$$

且$[c(NH_4^+)/c^\ominus]/K_a^\ominus(NH_4^+)>500$

所以 $$c(H^+)/c^\ominus=\sqrt{(c/c^\ominus)K_a^\ominus}=9.63\times10^{-6}$$

则 $$pH=-\lg[c(H^+)/c^\ominus]=5.02$$

3. 解：①两难溶物开始沉淀时的 Ag^+ 浓度分别为

$$K_{sp}^\ominus(AgCl)=2\times10^{-10},c(Ag^+)=2\times10^{-8}\ mol\cdot L^{-1}$$

$$K_{sp}^\ominus(Ag_2CrO_4)=1\times10^{-12},c(Ag^+)=1\times10^{-5}\ mol\cdot L^{-1}$$

所以 AgCl 先沉淀。

②第二种离子 CrO_4^{2-} 沉淀时 Ag^+ 浓度为 $c(Ag^+)=1\times10^{-5}\ mol\cdot L^{-1}$，先沉淀的 Cl^- 浓度 $c(Cl^-)=2\times10^{-5}\ mol\cdot L^{-1}$。

4. 解：(1)$(-)I_2(s)+2e^-=2I^-$

$(+)Fe^{3+}+e^-=Fe^{2+}$

$$\varepsilon^\ominus=\varphi^\ominus(Fe^{3+}/Fe^{2+})-\varphi^\ominus(I_2/I^-)=0.771\ V-0.535\ 5\ V=0.235\ 5\ V>0$$

所以反应正向进行。

(2)当 $c(I^-)=1.0\times10^{-2}\ mol\cdot L^{-1}$，$c(Fe^{3+})=0.1\ mol\cdot L^{-1}$时，

$$\varphi_+(Fe^{3+}/Fe^{2+})=\varphi^\ominus(Fe^{3+}/Fe^{2+})+0.059\lg[c(Fe^{3+})/c(Fe^{2+})]=0.710\ 8\ V$$

$$\varphi_-(I_2/I^-)=\varphi^\ominus(I_2/I^-)-0.059/2\lg[1/c^2(I^-)]=0.594\ 7\ V$$

$$\varepsilon=\varphi_+(Fe^{3+}/Fe^{2+})-\varphi_-(I_2/I^-)=0.116\ 1\ V$$

5. 解：混合后氨水过量，Ag^+ 转化为$[Ag(NH_3)_2]^+$

$$c([Ag(NH_3)_2]^+)=0.1\ mol\cdot L^{-1}$$

$$c(NH_3)=2.8\ mol\cdot L^{-1}$$

$$c(I^-)=\frac{2\ mol\cdot L^{-1}\times0.5\ mL}{100.5\ mL}=0.01\ mol\cdot L^{-1}$$

设混合后溶液中 Ag^+ 的平衡浓度为 x mol·L^{-1}

	Ag^+	+ $2NH_3$	= $[Ag(NH_3)_2]^+$
初始	0	2.8	0.1
变化	x	$2x$	x
平衡	x	$2.8+2x\approx2.8$	$0.1-x\approx0.1$

$$K_f^\ominus([Ag(NH_3)_2]^+)=\frac{c([Ag(NH_3)_2]^+)/c^\ominus}{\{c(Ag^+)/c^\ominus\}\times\{c(NH_3)/c^\ominus\}^2}=\frac{0.1}{x\times2.8^2}=1.6\times10^7$$

则 $$x=c(Ag^+)=7.97\times10^{-10}\ mol\cdot L^{-1}$$

有 $$Q_i=c(Ag^+)\times c(I^-)=7.97\times10^{-10}\times0.01=7.97\times10^{-12}>K_{sp}^\ominus(AgI)$$

所以有 AgI 沉淀生成。

另解：用竞争平衡常数 $[Ag(NH_3)_2]^++I^-(aq)=AgI+2NH_3(aq)$

$$K_j^\ominus=\frac{1}{K_f^\ominus([Ag(NH_3)_2]^+)\cdot K_{sp}^\ominus(AgI)}=7.5\times10^8$$

混合反应后　$c([Ag(NH_3)_2]^+)=0.1\ mol\cdot L^{-1}$　$c(NH_3)=2.8\ mol\cdot L^{-1}$

$$c(I^-)=\frac{2\ mol\cdot L^{-1}\times 0.5\ mL}{100.5\ mL}=0.01\ mol\cdot L^{-1}$$

$$Q=\frac{c^2(NH_3)}{c([Ag(NH_3)_2]^+)\cdot c(I^-)}=\frac{2.8}{0.1\times 0.01}=2\ 800\leqslant K_j^{\ominus}$$

所以反应正向进行，有 AgI 沉淀生成。

期末考试模拟试卷 2

一、选择题(共 15 小题，每小题 2 分，共 30 分)

1. 下列量子数组合正确表示某一原子轨道的是(　　)。
A. (3,3,2)　　B. (3,1,1/2)　　C. (3,2,0)　　D. (4,0,−1)

2. 反应 X+Y=Z，其速率方程为 $v=kc^2(X)c^{0.5}(Y)$，若 X 和 Y 的浓度都增加到原来的 4 倍，则其反应速率增加到原来的(　　)。
A. 4 倍　　B. 8 倍　　C. 16 倍　　D. 32 倍

3. 对于一个化学反应，下列说法正确的是(　　)。
A. $\Delta_r G^{\ominus}$ 越大，反应速率越快　　B. $\Delta_r H^{\ominus}$ 越大，反应速率越快
C. 活化能越大，反应速率越快　　D. 活化能越小，反应速率越快

4. 反应 A+B=C+D 在低温下自发，在高温下逆反应自发，该反应 $\Delta_r H_m$、$\Delta_r S_m$ 的符号为(　　)。
A. $\Delta_r H_m>0,\Delta_r S_m<0$　　B. $\Delta_r H_m<0,\Delta_r S_m<0$
C. $\Delta_r H_m>0,\Delta_r S_m>0$　　D. $\Delta_r H_m<0,\Delta_r S_m>0$

5. 已知某一可逆反应 AX(g) =A(g)+X(g)，$\Delta_r H_m>0$，在反应达到平衡后下列哪组条件能使平衡向右移？(　　)。
A. 降温减压　　B. 升温加压　　C. 升温减压　　D. 降温加压

6. 用 NaOH 恰完全中和 pH 相同的等体积盐酸溶液和醋酸溶液，则 NaOH 的消耗量(　　)。
A. 盐酸多于醋酸　　B. 醋酸多于盐酸
C. 两溶液相同　　D. 无法判断

7. 求 HPO_4^{2-} 的 $K_b^{\ominus}$ 要根据 H_3PO_4 的(　　)。
A. $K_{a2}^{\ominus}$ 和 $K_{a3}^{\ominus}$　　B. $K_{a3}^{\ominus}$　　C. $K_{a2}^{\ominus}$　　D. $K_{a1}^{\ominus}$

8. 相同温度下，将 AgCl 溶于以下溶液中，其中 AgCl 的溶解度最大的是(　　)。
A. 纯水　　B. $0.01\ mol\cdot L^{-1}\ NaCl$
C. $0.01\ mol\cdot L^{-1}\ CaCl_2$　　D. $0.01\ mol\cdot L^{-1}\ AgNO_3$

9. 下列反应能正向进行，则电极电势最大的电对是(　　)。
$2Fe^{3+}+Sn^{2+}=2Fe^{2+}+Sn^{4+}$
$2MnO_4^-+10Fe^{2+}+16H^+=2Mn^{2+}+10Fe^{3+}+8H_2O$
A. Fe^{3+}/Fe^{2+}　　B. Sn^{4+}/Sn^{2+}　　C. Mn^{2+}/MnO_4^-　　D. MnO_4^-/Mn^{2+}

10. 下列分子中同时含有 σ 键和 π 键的是(　　)。

A. CO_2　　B. CH_4　　C. SiO_2　　D. H_2O

11. 在 Zn-Cu 原电池中,若要使电池电动势增大,应采取的措施是(　　)。

A. 降低 $CuSO_4$ 的浓度　　B. 降低 $ZnSO_4$ 的浓度

C. 在 $CuSO_4$ 溶液中加入 H_2S　　D. 在 $CuSO_4$ 溶液中加氨水至沉淀溶解

12. 若把氢原子 1s 电子激发到 3p、3d、4s 态所需能量分别为 E_1、E_2、E_3,则(　　)。

A. $E_1=E_2=E_3$　　B. $E_3>E_2, E_1=E_2$　　C. $E_3>E_2>E_1$　　D. $E_2>E_3>E_1$

13. Cu^{2+} 的电子排布式是(　　)。

A. $[Ar]3d^8 4s^1$　　B. $[Ar]3d^7 4s^2$　　C. $[Ar]3d^9 4s^0$　　D. $[Ar]3d^{10} 4s^0$

14. 下列关于共价键的说法中,正确的是(　　)。

A. 相同原子间双键键能是单键键能的两倍

B. 原子形成共价键的数目,等于基态原子的未成对电子数

C. 一般来说,σ 键的键能比 π 键的键能大

D. 一般来说,π 键的键长比 σ 键的键长短

15. 已知 25℃时,有下列两个反应:

$NO(g)+1/2Br_2(l)=NOBr(g)$　$K_1^\ominus=3.6\times10^{-15}$

$Br_2(l)=Br_2(g)$　$K_2^\ominus=0.28$

则反应 $NO(g)+1/2Br_2(g)=NOBr(g)$ 的标准平衡常数是(　　)。

A. 6.8×10^{-15}　　B. 1.9×10^{-15}　　C. 3.07×10^{-15}　　D. 2.4×10^{-14}

二、填空题(共 20 空,每空 1 分,共 20 分)

1. NH_3、PH_3、AsH_3 三物质,分子间取向力按__________顺序递减,色散力按__________顺序递减,沸点按________顺序递减。

2. 向醋酸水溶液中加入 NaAc 晶体后,醋酸的电离度________;若加入 NaCl 晶体,则醋酸的电离度________。

3. 向浓度均为 $0.1\ mol\cdot L^{-1}$ 的 Cl^-、Br^-、I^- 混合溶液中滴加 $AgNO_3$ 溶液,最先沉淀的是________离子,最后沉淀的是________离子。(已知 $K_{sp}^\ominus(AgCl)=1.8\times10^{-10}$,$K_{sp}^\ominus(AgBr)=5.3\times10^{-13}$,$K_{sp}^\ominus(AgI)=8.3\times10^{-17}$)

4. 已知 $\varphi^\ominus(O_2/H_2O_2)=0.68\ V$,$\varphi^\ominus(O_2/H_2O)=1.229\ V$,则 $\varphi^\ominus(H_2O_2/H_2O)=$________V,$H_2O_2$________(能/不能)稳定存在。

5. 已知①$Cu(s)+Cl_2(p^\ominus)=Cu^{2+}(1\ mol\cdot L^{-1})+2Cl^-(1\ mol\cdot L^{-1})$

②$1/2Cu(s)+1/2Cl_2(p^\ominus)=1/2Cu^{2+}(1\ mol\cdot L^{-1})+Cl^-(1\ mol\cdot L^{-1})$

则 $\varepsilon_1/\varepsilon_2=$________,$\Delta_r G_m^\ominus(1)/\Delta_r G_m^\ominus(2)=$________,$\lg K_1^\ominus/\lg K_2^\ominus=$________。

6. 写出下列合理的量子数。

①$n=3, l=$____,$m=1, m_s=-1/2$

②$n=2, l=0, m=$____,$m_s=+1/2$

7. NH_3 分子中 N 原子的杂化类型为________,其分子的空间构型为__________;BF_3 分子中 B 原子的杂化类型为________,分子的空间构型为________。

8. 若反应 A→2B 的活化能为 E_a,而 2B→A 的活化能为 E'_a,增大反应物 A 的浓度,E_a 将

____，若 $E_a > E'_a$，则反应 A→2B 为____热反应。

三、问答题(共 2 小题，每小题 5 分，共 10 分)

1. 某组成为 $CrCl_3 \cdot 5NH_3$ 的配合物，向其水溶液中滴加 $AgNO_3$ 溶液，能沉淀出组成中含氯量的 2/3。写出这种配合物的结构式，并指出中心原子、配位体、配位数，同时命名此配合物。

2. 试问怎样能从标准银电极得到标准 AgCl-Ag 电极？并比较这两个电极的标准电极电势。

四、计算题(共 4 小题，每小题 10 分，共 40 分)

1. 将 40 mL 0.20 mol·L^{-1}的 HCl 溶液与 50 mL 0.30 mol·L^{-1}的氨水混合，计算溶液的 pH。若向此溶液中加入 2 mL 0.50 mol·L^{-1}的 NaOH 溶液，则溶液的 pH 变为多少？($K_b^{\ominus}(NH_3) = 1.8 \times 10^{-5}$)

2. 某溶液中含有 Fe^{3+} 和 Fe^{2+}，它们的浓度均为 0.02 mol·L^{-1}，如果要求 Fe^{3+} 定性沉淀完全而 Fe^{2+} 不沉淀，问溶液的 pH 应如何控制？($K_{sp}^{\ominus}[Fe(OH)_3] = 4 \times 10^{-38}$，$K_{sp}^{\ominus}[Fe(OH)_2] = 8 \times 10^{-16}$)

3. 把 MnO_4^- 在酸性介质中将 Cl^- 氧化为 Cl_2 的反应设计成原电池：
   (1)写出并配平反应方程式；
   (2)计算标准电动势；
   (3)计算说明当 pH=5，其他离子浓度均为 1 mol·L^{-1}，$p(Cl_2) = 100$ kPa，反应进行的方向。
   ($\varphi^{\ominus}(MnO_4^-/Mn^{2+}) = 1.51$ V，$\varphi^{\ominus}(Cl_2/Cl^-) = 1.36$ V)

4. 有一混合溶液含有 0.12 mol·L^{-1}的 NH_3，0.02 mol·L^{-1}的 NH_4Cl 和 0.15 mol·L^{-1}的 $[Cu(NH_3)_4]^{2+}$，试问在该溶液中有无 $Cu(OH)_2$ 沉淀生成？
   ($K_b^{\ominus}(NH_3) = 1.8 \times 10^{-5}$，$K_{sp}^{\ominus}[Cu(OH)_2] = 2.2 \times 10^{-20}$，$K_f^{\ominus}([Cu(NH_3)_4]^{2+}) = 4.8 \times 10^{12}$)

期末考试模拟试卷 2 答案

一、选择题(2×15=30 分)

1.C　2.D　3.C　4.B　5.C　6.B　7.C　8.A　9.D　10.A　11.B　12.B　13.C　14.C　15.A

二、填空题(1×20=20 分)

1. NH_3、PH_3、AsH_3；AsH_3、PH_3、NH_3；NH_3、AsH_3、PH_3。
2. 减小；增大。
3. I^-；Cl^-。
4. 1.778；不能。
5. 1；2；2。
6. ①2，1；②0。
7. sp^3 不等性杂化；三角锥形；sp^2；平面三角形。
8. 不变；吸热。

三、问答题（5×2=10 分）

1. $[Cr(NH_3)_5Cl]Cl_2$；二氯化氯·五氨合铬（Ⅲ）；中心原子 Cr^{3+}；配位体 NH_3，Cl^-；配位数 6。

2. 在标准银电极中加入 Cl^-，使 $c(Cl^-)=1\ mol\cdot L^{-1}$；$\varphi^{\ominus}(AgCl/Ag)<\varphi^{\ominus}(Ag^+/Ag)$。

四、计算题（10×4=40 分）

1. $pH_1=pK_a^{\ominus}-\lg[c(\text{酸})/c(\text{碱})]=9.20$

$pH_2=9.255-\lg[(0.20\ mol\cdot L^{-1}\times 40\ mL-2\ mL\times 0.50\ mol\cdot L^{-1})\times 92\ mL/(0.30\ mol\cdot L^{-1}\times 50\ mL-0.20\ mol\cdot L^{-1}\times 40\ mL+2\ mL\times 0.50\ mol\cdot L^{-1})\times 92\ mL]=9.31$

2. Fe^{3+} 完全沉淀时 $c(OH)_1/c^{\ominus}=\sqrt[3]{K_{sp}^{\ominus}[Fe(OH)_3]/[c(Fe^{3+})/c^{\ominus}]}=1.5\times 10^{-10}$

$$pH_1=14-pOH=3.20$$

Fe^{2+} 完全沉淀时 $c(OH)_2/c^{\ominus}=\sqrt{K_{sp}^{\ominus}[Fe(OH)_2]/[c(Fe^{2+})/c^{\ominus}]}=2.015\times 10^{-7}$

$$pH_2=7.30$$

pH 应该控制在 3.20～7.30

3. (1) $2MnO_4^-(aq)+10Cl^{-1}(aq)+16H^+(aq)=2Mn^{2+}(aq)+5Cl_2(g)+8H_2O(l)$

(2) $\varepsilon^{\ominus}=\varphi^{\ominus}(MnO_4^-/Mn^{2+})-\varphi^{\ominus}(Cl_2/Cl^{-1})=0.15\ V$

(3) $\varepsilon=\varepsilon^{\ominus}-0.059/10\ \lg[1/c^{16}(H^+)]$，$c(H^+)=10^{-5}\ mol\cdot L^{-1}$

$\varepsilon=-0.322\ V<0$　反应逆向进行

4. $$K_b^{\ominus}=\frac{[c(OH^-)/c^{\ominus}](0.02)}{0.12}=1.8\times 10^{-5}$$

$c(OH^-)=1.08\times 10^{-6}\ mol\cdot L^{-1}$

$K_f^{\ominus}[Cu(NH_3)_4]^{2+}=0.15/[c(Cu^{2+})\times(0.12)^4]=4.8\times 10^{12}$

$c(Cu^{2+})=1.50\times 10^{-10}\ mol\cdot L^{-1}$

$c(Cu^{2+})\times c(OH^-)=1.75\times 10^{-22}<K_{sp}^{\ominus}[Cu(OH)_2]=2.2\times 10^{-20}$

所以无 $Cu(OH)_2$ 沉淀生成。

期末考试模拟试卷 3

一、选择题（共 15 小题，每小题 2 分，共 30 分）

1. 弱酸离解常数的大小由下列哪项决定（　　）。

A. 溶液的浓度　B. 酸的离解度　C. 酸分子中含氢数　D. 酸的本质和溶液温度

2. 用 Nernst 方程式计算 Br_2/Br^- 电对的电极电势，下列叙述中正确的是（　　）。

A. Br_2 的浓度增大，φ 增大　B. Br^- 的浓度增大，φ 减小

C. H^+ 浓度增大，φ 减小　D. 温度升高对 φ 无影响

3. 在 $[Co(en)(C_2O_4)_2]$ 配离子中，中心离子的配位数为（　　）。

A. 3　B. 4　C. 5　D. 6

4. 按照质子理论，下列物种中没有共轭碱的是（　　）。

A. SO_4^{2-}　B. HSO_4^-　C. H_2SO_4　D. $H_3SO_4^+$

5. 可逆反应 $PCl_5(g)=PCl_3(g)+Cl_2(g)$ 在密闭容器中进行，为放热反应。当达到平衡时，下

列说法正确的是(　　)。

A. 温度不变,加入催化剂,使平衡向右移动

B. 保持体积不变,加入氮气使压力增加1倍,平衡向右移动

C. 不论条件如何变化,平衡不移动

D. 降低温度,平衡向右移动

6. 某难溶电解质的溶解度 s 和 $K_{sp}^{\ominus}$ 的关系是 $K_{sp}^{\ominus}=4s^3$,它的分子式为(　　)。

A. MA　　B. M_2A_3　　C. M_3A_2　　D. M_2A

7. 在某个多电子原子中,具有下列量子数的电子能量最高的是(　　)。

A. 3,2,+1,+(1/2)　　B. 2,1,+1,−(1/2)

C. 3,1,0,+(1/2)　　D. 3,1,−1,−(1/2)

8. 下列叙述中正确的是(　　)。

A. 非基元反应是由若干基元反应组成的

B. 凡速率方程式中各物质浓度的指数等于反应方程式中其化学式前的系数时,此反应必为基元反应

C. 反应级数等于反应物在反应方程式中的系数和

D. 反应速率与反应物浓度的乘积成正比

9. 下列反应中,$\Delta_r H_m^{\ominus}$ 与产物的 $\Delta_f H_m^{\ominus}$ 相同的是(　　)

A. $2H_2(g)+O_2(g)=2H_2O(l)$　　B. $NO(g)+1/2O_2(g)=NO_2(g)$

C. C(金刚石)=C(石墨)　　D. $H_2(g)+1/2O_2(g)=H_2O(l)$

10. 298 K下列物质中,$\Delta_f H_m^{\ominus}$ 不等于零的是(　　)。

A. Fe(s)　　B. C(石墨)　　C. Ne(g)　　D. $Cl_2(l)$

11. 升高同样温度,一般化学反应速率增大倍数较多的是(　　)。

A. 吸热反应　　B. 放热反应　　C. E_a 较大的反应　　D. E_a 较小的反应

12. 已知电极反应 $Cu^{2+}+2e^-=Cu$ 的 $\varphi^{\ominus}$ 为0.337 V,则电极反应 $2Cu=2Cu^{2+}+4e^-$ 的 $\varphi^{\ominus}$ 为(　　)。

A. −0.674 V　　B. 0.674 V　　C. −0.337 V　　D. 0.337 V

13. 难挥发的溶质溶于水后会引起(　　)。

A. 沸点降低　　B. 蒸气压下降　　C. 蒸气压升高　　D. 熔点升高

14. 某温度时,反应 $\frac{1}{2}N_2(g)+\frac{3}{2}H_2(g)=NH_3(g)$,$K^{\ominus}=\sqrt{8\times10^5}$ 则在相同温度下,反应 $2NH_3(g)=N_2(g)+3H_2(g)$ 的 $K^{\ominus}$ 为(　　)。

A. $\sqrt{8\times10^5}$　　B. 8×10^5　　C. $(8\times10^5)^2$　　D. 1.25×10^{-6}

15. 一蔗糖水溶液,凝固点为−0.36℃。则其沸点/℃为(　　)。

A. 99.90　　B. 100.10　　C. 99.60　　D. 100.40

二、填空题(每空1分,共20分)

1. 某元素电子构型为[Ar]$3d^5 4s^2$,此元素位于________周期,________族。

2. 体系从环境吸收250 kJ,而环境又对体系做100 kJ功,内能的变化是________。

3. 核外电子排布遵循的三个原则是____________,____________,____________。

4. 若 $2NO(g)+O_2(g)=2NO_2(g)$ 为基元反应，则速率方程________；反应级数是________。若某反应速率常数 k 的单位是 $mol \cdot L^{-1} \cdot s^{-1}$，则反应级数是________。
5. HCO_3^- 是两性物质，它的共轭酸为________，共轭碱为________。
6. $Pt|Fe^{2+}(1\ mol \cdot L^{-1}), Fe^{3+}(1\ mol \cdot L^{-1}) \| Ce^{4+}(1\ mol \cdot L^{-1}), Ce^{3+}(1\ mol \cdot L^{-1})|Pt$，该原电池正极发生电极反应式____________；负极发生电极反应式____________；电池反应式____________。
7. 在一钟罩内有一杯纯水和一杯浓糖溶液，放置一段时间后，纯水将如何变化________，原因是____________________。
8. 共价键特征是________和________。
9. 碘升华，系统的熵________。
10. 已知在标准状态下，下述反应的标准摩尔焓分别为：

$MnO_2(s)=MnO(s)+1/2O_2(g)$　　$\Delta_r H_1^\ominus$

$MnO_2(s)+Mn(s)=2MnO(s)$　　$\Delta_r H_2^\ominus$

则 MnO_2 的标准摩尔生成焓 $\Delta_f H_m^\ominus=$____________。

三、简答题(10 分)

1. 在 $T=300$ K、$p=101.3$ kPa 时，HF(g)的密度为 3.22 $g \cdot L^{-1}$。计算其摩尔质量。计算结果与 M(HF)理论值是否相符？试解释之。(已知 M(HF) $=20\ g \cdot mol^{-1}$)
2. 农村用草木灰作为钾肥(含碳酸钾)，试解释为什么草木灰不宜与氮肥(如 NH_4Cl)混合使用？

四、计算题

1. 2.60 g 尿素$[CO(NH_2)_2]$溶于 50.0 g 水中，试计算此溶液在常压下的凝固点和沸点。(已知：$M[CO(NH_2)_2]=60.0\ g \cdot mol^{-1}$；水的 $K_b^\ominus=0.512\ K \cdot kg \cdot mol^{-1}$；$K_f^\ominus=1.86\ K \cdot kg \cdot mol^{-1}$)
2. 某溶液中含有 0.05 $mol \cdot L^{-1}$ 的 Ca^{2+} 和 0.05 $mol \cdot L^{-1}$ 的 Mg^{2+}。当逐滴加入 NaF 溶液时，哪种离子先沉淀？当后者开始沉淀时，先沉淀离子在溶液中的浓度是多少？(已知 $K_{sp}^\ominus(CaF_2)=1.46\times10^{-10}$，$K_{sp}^\ominus(MgF_2)=8\times10^{-8}$)
3. 对于生命起源问题，有人提出最初植物或动物内的复杂分子是由简单分子自发形成的。例如，尿素(NH_2CONH_2)的生成可以用如下反应方程式表示：

$$CO_2(g)+2NH_3(g)=NH_2CONH_2(s)+H_2O(l)$$

(1)利用下表中的热力学数据计算上述反应在 298 K 时的 $\Delta_r G_m^\ominus$，说明该反应在298 K、标准状态下能否自发进行。

(2)计算标准状态下，该反应不能自发进行的最低温度。

	$CO_2(g)$	+ $2NH_3(g)$	= $NH_2CONH_2(s)$	+ $H_2O(l)$
$\Delta_f G_m^\ominus/(kJ \cdot mol^{-1})$	−394.36	−16.45	−196.7	−237.13
$S_m^\ominus/(J \cdot K^{-1} \cdot mol^{-1})$	213.7	192.4	104.6	69.91

4. 在 298 K 时，实验测得甘汞电极(Hg_2Cl_2/Hg)的标准电极电势为 0.285 V，饱和甘汞电极(溶液中含 KCl 晶体)的电极电势为 0.246 V。试计算 KCl 在水中的溶解度($mol \cdot L^{-1}$)。

期末考试模拟试卷 3 答案

一、选择题(2×15=30 分)

1.D 2.B 3.D 4.A 5.D 6.D 7.A 8.A 9.D 10.D 11.C 12.D 13.B 14.D 15.B

二、填空题(1×20=20 分)

1.第四周期,第Ⅶ族。

2.350 kJ。

3.能量最低原理,泡利不相容原理,洪特规则。

4.$v=kc^2(NO)c(O_2)$,3,0。

5.H_2CO_3,CO_3^{2-}。

6.$Ce^{4+}+e^-=Ce^{3+}$,$Fe^{2+}=Fe^{3+}+e^-$,$Ce^{4+}+Fe^{2+}=Ce^{3+}+Fe^{3+}$。

7.纯水将逐渐减少,溶液的蒸汽压降低。

8.方向性,饱和性。

9.增加。

10.$\Delta_r H_2^\ominus-2\Delta_r H_1^\ominus$。

三、问答题(5×2=10 分)

1.79.3 $g\cdot mol^{-1}$。与理论值不相符,由于 HF 分子间氢键使 HF 缔合为$(HF)_4$。

2.钾肥与氮肥之间发生反应,$CO_3^{2-}+NH_4^+=HCO_3^-+NH_3\uparrow$,造成氮肥失效。

四、计算题(10×4=10 分)

1.(10 分)

解:$b[CO(NH_2)_2]=2.60\ g\times1\,000\div(50.0\ g\times60.0\ g\cdot mol^{-1})=0.867\ mol\cdot kg^{-1}$

$\Delta T_b=0.512\ K\cdot kg\cdot mol^{-1}\times0.867\ mol\cdot kg^{-1}=0.44\ K$;

$T_b=373\ K+0.44\ K=373.44\ K$

$\Delta T_f=1.86\ K\cdot kg\cdot mol^{-1}\times0.867\ mol\cdot kg^{-1}=1.61\ K$;

$T_f=273\ K-1.61\ K=271.39\ K$

2.(10 分)

解:由于两种沉淀是同种类型,且离子浓度也相同,因此,$K_{sp}^\ominus$小的先沉淀。所以 Ca^{2+} 先沉淀。

当 Mg^{2+} 开始沉淀时,根据 MgF_2 的溶度积常数,溶液中 F^- 浓度为:

$$c(F^-)/c^\ominus=\sqrt{\frac{K_{sp}^\ominus}{c(Mg^{2+})/c^\ominus}}=\sqrt{\frac{8\times10^{-8}}{0.05}}=1.3\times10^{-3}$$

此时溶液中 Ca^{2+} 为

$$c(Ca^{2+})=\frac{1.46\times10^{-10}}{(1.3\times10^{-3})^2}=8.64\times10^{-5}$$

3.(10 分)

解:(1)298 K 反应的 $\Delta_r G_m^\ominus$ 为

$$\Delta_r G_m^\ominus = \Delta_f G_m^\ominus(NH_2CONH_2,s) + \Delta_f G_m^\ominus(H_2O,l) - \Delta_f G_m^\ominus(CO_2,g) - 2\Delta_f G_m^\ominus(NH_3,g)$$
$$= [(-196.7)+(-237.13)-(-394.36)-2\times(-16.45)]\ kJ\cdot mol^{-1}$$
$$= -6.57\ kJ\cdot mol^{-1}$$

由于 $\Delta_r G_m^\ominus < 0$，所以该反应在 298 K 标准状态下能自发进行。

(2)298 K 时反应的 $\Delta_r S_m^\ominus$ 和 $\Delta_r H_m^\ominus$ 分别为

$$\Delta_r S_m^\ominus = S_m^\ominus(NH_2CONH_2,s) + S_m^\ominus(H_2O,l) - S_m^\ominus(CO_2,g) - 2S_m^\ominus(NH_3,g)$$
$$= [104.6+69.91-213.7-2\times(192.4)]\ J\cdot K^{-1}\cdot mol^{-1} = -424\ J\cdot K^{-1}\cdot mol^{-1}$$

$$\Delta_r H_m^\ominus = \Delta_r G_m^\ominus + T\Delta_r S_m^\ominus = -6.57\ kJ\cdot mol^{-1} + 298\ K\times(-424)\times 10^{-3}\ kJ\cdot K^{-1}\cdot moL^{-1}$$
$$= -133\ kJ\cdot mol^{-1}$$

在标准状态下，反应不能自发进行的最低温度为

$$T > \frac{\Delta_r H_m^\ominus}{\Delta_r S_m^\ominus} = \frac{133\ kJ\cdot mol^{-1}}{424\times 10^{-3} kJ\cdot K^{-1}\cdot mol^{-1}} = 314\ K$$

4.(10 分)

解：甘汞电极的电极反应为：$Hg_2Cl_2 + 2e^- = 2Hg + 2Cl^-$

根据题意：$\varphi(Hg_2Cl_2/Hg) = 0.285\ V$，$\varphi^\ominus(Hg_2Cl_2/Hg) = 0.246\ V$

由能斯特公式得：$\varphi(Hg_2Cl_2/Hg) = \varphi^\ominus(Hg_2Cl_2/Hg) + \frac{2.303RT}{2F}\lg\frac{1}{[c(Cl^-)/c^\ominus]^2}$

$$0.285\ V = 0.246\ V - \frac{0.059\ V}{2}\lg[c(Cl^-)/c^\ominus]^{-2}$$
$$\lg[c(Cl^-)/c^\ominus] = 0.659$$
$$c(Cl^-) = 4.56(mol\cdot L^{-1})$$

则 KCl 在水中的溶解度为 $4.56\ mol\cdot L^{-1}$。

期末考试模拟试卷 4

一、判断题(共 10 个小题，每小题 1 分，共 10 分)

1. 乙烯聚合为聚乙烯的反应是放热反应。(　　)
2. 镧系收缩现象是指镧系元素的原子半径随着原子序数增加而快速减小的现象。(　　)
3. 在中心原子和配位数相同的情况下，内轨型配合物比外轨型配合物的稳定性大。(　　)
4. MnO_4^-/MnO_4^{2-} 电对对应的电极电势不受酸度影响。(　　)
5. 在水溶液中，溶度积大的难溶电解质容易转化为溶度积小的难溶电解质。(　　)
6. 当温度为 T K 时，反应的 $\Delta_r G_m$ 与 $\Delta_r G_m^\ominus(298\ K)$ 的关系是 $\Delta_r G_m(T) = \Delta_r G_m^\ominus(298\ K) + RT\ln Q$。(　　)
7. 在 HAc 溶液中加入 NaAc 或 HCl 后，由于同离子效应，HAc 的电离度降低。(　　)
8. s 电子绕核运动的轨迹为一球面，而 p 电子是走"8"字形。(　　)
9. 非电解质稀溶液的依数性与溶质和溶剂的性质直接相关。(　　)
10. 由同种元素组成的分子均为非极性分子。(　　)

二、选择题(共 15 小题，每小题 2 分，共 30 分)

1. 298 K，下列热力学数据不等于 0 的为(　　)。

A. $\Delta_f H_m^{\ominus}\{O_2(g)\}$　　B. $\Delta_f G_m^{\ominus}\{I_2(s)\}$

C. $S_m^{\ominus}\{O_2(g)\}$　　D. $\Delta_f G_m^{\ominus}\{H_2(g)\}$

2. 已知氧元素的标准电极电势图为 $\varphi_B^{\ominus}/V$：$O_2 \xrightarrow{-0.076} HO_2^- \xrightarrow{0.88} OH^-$，则 $\varphi_B^{\ominus}(O_2/OH^-)$为（　　）。

A. 0.804 V　　B. 0.956 V　　C. 0.402 V　　D. 0.88 V

3. 已知某原电池的负极由 Fe^{3+} 和 Fe^{2+} 的溶液组成，若向其中加入过量的强碱，则其原电池的电动势升高，说明 $K_{sp}^{\ominus}[(Fe(OH)_3]$比 $K_{sp}^{\ominus}[Fe(OH)_2]$（　　）。

A. 大　　B. 小　　C. 相等　　D. 无法判断

4. 能够在强酸中稳定存在的是（　　）。

A. $[Ag(S_2O_3)_2]^{3-}$　　B. $[HgCl_4]^{2-}$

C. $[Cu(NH_3)_4]^{2+}$　　D. $[FeF_6]^{3-}$。

5. 在配离子$[Ni(CN)_4]^{2-}$中，中心原子的杂化轨道类型、氧化数、配位数分别为（　　）。

A. sp^3，+2，4　　B. dsp^3，+2，5　　C. dsp^2，+2，4　　D. sp^2d，+2，4

6. 杂化轨道理论认为，H_2O 分子中的氧原子提供的成键轨道是（　　）。

A. 等性 sp^3 杂化轨道　　B. 不等性 sp^3 杂化轨道

C. 等性 sp^2 杂化轨道　　D. 不等性 sp^2 杂化轨道

7. 下列反应的焓变代表 KCl 的晶格能（　　）。

A. $K^+(g)+Cl^-(g)=KCl(s)$　　B. $K(g)+Cl(g)=KCl(s)$

C. $K(s)+Cl(s)=KCl(s)$　　D. $K(s)+1/2Cl_2(g)=KCl(s)$

8. 下列水溶液沸点最高的是（　　）。

A. 0.010 $mol \cdot kg^{-1}$ $FeCl_3$　　B. 0.010 $mol \cdot kg^{-1}$ HCl

C. 0.010 $mol \cdot kg^{-1}$ $HgCl_2$　　D. 0.010 $mol \cdot kg^{-1}$ $ZnCl_2$

9. 将等体积、等浓度的 $K_2C_2O_4$ 及 KHC_2O_4 水溶液混合后，此溶液的 pH 约为（　　）。

A. $pK_{a1}(H_2C_2O_4)$　　B. $pK_{a2}(H_2C_2O_4)$

C. $1/2[pK_{a1}(H_2C_2O_4)+pK_{a2}(H_2C_2O_4)]$　D. $pK_{a2}(H_2C_2O_4)-pK_{a1}(H_2C_2O_4)$

10. 298 K 时，电极反应 $O_2+4H^++4e=2H_2O$，当 $p(O_2)=100$ kPa 时，酸度与电极电势的关系是（　　）。

A. $\varphi=\varphi^{\ominus}+0.059$ pH　　B. $\varphi=\varphi^{\ominus}-0.059$ pH

C. $\varphi=\varphi^{\ominus}+0.0148$ pH　　D. $\varphi=\varphi^{\ominus}-0.0148$ pH

11. 标准状态下，任意温度均能自发地反应，达到平衡后，若升高系统温度（其他条件不变），则（　　）。

A. 平衡正向移动　　B. 平衡逆向移动

C. $\Delta_r G_m^{\ominus}$增大　　D. $K^{\ominus}$增大

12. 欲使 $BaSO_4[K_{sp}^{\ominus}(BaSO_4]=1.1\times10^{-10})$转化成 $BaCO_3[K_{sp}^{\ominus}(BaCO_3)=2.6\times10^{-9}]$，介质溶液必须满足的条件为（　　）。

A. $c(CO_3^{2-})>24c(SO_4^{2-})$　　B. $c(CO_3^{2-})>0.04c(SO_4^{2-})$

C. $c(CO_3^{2-})<24c(SO_4^{2-})$　　D. $c(CO_3^{2-})<0.04c(SO_4^{2-})$

13. 298 K 标准状态下，反应 $Zn(s)+Cu^{2+}(aq)=Zn^{2+}(aq)+Cu(s)$ 在原电池中进行，放热 3.7 $kJ\cdot mol^{-1}$，对外做最大电功 212 $kJ\cdot mol^{-1}$，则反应（　　）。

A. $\Delta_r H_m^{\ominus}=-3.7\ kJ\cdot mol^{-1}$，$\Delta_r G_m^{\ominus}=-212\ kJ\cdot mol^{-1}$

B. $\Delta_r H_m^{\ominus}=+3.7\ kJ\cdot mol^{-1}$，$\Delta_r G_m^{\ominus}=+212\ kJ\cdot mol^{-1}$

C. $\Delta_r H_m^{\ominus}=-3.7\ kJ\cdot mol^{-1}$，$\Delta_r G_m^{\ominus}=+212\ kJ\cdot mol^{-1}$

D. $\Delta_r H_m^{\ominus}\neq-3.7\ kJ\cdot mol^{-1}$，$\Delta_r G_m^{\ominus}=-212\ kJ\cdot mol^{-1}$

14. 能共存于溶液中的一对离子是（　　）。

A. Fe^{3+}，I^-　　B. Fe^{3+}，Sn^{2+}

C. HPO_4^{2-}，PO_4^{3-}　　D. Fe^{3+}，SCN^-

15. 在 $c(H_2CO_3)=0.010\ mol\cdot L^{-1}$ 的碳酸水溶液中，$c(H^+)=0.010\ mol\cdot L^{-1}$，$c(CO_3^{2-})/mol\cdot L^{-1}$ 约为（$K_{a1}^{\ominus}=4.3\times10^{-7}$；$K_{a2}^{\ominus}=5.6\times10^{-11}$）（　　）。

A. 5.6×10^{-11}　　B. 2.4×10^{-6}　　C. 2.4×10^{-15}　　D. 2.4×10^{-8}

三、填空题（共 20 个空，每空 1 分，共 20 分）

1. 元素 A 在 $n=5$，$l=0$ 的轨道上有 1 个电子，次外层 $l=2$ 的轨道上电子处于全满状态，A 原子符号为________，其价电子构型为________，位于周期表________周期____族。

2. 配合物 $[Co(NO_2)_3(NH_3)_3]$ 命名为________________，配位原子为________，配位数为________，空间构型为________。

3. 已知 298 K 时，$K_f^{\ominus}([Zn(NH_3)_4]^{2+})=2.9\times10^9$，$K_f^{\ominus}([Cu(NH_3)_4]^{2+})=2.1\times10^{13}$，则下列反应：$[Cu(NH_3)_4]^{2+}+Zn^{2+}=Cu^{2+}+[Zn(NH_3)_4]^{2+}$ 的标准平衡常数为________。

4. Ag^+，Sr^{2+}，Ba^{2+} 混合液中，各离子浓度均为 0.01 $mol\cdot L^{-1}$，向其中逐滴加入 K_2CrO_4，最先出现沉淀的是________，最后出现沉淀的是________。
[已知 $K_{sp}^{\ominus}(Ag_2CrO_4)=9.0\times10^{-12}$，$K_{sp}^{\ominus}(SrCrO_4)=2.2\times10^{-5}$，$K_{sp}^{\ominus}(BaCrO_4)=1.6\times10^{-10}$]

5. 已知 25℃时酒石酸 $H_2C_4H_4O_6$ 的 $K_{a1}^{\ominus}$，$K_{a2}^{\ominus}$ 分别等于 9.6×10^{-4}，4.4×10^{-5}。则 $C_4H_4O_6^{2-}$ 的 $K_{b1}^{\ominus}$，$K_{b2}^{\ominus}$ 分别等于________和________。

6. 三种弱酸盐 NaX，NaY，NaZ 的浓度相同的水溶液的 pH 分别为 8.0，10.0，9.0，则 HX，HY，HZ 的酸性递增为________________________________。

7. 完成并配平下列反应式： $MnO_4^-+SO_3^{2-}$（酸性介质）________________________。

8. 冰在融化过程中需克服的分子间力有________________________________。

9. 在 2 273 K 时，反应 $N_2(g)+O_2(g)=2NO(g)$ 的 $K^{\ominus}=0.100$。在 2 273 K 时，若 $p(N_2)=p(O_2)=10\ kPa$，$p(NO)=20\ kPa$，$Q_p=$________，反应向________方向自发进行，在 2 000 K 时，$p(NO)=p(N_2)=10\ kPa$，$p(O_2)=100\ kPa$，$Q_p=$________，反应向________方向自发进行。已知 $\Delta_f H_m^{\ominus}(NO,g)=90.25\ kJ/mol$。

四、简答题（共 2 个小题，每个 5 分，共 10 分）

1. PCl_5 固体含有两种配离子：$[PCl_4]^+$ 和 $[PCl_6]^-$，请运用杂化轨道理论说明推测两种配离子的杂化轨道类型及空间构型。

2. 已知：$Co(OH)_3+e^-=Co(OH)_2+OH^-$　　$\varphi^{\ominus}=0.20\ V$

$Co^{3+}+e^-=Co^{2+}$　　$\varphi^{\ominus}=1.84\ V$

试分析(1)在酸性溶液中,Co^{3+},Co^{2+}哪种较稳定?

(2)$Co(OH)_3$,$Co(OH)_2$哪个$K_{sp}^{\ominus}$大?碱性溶液中$Co(OH)_3$,$Co(OH)_2$哪种较稳定?

五、计算题(共4个小题,1,2小题,每题8分;3,4小题,每题7分,共30分)

1. 有0.10 mol的$Mg(OH)_2$沉淀,问需要1 L多大浓度的NH_4Cl方可溶解?已知$K_{sp}^{\ominus}[Mg(OH)_2]=5.61\times10^{-12}$,$K_b^{\ominus}(NH_3)=1.8\times10^{-5}$。

2. 已知下面两元素在酸性介质中的标准电势图。

$$IO_3^- \xrightarrow{1.14\ V} HIO \xrightarrow{1.45\ V} I_2 \xrightarrow{0.58\ V} I^-$$

$$O_2 \xrightarrow{0.68\ V} H_2O_2 \xrightarrow{1.77\ V} H_2O$$

(1)指出哪些物质可反歧化?并求$\varphi^{\ominus}(IO_3^-/I_2)$。

(2)I_2和H_2O_2反应生成什么,写出反应方程式。

3. 已知$Br_2(g)$的$\Delta_f H_m^{\ominus}(298\ K)$为30.9 kJ·mol^{-1},$Br_2(l)$的正常沸点为59℃,计算在100℃时溴的蒸气压。

4. 人体血液的pH为7.5,碳酸型体的总浓度为0.024 2 mol·L^{-1},问人体血液中碳酸型体是什么?其浓度各为多少?(已知$K_{a1}^{\ominus}=4.3\times10^{-7}$,$K_{a2}^{\ominus}=5.6\times10^{-11}$)

期末考试模拟试卷4答案

一、判断题

1.√ 2.× 3.√ 4.√ 5.× 6.× 7.√ 8.× 9.× 10.×

二、选择题

1.C 2.C 3.B 4.B 5.C 6.B 7.A 8.A 9.B 10.B 11.B 12.A 13.D 14.C 15.C

三、填空题

1. Ag,$4d^{10}5s^1$,五,IB。
2. 三硝基·三氨合钴(Ⅲ),N、N,6,八面体。
3. 1.38×10^{-4}。
4. $BaCrO_4$,$SrCrO_4$。
5. 2.27×10^{-10},1.04×10^{-11},酸。
6. HY < HZ < HX。
7. $2MnO_4^- + 5SO_3^{2-} + 6H^+ = 2Mn^{2+} + 5SO_4^{2-} + 3H_2O$。
8. 氢键,分子间力(取向力、诱导力、色散力)。
9. 4,反(或逆),0.1,反(或逆)。

四、简答题

1. $[PCl_4]^+$:sp^3杂化,正四面体构型;
   $[PCl_6]^+$:sp^3d^2杂化,正八面体构型。
2. 解:(1)$\varphi^{\ominus}(Co^{3+}/Co^{2+})=1.84$,$Co^{3+}$表现出很强的氧化性,很容易被水还原为$Co^{2+}$,所以$Co^{2+}$更稳定。

(2)$\varphi^{\ominus}[Co(OH)_3/Co(OH)_2]=\varphi^{\ominus}(Co^{3+}/Co^{2+})+(2.303RT/F)\lg\frac{K_{sp}^{\ominus}[Co(OH)_3]}{K_{sp}^{\ominus}[Co(OH)_2]}$

代入数据 $0.2=1.84+0.059\lg\frac{K_{sp}^{\ominus}[Co(OH)_3]}{K_{sp}^{\ominus}[Co(OH)_2]}$,则

$$\lg\frac{K_{sp}^{\ominus}[Co(OH)_3]}{K_{sp}^{\ominus}[Co(OH)_2]}<0, 即\ K_{sp}^{\ominus}[Co(OH)_3]<K_{sp}^{\ominus}[Co(OH)_2]$$

所以 $Co(OH)_3$ 更稳定。

五、计算题

1.解:设平衡时 $c(NH_4^+)=x(mol\cdot L^{-1})$

$Mg(OH)_2+2NH_4^+=Mg^{2+}+2NH_3+2H_2O$

平衡时　　x　　0.1　　0.2

$$K^{\ominus}=\frac{K_{sp}^{\ominus}}{(K_b^{\ominus})^2}=\frac{5.61\times10^{-12}}{(1.8\times10^{-5})^2}=\frac{[c(Mg^{2+})/c^{\ominus}][c(NH_3)/c^{\ominus}]^2}{[c(NH_4^+)/c^{\ominus}]^2}=\frac{0.1\times0.2^2}{x^2}$$

$$x=0.48(mol\cdot L^{-1})$$

所以 NH_4Cl 的浓度为 $0.48\ mol\cdot L^{-1}+0.2\ mol\cdot L^{-1}=0.68\ mol\cdot L^{-1}$

2.解:

(1)HIO,I^- 可发生反歧化;IO_3^-,I^- 可发生反歧化:

$$\varphi^{\ominus}(IO_3^-/I_2)=\frac{4\times1.14\ V+1.45\ V}{5}=1.20\ V$$

(2)I_2 和 H_2O_2 的反应生成 IO_3^-:$5H_2O_2+I_2=2IO_3^-+4H_2O+2H^+$

3.解:$Br_2(l)=Br_2(g)$

$$\Delta_rH_m^{\ominus}=\Delta_fH_m^{\ominus}(Br_2,g)-\Delta_fH_m^{\ominus}(Br_2,l)=30.9\ kJ\cdot mol^{-1}$$

$$\ln\frac{K_2^{\ominus}}{K_1^{\ominus}}=\ln\frac{p_2}{p_1}=\frac{\Delta_rH_m^{\ominus}}{R}\left(\frac{T_2-T_1}{T_1T_2}\right)$$

已知 $p_1=101.32\ kPa$,$T_1=332\ K$,$T_2=373\ K$,

代入数据得 $p_2=346.8\ kPa$

4.解:因为 $pK_{a1}^{\ominus}=-\lg4.3\times10^{-7}=6.37$

人体血液中碳酸型体为 H_2CO_3,HCO_3^-

$$pH=pK_{a1}^{\ominus}-\lg\frac{c(H_2CO_3)/c^{\ominus}}{c(HCO_3^-)/c^{\ominus}}$$

又 $c(H_2CO_3)+c(HCO_3^-)=0.024\ 2\ mol\cdot L^{-1}$

解得　$c(H_2CO_3)=0.001\ 67\ mol\cdot L^{-1}$,$c(HCO_3^-)=0.022\ 5\ mol\cdot L^{-1}$

期末考试模拟试卷 5

一、选择题(共 15 小题,每小题 2 分,共 30 分)

1.将 7.8 g 非电解质固体溶于 100 g 水中,溶液的凝固点为 -2.5℃,已知水的 $K_f=1.86\ K\cdot kg\cdot mol^{-1}$,则该固体的摩尔质量计算式应为(　　)。

A. $\frac{7.8\times1.86}{2.5\times0.100}\ g\cdot mol^{-1}$　　B. $\frac{2.5\times0.100}{7.8\times1.86}\ g\cdot mol^{-1}$

C. $\frac{7.8\times1.86}{2.5\times10.0}$ g·mol^{-1}　　D. $\frac{7.8\times1.86\times0.100}{2.5}$ g·mol^{-1}

2. 如果一个反应的吉布斯自由能变为零，则反应(　　)。

A. 能自发进行　　B. 是吸热反应

C. 是放热反应　　D. 处于平衡状态

3. 25℃时 NaCl 在水中的溶解度约为 6 mol·L^{-1}，若在 1 L 水中加入 1 mol NaCl，则 $NaCl(s) + H_2O(l) \rightarrow NaCl(aq)$ 的(　　)。

A. $\Delta S > 0, \Delta G > 0$　　B. $\Delta S > 0, \Delta G < 0$

C. $\Delta G > 0, \Delta S < 0$　　D. $\Delta G < 0, \Delta S < 0$

4. 反应 $N_2(g)+3H_2(g)=2NH_3(g)$　$\Delta_r H_m^{\ominus} = -92$ kJ·mol^{-1}，从热力学观点看要使 H_2 达到最大转化率，反应的条件应该是(　　)。

A. 低温高压　　B. 低温低压

C. 高温高压　　D. 高温低压

5. 将 BaO_2 放在一个与 U 形压力管相连的抽空玻璃容器中，在固定温度下将容器加热，研究反应 $2BaO_2(s)=2BaO(s) + O_2(g)$ 在体系达平衡时，下列论述中正确的是(　　)。

A. 氧的压力与 BaO_2 的质量成正比

B. 氧的压力等于 $K^{\ominus}$

C. 氧的压力与生成的 BaO 的质量成反比

D. 如果向该体系内导入氧，则氧与 BaO 反应，最终 O_2 的压力将增加

6. 向 0.030 mol·L^{-1} 醋酸溶液加入固体醋酸钠，使溶液中醋酸钠浓度为 0.10 mol·L^{-1}（忽略固体加入时体积变化）。醋酸解离常数为 1.76×10^{-5}，溶液 pOH 接近于(　　)。

A. 8.7　　B. 7.0　　C. 7.8　　D. 9.0

7. 某溶液中含有 KCl、KBr 和 K_2CrO_4，浓度均为 0.010 mol·L^{-1}，向该溶液中逐滴加入 0.010 mol·L^{-1} 的 $AgNO_3$ 溶液时，最先和最后沉淀的是(　　)。
（已知 $K_{sp}^{\ominus}(AgCl)=1.77\times10^{-10}$，$K_{sp}^{\ominus}(AgBr)=5.35\times10^{-13}$，$K_{sp}^{\ominus}(Ag_2CrO_4)=1.12\times10^{-12}$）

A. AgBr 和 Ag_2CrO_4　　B. Ag_2CrO_4 和 AgCl

C. AgBr 和 AgCl　　D. 一齐沉淀

8. 根据碱性溶液中溴的元素电势图，能发生歧化反应的物质是(　　)。

$$BrO_3^- \xrightarrow{+0.54\ V} BrO^- \xrightarrow{+0.45\ V} Br_2 \xrightarrow{+1.07\ V} Br^-$$

A. BrO_3^-　　B. BrO^-　　C. Br_2　　D. Br^-

9. 某电池，电池符号为(−)Pt|$H_2(p^{\ominus})$|H^+(0.1 mol·L^{-1})‖H^+(0.5 mol·L^{-1})|$H_2(p^{\ominus})$|Pt(+)，其电动势(　　)。

A. $\varepsilon^{\ominus}=0, \varepsilon=0$　　B. $\varepsilon^{\ominus}\neq0, \varepsilon\neq0$

C. $\varepsilon^{\ominus}\neq0, \varepsilon=0$　　D. $\varepsilon^{\ominus}=0, \varepsilon\neq0$

10. 温度升高导致反应速率明显增加的主要原因是(　　)。

A. 分子碰撞机会增加　　B. 反应物压力增加

C. 活化分子百分数增加　　D. 活化能降低

11. 下列原子中，具有最大电负性的是(　　)。

A. Br　　B. Mg　　C. C　　D. O

12. 基态原子的第五电子层只有 2 个电子，则原子的第四电子层中的电子数(　　)。

A. 肯定为 8 个　　B. 肯定为 18 个

C. 肯定为 8 ～ 18 个　　D. 肯定为 8 ～ 32 个

13. 极化能力最强的离子应具有的特性是(　　)。

A. 离子电荷高、离子半径大　　B. 离子电荷高、离子半径小

C. 离子电荷低、离子半径小　　D. 离子电荷低、离子半径大

14. 下列物质中，既有离子键，又有共价键的是(　　)。

A. $AlCl_3$　　B. SiC　　C. CaC_2　　D. BN

15. $[Co(SCN)_4]^{2-}$ 离子中钴的氧化数和配位数分别是(　　)。

A. −2，4　　B. +2，4　　C. +3，2　　D. +2，12

二、填空题(共 10 空，每空 2 分，共 20 分)

1. 尿素水溶液的凝固点是 −0.372℃，则此溶液的质量摩尔浓度是________。(水的 K_f = 1.86 K · kg · mol^{-1})

2. 已知在 25℃时

	CO(g)	CO_2(g)	H_2O(g)
$\Delta_f G_m^\ominus$/kJ · mol^{-1}	−137.16	004.06	000.50

则反应：CO(g) + H_2O(g) =CO_2(g) + H_2(g)，在 25℃标准状态下 $\Delta_f G_m^\ominus$ 为________。

3. 已知 298 K 时

	$n-C_4H_{10}$(g)(正丁烷)	C_4H_6(g)
$\Delta_f G_m^\ominus$/kJ · mol^{-1}	− 15.7	152.1

则反应：$n-C_4H_{10}$(g) =C_4H_6(g) + $2H_2$(g)，在 298 K 标准状态下 $\Delta_f G_m^\ominus$ 为________。

4. 一定温度下，反应 PCl_5(g) =PCl_3(g) + Cl_2(g)　达到平衡后，维持温度和体积不变，向容器中加入一定量的惰性气体，反应将__________移动。

5. 难溶电解质 $MgNH_4PO_4$ 的溶度积表达式是____________________。

6. 催化剂之所以能加速化学反应，是由于____________________。

7. 若浓度的单位是 mol · L^{-1}，时间的单位是 s，一个服从速率定律、速率方程为 $k\,c(A)c(B)^{1/2}$ 的反应，其速率常数的单位是____________________。

8. 在离子晶体中，离子的电荷越高，晶格能________；离子的半径越大，晶格能________。

9. 配合物$[Cr(OH)(C_2O_4)(H_2O)(en)]$的系统命名法名称为____________________。

三、简答题(共 2 小题，每题 5 分，共 10 分)

1. $NO_2(g) = NO(g) + \frac{1}{2}O_2(g)$ 是大气污染化学中的一个重要反应。在 25℃时，$K^\ominus = 6.6\times10^{-7}$。如果 101 kPa NO(g)和 101 kPa O_2(g)等体积相混，将会观察到什么现象？预测开口试管中产生的 NO 遇到空气将会发生什么现象？

2. 写出下列原子和离子的基态电子组态：

(1)Sc，(2)V^{3+}，(3)Mn^{2+}，(4)Co^{3+}，(5)Cr^{6+}

四、计算题(共 5 小题,每小题 8 分, 共 40 分)

1. 在某系统的状态变化中,$U_{终态}-U_{始态}=-56$ J,系统从环境吸收了 54 J 的热量,求系统所做的功 W。
2. 在 298 K,用压力为 101 kPa 的含有饱和水气[$p(H_2O)=3.14$ kPa]的 H_2 气通过 MnO_2,判断下列反应能否发生:$MnO_2(s)+2H_2(g)=Mn(s)+2H_2O(g)$。

   已知: $MnO_2(s)$ $H_2O(g)$

   $\Delta_f G_m^{\ominus}/kJ\cdot mol^{-1}$ -465.18 -228.59
3. 已知电极的标准电极电势:

   $Cu^{2+}+e=Cu^{+}$ $\varphi_1^{\ominus}=0.153$ V;

   $Cu^{2+}+I^{-}+e=CuI$ $\varphi_2^{\ominus}=0.86$ V

   计算 CuI 的溶度积。
4. 已知在 967 K 时,反应 $N_2O=N_2+\frac{1}{2}O_2$ 的速率常数 $k=0.135\ s^{-1}$;在 1 085 K 时 $k=3.70\ s^{-1}$,求此反应的活化能 E_a。
5. 若使 1.0 L 2.0 $mol\cdot L^{-1}$的 $AgNO_3$溶液不致因加入 0.40 mol 的 NaCl 固体(忽略体积变化)而析出 AgCl 沉淀,自由 CN^-离子的最低浓度是多少?

   (已知 AgCl 的 $K_{sp}^{\ominus}=1.77\times10^{-10}$,$Ag(CN)_2^-$ 的 $K_f^{\ominus}=1.3\times10^{21}$)

期末考试模拟试卷 5 答案

一、选择题(共 15 小题,每小题 2 分,共 30 分)

1.A 2.D 3.B 4.A 5.B 6.A 7.A 8.C 9.D 10.C 11.D 12.C 13.B 14.C 15.B

二、填空题(共 10 空,每空 2 分,共 20 分)

1. 0.200 $mol\cdot kg^{-1}$;
2. -28.62 $kJ\cdot mol^{-1}$;
3. 167.8 $kJ\cdot mol^{-1}$;
4. 不;
5. $K_{sp}^{\ominus}(MgNH_4PO_4)=[c(Mg^{2+})/c^{\ominus}][c(NH_4^{+})/c^{\ominus}][c(PO_4^{3-})/c^{\ominus}]$;
6. 它能为反应提供一条活化能低的新途径;
7. $mol^{-1/2}\cdot dm^{3/2}\cdot s^{-1}$;
8. 越大、越小;
9. 羟・草酸根・水・乙二胺合铬(Ⅲ)

三、简答题(共 2 小题,每题 5 分,共 10 分)

1. 逆反应 $K^{\ominus}=1.5\times10^{6}$,平衡常数很大,$Q<K^{\ominus}$(逆),反应完全;NO 和 O_2 几乎全变成棕色 NO_2 气体。开口试管中 NO 遇到空气几乎全转变成棕色 NO_2 气体。
2. (1)[Ar]$3d^14s^2$;(2)[Ar]$3d^2$;(3)[Ar]$3d^5$;(4)[Ar]$3d^6$;(5)[Ar]

四、计算题(共 5 小题,每小题 8 分,共 40 分)

1. 解:$\Delta U=Q-W$

$W=110\ \text{J}$

2. 解:

$$MnO_2(s)+2H_2(g)=Mn(s)+2H_2O(g)$$

$\Delta_f G_m^{\ominus}/\text{kJ}\cdot\text{mol}^{-1}$ $\quad -465.18 \quad 0 \quad 0 \quad -228.59$

$$\Delta_f G_m^{\ominus}=2\times(-228.59\ \text{kJ}\cdot\text{mol}^{-1})-(-465.18\ \text{kJ}\cdot\text{mol}^{-1})=8.00\ \text{kJ}\cdot\text{mol}^{-1}$$

$$\lg K^{\ominus}=\frac{-8.00\ \text{kJ}\cdot\text{mol}^{-1}\times1\ 000}{2.30\times8.31\ \text{J}\cdot\text{mol}^{-1}\cdot\text{K}^{-1}\times298\ \text{K}}=-1.40$$

$$K^{\ominus}=0.040$$

$$Q=\frac{[p(H_2O)/p^{\ominus}]^2}{[p(H_2)/p^{\ominus}]^2}=\frac{(3.14/100)^2}{[(101-3.14)/100]^2}=1.03\times10^{-3}$$

因为 $Q<K^{\ominus}$,所以反应向正向进行。

3. 解:$\varphi^{\ominus}(Cu^{2+}/CuI)=\varphi^{\ominus}(Cu^{2+}/Cu^{+})+\dfrac{2.303RT}{F}\lg(1/K_{sp}^{\ominus})$

$$K_{sp}^{\ominus}=9.2\times10^{-13}$$

4. 解:$E_a=2.30R(\dfrac{T_1T_2}{T_2-T_1})\lg\dfrac{k_2}{k_1}$

依题 $T_1=967$ K 时,$k_1=0.135\ \text{s}^{-1}$;$T_2=1\ 085$ K 时,$k_2=3.70\ \text{s}^{-1}$

得 $E_a=2.30\times8.31\ \text{J}\cdot\text{K}^{-1}\cdot\text{mol}^{-1}\times10^{-3}\times\dfrac{967\ \text{K}\times1\ 085\ \text{K}}{1\ 085\ \text{K}-967\ \text{K}}\lg\dfrac{3.70}{0.135}=2.4\times10^{2}\ \text{kJ}\cdot\text{mol}^{-1}$

5. 解:不使 AgCl 沉淀析出,则

$$c(Ag^{+})\leqslant\frac{K_{sp}}{c(Cl^{-})/c^{\ominus}}=\frac{1.77\times10^{-10}}{0.40}=4.43\times10^{-10}\ \text{mol}\cdot\text{L}^{-1}$$

设 CN^- 的最低浓度为 $x\ \text{mol}\cdot\text{L}^{-1}$

	Ag^+	+	$2CN^-$	=	$[Ag(CN)_2]^-$
平衡浓度/ $\text{mol}\cdot\text{L}^{-1}$	4.0×10^{-10}		x		$2.0-4.43\times10^{-10}$

$$c(CN^{-})^2=\frac{c([Ag(CN)_2]^{-})}{c(Ag^{+})K_f^{\ominus}}=\frac{2.0-4.43\times10^{-10}}{4.43\times10^{-10}\times1.3\times10^{21}}=3.5\times10^{-12}$$

$$c(CN^{-})=(3.5\times10^{-12})^{1/2}=1.86\times10^{-6}\ \text{mol}\cdot\text{L}^{-1}$$

参考文献

References

[1] 华彤文,陈景祖,等.普通化学原理.3版.北京:北京大学出版社,2005.
[2] 赵士铎.普通化学.3版.中国农业大学出版社,2007.
[3] 孙英,等.普通化学(修订版).北京:科学技术文献出版社,2006.
[4] 赵士铎,等.化学复习指南暨习题解析.北京:中国农业大学出版社,2007.
[5] 朴凤玉,等.普通化学学习指导.北京:高等教育出版社,2014.
[6] 徐家宁,等.无机化学例题与习题(修订版).北京:高等教育出版社,2009.
[7] 何兰英,等.普通化学学习指导与习题精解.天津:南开大学出版社,2003.
[8] 赵晓农.无机及分析化学——导教、导学、导考.西安:西北工业大学出版社,2006.
[9] 黄蕾蕾,等.无机及分析化学习题与学习指导.北京:中国农业出版社,2006.
[10] 张丽荣,等.无机化学习题解答.2版.北京:高等教育出版社,2013.
[11] 康立娟,等.普通化学.3版.北京:高等教育出版社,2014.